U0743457

普通物理实验

主　编　郑友进

副主编　赵立萍　陈薇薇　刘艳凤　黄海亮

编　者　左桂鸿　张　蕾　杨昕卉

PUTONG WULI SHIYAN

中国教育出版传媒集团

高等教育出版社·北京

内容提要

本书是根据教育部高等学校大学物理课程教学指导委员会编制的《理工科类大学物理实验课程教学基本要求》(2023年版)编写而成的。本教材在内容安排上充分考虑到高校理工科类有关专业特点及基础课教学的需要,每项实验由实验目的、实验仪器、装置介绍、实验原理、实验内容、实验数据记录及处理、注意事项和思考题等部分组成,尽量做到系统完整。为了培养学生的实验创新能力,结合教学实践,本书第四、第五章为创新实验专题,希望通过对创新实验的深入剖析,让学生认识到实验创新的可行性,树立创新的意识,掌握一定的实验创新方法,体会实验创新的快乐。

本书可作为高等学校理工科各专业大学物理实验课程的教材或参考书,也可供有关专业的技术人员和中学物理教师参考。

图书在版编目(CIP)数据

普通物理实验/郑友进主编;赵立萍等副主编.--

北京:高等教育出版社,2024.3

ISBN 978-7-04-061443-5

Ⅰ.①普⋯　Ⅱ.①郑⋯②赵⋯　Ⅲ.①普通物理学-实验-高等学校-教材　Ⅳ.①O4-33

中国国家版本馆 CIP 数据核字(2023)第 241519 号

PUTONG WULI SHIYAN

策划编辑　马天魁	责任编辑　王　硕	封面设计　王凌波　王　洋	版式设计　杨　树
责任绘图　李沛蓉	责任校对　马鑫蕊	责任印制　朱　琦	

出版发行	高等教育出版社	网　　址	http://www.hep.edu.cn
社　　址	北京市西城区德外大街 4 号		http://www.hep.com.cn
邮政编码	100120	网上订购	http://www.hepmall.com.cn
印　　刷	唐山市润丰印务有限公司		http://www.hepmall.com
开　　本	787mm×1092mm　1/16		http://www.hepmall.cn
印　　张	19.5		
字　　数	470 千字	版　　次	2024 年 3 月第 1 版
购书热线	010-58581118	印　　次	2024 年 3 月第 1 次印刷
咨询电话	400-810-0598	定　　价	37.60 元

本书如有缺页、倒页、脱页等质量问题,请到所购图书销售部门联系调换

前　言

　　普通物理实验是高等学校理工科类大学生的必修基础课程。物理实验是一个严谨而系统的过程，从物理模型的建立、数学模型的推演到实验方案的确立，从仪器的选取、具体的操作、现象的观测、数据的处理，到结果的得出、理论的验证，无论哪一个环节都蕴涵着丰富的物理实验方法和物理思想，都需要学生参与其中进行独立的分析思考和感悟。大学物理实验在提高大学生的观察能力和分解决问题能力，掌握系统的实验方法和基本的实验技能，培养科学思维和创新能力，适应科技发展与社会进步对人才的需求方面有着不可替代的作用。

　　普通物理实验教材的编写如何能依据物理实验自身的特点及其作用，更有助于学生学会实验方法、形成实验技能、感悟物理思想，激发学习兴趣的同时提高学习的效果？这是编者长期以来苦苦思考的问题。几年来经过理论上的不断探索和实践中的不断总结，我们对这一问题有了更深刻的认识和体会。鉴于对此问题的不断探索和在教学实践中的不断总结，我们编写了这部普通物理实验教材。

　　全书除绪论外共分5章，第1章为力学、热学实验，编入23个实验；第2章为电磁学实验，编入19个实验；第3章为光学实验，编入13个实验；第4章为虚拟仿真实验，编入26个实验；第5章为创新实验，编入7个实验。其中第4、第5章作为拓展内容给学有余力的学生提供一个开阔视野的平台，希望能够让学生认识到实验创新的可行性，树立创新的意识，掌握一定的实验创新方法，体会实验创新的快乐，希望能对提高大学生的创新思维和创新能力起到抛砖引玉的作用。本教材在内容安排上充分考虑到理工科高校有关专业特点及基础课教学的需要，每项实验由实验目的、实验仪器、实验原理、实验内容及数据处理表格、注意事项、思考题和重点仪器介绍等部分组成，尽量做到系统完整。另外，本书还对实验过程中可能会遇到的问题、实验的难点等做了适当的提示；作为实验的延伸，每个实验后面都留有一些思考题，由学生独立思考完成。

　　本书绪论、第3章和第4章实验21—26由赵立萍编写，第1章实验1—15、第4章虚拟仿真实验平台简介和实验1—7由刘艳凤编写，第1章实验16—22、第4章实验8—10和第5章由黄海亮编写，第2章和第4章实验11—20由陈薇薇编写，全书统筹工作系郑友进承担。

　　本书是参与编写工作的老师们共同努力的结果，同时也得到了牡丹江师范学院物理实验中心实验教师的大力支持，张蕾、朱瑞华、张军、孙明烨、李聪、于淼等在实验编写过程中提出了宝贵意见。

　　由于编者水平有限，本书难免有缺点与不足，恳切希望读者批评指正。

编　者

2023 年 2 月 26 日

目 录

绪　论

§1　物理实验课程的目的与要求

一、物理实验课程的目的

　　物理学是以实验为基础的科学. 实验是物理学中新概念确立和新规律发现的重要保障, 物理实验的思想、方法、仪器和技术对于自然科学各个领域和技术部门都具有重要的应用价值. 物理实验课程的教学目的不仅仅是让学生学习物理实验的基础知识,更重要的是循序渐进地培养和训练学生的实验技能,让学生养成良好的实验习惯和具备严谨的科学作风,为学习后续课程或从事其他科学技术工作打下良好的实验基础. 物理实验课程的目的主要包括以下几个方面:

　　1. 通过观察、测量与分析,加深对物理概念和规律的认识.

　　2. 学习基础实验方法、仪器和数据处理知识,包括了解基本测量方法,学会使用基本测量仪器,了解测量误差的理论知识,学会正确地记录和处理数据、表示实验结果,能分析和判断此实验结果的可靠程度和存在的问题.

　　3. 锻炼实验操作技能,包括实验装置的安装和调整、计量器具的正确操作等.

　　4. 学习实验的物理思想和方法,提升分析、综合、判断、推理等思维能力. 例如,将间接测量量转换为若干直接测量量,将难测的量转换成容易测的量,将测不准的量转换成比较容易测准的量等,这些转换蕴含丰富的物理思想. 在物理实验观察的基础上,分析、综合、判断、推理和提出新思想的思维能力,对任何工作来说都十分重要.

　　5. 养成严肃认真、实事求是的科学态度、工作作风和实验习惯. 良好的实验习惯是做好实验的重要条件,要在每次实验中有意识地培养良好的习惯. 实践是检验真理的唯一标准,在测量时一定要力求测量的准确,并忠实于测量数据,从测量数据中引出必要的结论.

　　物理实验课程虽然是在教师指导下进行的学习过程,但在实验时,学生的学习活动仍有较大的独立性. 因此,学生应该用研究者的态度去探讨最佳实验方案,组装实验仪器,进行观测与分析,积累经验、锻炼技巧,为以后独立设计实验方案以及选择和使用新的设备和解决新的问题奠定基础.

二、物理实验课程的要求

1. 课前做好预习

　　为使实验顺利进行,且得到良好的效果,必须做好实验预习. 课前要把书上的实验内容仔细阅读一遍,明确实验目的,理解实验原理,了解有什么近似条件和要求;掌握实验方法,特别是基本的测量方法;熟悉实验仪器的构造、原理和使用方法以及注意事项等;按照实验目的和要求,初步拟定实验步骤,撰写预习报告. 实验预习报告包括实验目的、实验仪器、实验原理(简要地阐述主要原理,列出实验用的原理公式,画出受力原理简图、电路图、光路图),写出实验内容、实验步骤,作出实验数据记录表格(可参考教材或自拟表格)等.

　　预习报告是课前预习环节完成的标志,也是教师评定预习成绩的依据.

　　(1) 若没有预习,学生不得进行本次实验,且不给予补做机会.

（2）预习报告在上课时一定要带到实验室,教师会对其进行检查并视其完成情况评定学生的预习成绩.

2. 课中做好实验

（1）准备工作

① 实验安全保障

进入实验室后,要遵守实验室规则,服从教师安排,熟悉所用仪器,操作一定要符合安全规范,谨慎、细心和耐心地按计划进行实验.

② 预习报告的检查

教师检查预习报告的撰写情况,以提问形式检查预习效果.

③ 教师指导性讲解

根据实验的不同,教师酌情对实验原理、实验仪器的使用和注意事项、测量要求等内容进行指导性讲解,也可通过与学生互动检验学习效果.

（2）仪器的安装与调整

实验操作前,需要确认仪器的工作状态（水平、竖直、工作电压、光照等）.使用仪器测量时,必须按操作规程进行操作.无测量需求时不可乱动仪器.

（3）观察与测量

在明确实验目的和测量的内容、步骤的基础上,正确使用仪器之后方可进行实验观测.测量时要集中精神,尽量排除外界的干扰,也要注意不要影响别人.从各种仪器的刻度尺上读数时,要明确仪器的准确度等级,一定要注意的是有效数字问题;读数时,应该尽量防止视差.

对于实验中可重复测量的物理量,不应只测一次.多次测量的平均值比单次测量值更可靠,但测量次数增多,不仅测量时间要增加,而且维持长时间稳定的测量环境比较困难（不利于改善测量结果的可靠程度）,因此,一般的测量次数以在 5～10 次之间为宜.若对某一物理量重复测量时,实验数据基本相同或完全相同,则说明测量仪器的灵敏度不够,不足以显示实验中的微小变化,这时就没必要多次测量,但可以测量两次,以核对读数是否有误.

实验过程中,要注重手脑并用.一是要多思考.头脑里要有清晰的物理图像,对实验原理要有比较透彻的理解,要仔细观测实验现象;要有意识地分析实验,思考实验结果是否合乎物理规律;要预想可能出现的结果,然后再看结果是否符合预期,如果二者不相符合,要仔细分析原因,找出改进措施,绝不能拼凑数据.二是要注意培养和锻炼自己的动手能力.应熟练掌握力学实验中调节仪器水平和竖直、电学实验中连接电路、光学实验中调节元件共轴等基本操作,能及时发现并排除实验中可能遇到的某些故障（在保障安全和教师许可的情况下完成）.

（4）实验记录

实验中,要养成记录好原始数据的习惯,要边测量边记录,要记录得准确、清楚、有次序.测量结束后,实验数据经教师检查合格并确认（教师在预习报告的原始数据记录处、实验仪器使用记录本中签字）后,再整理实验仪器,将仪器归位后方可离开实验室.

实验记录时要注意以下几点:

① 记录的内容包括实验的时间和地点、室温、气压、仪器及其编号、简图、实验数据、授课教师、小组成员等.

② 原始数据指的是从仪器上直接读出、未经任何运算的数值.

③ 观测时,要在读数的同时做记录,要及时将读数直接记录到实验数据记录表格中,不要先记住数据以后补记.

④ 若出现异常数据,应增加测量次数,在数据处理时应先进行分析然后再决定异常数据的取舍.

3. 课后写好实验报告

实验报告是对实验的全面总结.实验报告的内容除实验名称和姓名外,一般包括:实验目的、实验仪器、实验原理、实验内容、实验步骤、原始数据记录、数据处理、实验结果和实验分析及讨论等.课后,要用指定的实验报告用纸并按规定的格式书写实验报告,实验报告要字迹清楚、文理通顺、图表正确,要准确、完整而简明地表述各部分内容,并按时上交实验报告.书写实验报告是实验课程训练的重要方面之一,也是实验成绩评定的重要依据.

书写实验报告要注意以下几点.

(1)整理实验数据时,在原始数据的基础上,应对实验数据作进一步的处理.数据处理需要体现计算过程,也可拟定有一定逻辑关系的表格,填入数据处理的结果;作图时,要符合作图规范;数据处理结束后,需要给出实验结果和误差(或不确定度).

(2)进行误差分析及讨论时,内容不限,或是对该实验观察到的实验现象的讨论,或是对实验的重点问题、难点问题等的讨论或体会,或是对实验所用仪器的改进等方面的内容,或是对该实验的误差进行分析.

(3)需要注意的是要保证实验报告内容的完整性,否则缺少的内容会酌情扣分.

(4)将书写完成的实验报告交给任课教师,实验报告内须夹有预习报告(报告上应有教师签字确认后的原始数据).

§2　测量与仪器

一、测量

1. 定义

测量是用计量器具对被测物理量进行量度. 量度所得的数据就是测量值. 测量值要包含数值和单位两部分, 并要对测量值的可靠程度进行评价, 即求出误差或给出不确定度.

2. 分类

（1）按照测量结果获得方法的不同, 测量可分为直接测量和间接测量.

直接测量: 直接从计量仪器上读出被测量的大小. 例如, 用米尺测量长度、用天平测量质量和用秒表测量时间都是直接测量.

间接测量: 被测物理量是由若干个直接测量量经过一定的函数关系运算后获得的. 如测量长方体体积时, 先直接测量出其长、宽和高, 再用公式计算出长方体的体积, 体积就是间接测量量.

（2）按照测量条件是否相同, 测量可分为等精度测量与非等精度测量.

等精度测量: 在测量条件相同的情况下完成被测物理量的多次连续重复测量的过程. 测量条件相同指的是同一观察者、同一方法、同一仪器、同样环境等.

非等精度测量: 在测量条件不相同的情况下完成被测物理量的多次重复测量的过程. 测量条件只要有一项发生变化就是非等精度测量, 各测量结果的可靠程度也不一定相同.

本书后述有关内容只限于讨论等精度测量的误差、不确定度及数据处理问题.

二、测量仪器

1. 测量仪器的定义

测量仪器是指用于直接或间接测出被测对象量值的所有器具. 如游标卡尺、天平、秒表、惠斯通电桥、电流表、分光计等.

2. 仪器的最大允许误差

仪器在设计和制造时都按技术规范预先设定一个允许误差的极限值, 未超出允许误差极限值范围的视为合格品允许出厂. 技术规范规定的仪器的允许误差的极限称为最大允许误差（也称为允许误差极限）. 最大允许误差是为仪器规定的一个技术指标, 不是指某台仪器的误差或误差范围, 也不是用该仪器测量时得到的测量结果的不确定度. 这个仪器的最大允许误差在物理实验中常记为 Δ_{max}.

3. 仪器的准确度等级

测量时一般以计量器具为标准进行比较, 由于测量的目的不同, 对仪器准确程度的要求也不同. 为了适应各种测量对仪器的准确程度的不同要求, 国家规定工厂生产的仪器分为若干准确度等级. 各种不同等级的仪器, 有对准确程度的具体规定. 按国家标准, 电表的准确度分为 0.1、0.2、0.5、1.0、1.5、2.5、5.0 共 7 个等级. 例如, 1.0 级螺旋测微器, 测量范围小于 50 mm, 最大允许误差不超过 ±0.004 mm; 1.0 级电流表, 测量范围为 0~500 mA, 最大允许误差为 ±5 mA.

4. 测量仪器的选择

实验时要恰当地选取仪器. 仪器使用不当对仪器和实验均不利. 表示仪器性能的最基本指标是测量范围和准确度等级. 当被测物理量超过仪器的测量范围时,首先会对仪器造成损伤,其次可能测不出量值或勉强测出量值,但误差将增大. 对仪器的准确度等级的选择也要适当,一般是在满足测量要求的条件下,尽量选用准确度较低的仪器. 减少准确度高的仪器的使用次数,可以减少其在反复使用时的损耗,延长其使用寿命.

§3　测量与误差

由于测量设备、环境、人员、方法等方面的诸多因素的影响,测量值与真实值并不完全一致,这种差异在数值上表现为误差.虽然人们可以通过各种方法来减小误差,但却始终不能把它消除,因此要选择合适的方法对测量的数据进行处理,并对其可靠性作出评价,否则测量结果是没有价值的.

一、误差

1. 真值

任何一个物理量都有它的客观大小,这个客观量称为真值.真值是某一物理量在一定条件下所具有的客观的、不随测量方法改变的真实数值.最理想的测量就是能够测得真值,但由于测量仪器、测量方法、测量条件和测量人员等种种因素不可避免地存在着局限,因此被测量的真值是不可测得的.测量的任务是:

(1)给出被测量真值的最佳估计值;

(2)给出真值最佳估计值的可靠程度的估计.

2. 误差(Δx)

测量值 x 和真值 X 之间总会存在或多或少的偏差,这种偏差就称为测量值的误差,也称绝对误差.误差可正可负,反映了测量值偏离真值的程度.

$$\Delta x = x - X \tag{0-3-1}$$

3. 相对误差(E_r)

绝对误差(Δx)与真值(X)的比值就是相对误差,即

$$E_r = \frac{\Delta x}{X} \times 100\% \tag{0-3-2}$$

4. 引用误差

仪表的绝对误差在度盘上各点处差别不大,而相对误差则由于测量值可能有较大变化而差异很大,所以相对误差不便于表示仪表的准确程度.

引用误差是绝对误差 Δx 与仪表的上限值或量程 $X_{\max}$ 的比值,用 E_n 表示,即

$$E_n = \frac{\Delta x}{X_{\max}} \times 100\% \tag{0-3-3}$$

最大引用误差是指仪表的最大允许误差 $\Delta_{\max}$ 与仪表的上限值或量程 $X_{\max}$ 的比值,用 $E_{\max}$ 表示,即

$$E_{\max} = \frac{\Delta_{\max}}{X_{\max}} \times 100\% \tag{0-3-4}$$

仪表准确度等级 a 和最大允许误差的关系是

$$a\% \geqslant \frac{\Delta_{\max}}{X_{\max}} \times 100\% \tag{0-3-5}$$

即仪表准确度等级的百分数表示合格的该等级的仪表在规定条件下使用时所允许的最大相对

误差. 在实际测量中,测量误差的范围一般不允许超过最大相对误差,如果超过这个极限就应认真分析,找出原因.

例如,有一个 0.5 级、量程为 0~1 A 的电流表,按上式,其 $\Delta_{max} \leqslant 5$ mA. 这表示生产厂家生产此种规格的电表,其基本误差必须在 ±5 mA 以内. 我们在实验室使用此规格的电表时,可以认为它的最大相对误差不超过 0.5%.

二、误差的分类

误差按其特征和表现形式,可分为系统误差、偶然误差(随机误差)和粗大误差.

1. 系统误差

在同一条件(观察方法、仪器、环境、观察者不变)下,多次测量同一物理量时,符号和绝对值保持不变的误差叫系统误差. 当条件发生变化时,系统误差也按一定规律变化. 系统误差反映了多次测量总体平均值偏离真值的程度. 这种误差在测量过程中对结果的影响总是朝着一个方向偏离,其大小不变或按一定规律变化.

系统误差的来源大致有以下几个方面.

仪器误差:由于测量仪器、装置不完善而产生的误差. 任何精密的仪器都是有误差的. 如用天平测量物体质量,当天平不等臂时,测出的物体质量总是偏大或偏小.

方法误差(理论误差):实验方法本身有缺陷或理论不完善而导致的误差.

环境误差:受外界环境(如光照、温度、湿度、电磁场等)影响而产生的误差.

读数误差:因观察者在测量过程中的不良习惯而产生的误差.

装置误差:由于测量设备安装不尽合理,或线路布置不够妥当,或线路和仪器调整不当而产生的误差.

实验中,对系统误差的研究主要包括以下两个方面:

(1) 探索系统误差的来源,设计实验方案减小该项误差;

(2) 估计残存系统误差的可能范围.

2. 偶然误差(随机误差)

在同一条件下多次测量同一个物理量时,每次出现的误差时大时小,时正时负,没有确定的规律,但就总体来说服从一定的统计规律,这种误差叫偶然误差(随机误差). 由于引起偶然误差的因素复杂多样,因此,偶然误差是无法控制的,无法从实验中消除.

设在相同条件下 n 次等精度测量的测量值 $x_1, x_2, \cdots, x_n$ 的算术平均值为

$$\bar{x} = \frac{1}{n}(x_1 + x_2 + \cdots + x_n)$$

若真值为 X,则每个测量值的误差 $\Delta x_1, \Delta x_2, \cdots, \Delta x_n$ 之和为

$$(x_1 - X) + (x_2 - X) + \cdots + (x_n - X) = \Delta x_1 + \Delta x_2 + \cdots + \Delta x_n$$

整理后两侧同时除以 n,得

$$\frac{1}{n}(x_1 + x_2 + \cdots + x_n) - X = \frac{1}{n}(\Delta x_1 + \Delta x_2 + \cdots + \Delta x_n)$$

即

$$\bar{x} - X = \overline{\Delta x}$$

该式表示算术平均值 $\bar{x}$ 的误差等于各测量值误差的平均值. 所以,增加等精度测量的次数 n,可以减小测量结果的偶然误差,使算术平均值趋近于真值. 实验中,可以取算术平均值为被测量真值的最佳估计值.

（1）实验标准偏差 s

具有随机误差的测量值是分散的,对同一被测量进行 n 次测量,表征测量结果分散性的量 s 称为实验标准偏差:

$$s = \sqrt{\frac{\sum_{i=1}^{n}(x_i - \bar{x})^2}{n-1}} \qquad (0\text{-}3\text{-}6)$$

（2）平均值的实验标准偏差 $s(\bar{x})$

$$s(\bar{x}) = \frac{s}{\sqrt{n}} = \sqrt{\frac{\sum_{i=1}^{n}(x_i - \bar{x})^2}{n(n-1)}} \qquad (0\text{-}3\text{-}7)$$

增加测量次数 n 时,平均值的实验标准偏差 $s(\bar{x})$ 将变小,所以增加测量次数对减小偶然误差是有利的. 一般情况下,偶然误差较大的测量要多测几次,一般实验测量次数取 $5\sim10$ 次为宜;分散性小的测量从效率考虑一般进行单次测量.

（3）实验标准偏差的统计意义

标准偏差小的测量值,表示分散范围较窄或比较向中间集中,而这种表现又表示测量值偏离真值的可能性较小,即测量值的可靠性较高.

按误差理论的高斯分布可知,当不存在显著系统误差时:

$[\bar{x}-s(\bar{x})] \sim [\bar{x}+s(\bar{x})]$ 范围内包含真值的概率约为 2/3.

$[\bar{x}-1.96s(\bar{x})] \sim [\bar{x}+1.96s(\bar{x})]$ 范围内包含真值的概率约为 0.95.

3. 粗大误差

粗大误差是观测者疏忽、仪器失灵等原因造成的超出规定条件引起的误差. 含有粗大误差的测量值明显偏离被测量的真值,在数据处理时,应首先检验测量值,并将含有粗大误差的数据剔除.

三、测量的精密度、准确度、精确度

精密度、准确度和精确度都是用于评价测量结果好坏的.

精密度:指重复测量所得结果相互接近的程度,反映偶然误差的大小.

准确度:指测量值与真值符合的程度,描述测量值接近真值的程度,反映系统误差的大小.

精确度:是精密度与准确度的综合,既描述了测量数据间的接近程度,又表示了与真值的接近程度,反映综合误差（系统误差与偶然误差的合成）的大小.

图 0-3-1 以打靶时的弹着点为例,说明精密度、准确度和精确度之间的关系:图 0-3-1（a）中子弹击中靶子的点比较集中,但都偏离靶心,表示精密度较高而准确度较差;图 0-3-1（b）中虽然弹着点比较分散,但平均值较接近靶心,表示准确度较高而精密度较差;图 0-3-1（c）表明精密度和准确度均较好,即精确度较高.

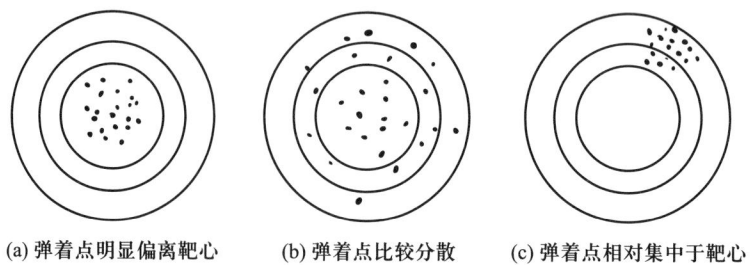

(a) 弹着点明显偏离靶心　　　　(b) 弹着点比较分散　　　　(c) 弹着点相对集中于靶心

图 0-3-1　精密度、准确度和精确度的示意图

§4 测量不确定度

一、不确定度的定义

测量值不等于真值,对测量结果的质量进行定量评定时,往往给出误差以一定的概率出现的范围.这个用来定量评定测量结果质量的参量,称为测量不确定度.测量不确定度与测量结果相联系,表示测量误差导致的被测量的真值不能确定的程度.测量不确定度越小,用测量值表示真值的可靠性就越高.

测量不确定度用标准偏差表示,称之为标准不确定度,用符号 u 表示.

二、不确定度的分类

不确定度的来源有很多,这些不同来源的不确定度在计算方法上可分为两类:标准不确定度 A 类分量 $u_A(x)$、标准不确定度 B 类分量 $u_B(x)$.

1. 标准不确定度 A 类分量(A 类不确定度)$u_A(x)$

标准不确定度 A 类分量是可以采用统计方法评定与计算的不确定度,是偶然误差性质的不确定度. 在物理实验教学中,约定 A 类不确定度取平均值的实验标准偏差:

$$u_A(x) = s(\bar{x}) \tag{0-4-1}$$

即

$$u_A(x) = \sqrt{\frac{\sum_{i=1}^{n}(x_i - \bar{x})^2}{n(n-1)}} \tag{0-4-2}$$

当测量值 x 的分布为正态分布时,A 类不确定度 $u_A(x)$ 表示 $\bar{x}$ 的随机误差在 $-u(x) \sim +u(x)$ 范围内的概率近似为 2/3.

2. 标准不确定度 B 类分量(B 类不确定度)$u_B(x)$

标准不确定度 B 类分量是不可以采用统计方法评定与计算的不确定度. 在物理实验教学中,标准不确定度 B 类分量可由极限误差 Δ(或容许误差或示值误差)得出,即

$$u_B(x) = \frac{\Delta}{\sqrt{3}} \tag{0-4-3}$$

其中极限误差 Δ 的获得有的依据计量仪器的说明书或鉴定书,有的依据仪器的准确度等级,有的则粗略地依据仪器分度值或经验,此类误差一般可视为均匀分布,而 $\Delta/\sqrt{3}$ 为均匀分布的标准偏差.

三、合成不确定度 u_c

1. 直接测量结果的合成不确定度

对于等精度测量,直接测量结果的合成不确定度可由标准不确定度 A 类分量和标准不确定度 B 类分量的"方和根"得到,即

$$u_c(x) = \sqrt{u_A^2(x) + u_B^2(x)} \tag{0-4-4}$$

对于单次测量,由于未采用统计方法计算的标准不确定度 A 类分量,即 $u_A(x) = 0$,所以其合成不确定度就等于标准不确定度 B 类分量,即

$$u_{\mathrm{c}}(x) = u_{\mathrm{B}}(x) \qquad (0-4-5)$$

相对不确定度 E_{r} 为合成不确定度 u_{c} 与近真值(算术平均值 $\bar{x}$)的比值,即

$$E_{\mathrm{r}} = \frac{u_{\mathrm{c}}(x)}{\bar{x}} \times 100\% \qquad (0-4-6)$$

2. 间接测量结果的合成不确定度

间接测量结果的最佳估计值和合成不确定度是由直接测量结果通过函数式计算出来的,间接测量量的误差与各个直接测量量的误差之间的关系,称为误差的传递公式.

设间接测量量的函数式为

$$y = f(x_1, x_2, \cdots, x_m)$$

即间接测量量 y 由 m 个直接测量量 $x_1, x_2, \cdots, x_m$ 算出,其中:

$$x_1 = \bar{x}_1 \pm u_{\mathrm{c}}(\bar{x}_1), x_2 = \bar{x}_2 \pm u_{\mathrm{c}}(\bar{x}_2), \cdots, x_m = \bar{x}_m \pm u_{\mathrm{c}}(\bar{x}_m)$$

则间接测量量 y 的最佳估计值为

$$\bar{y} = f(\bar{x}_1, \bar{x}_2, \cdots, \bar{x}_m)$$

其合成不确定度为

$$u_{\mathrm{c}}(y) = \sqrt{\sum_{i=1}^{m} \left(\frac{\partial f}{\partial x_i} \right)^2 u_{\mathrm{c}}^2(x_i)} \qquad (0-4-7)$$

对于幂函数 $y = A x_1^a \cdot x_2^b \cdot \cdots \cdot x_m^k$,利用上式可以得到其合成不确定度为

$$u_{\mathrm{c}}(y) = y \sqrt{\left(a \frac{u_{\mathrm{c}}(x_1)}{x_1} \right)^2 + \left(b \frac{u_{\mathrm{c}}(x_2)}{x_2} \right)^2 + \cdots + \left(k \frac{u_{\mathrm{c}}(x_m)}{x_m} \right)^2} \qquad (0-4-8)$$

四、测量结果的表示

测量结果包括测量值、合成不确定度和单位三部分,可表示为

$$y = \bar{y} \pm u_{\mathrm{c}}(y) \text{(单位)} \qquad (0-4-9)$$

相对不确定度为

$$E_{\mathrm{r}} = \frac{u_{\mathrm{c}}(y)}{\bar{y}} \times 100\% \qquad (0-4-10)$$

测量后,一定要计算不确定度. 在实际测量中,对于偶然误差为主的情况,可以略去 B 类不确定度,只计算 A 类不确定度作为总的不确定度;对于系统误差为主的测量情况,可以只计算 B 类不确定度作为总的不确定度.

五、不确定度均分定理

在间接测量中,每个直接测量量的不确定度都会对最终结果的不确定度有影响. 根据间接测量量之间的函数关系和不确定度的传递公式,将间接测量结果的不确定度均匀地分配到各直接测量量的不确定度中去,这一结论称为不确定度均分定理.

不确定度均分定理可以用来分析各物理量的测量方法和使用的仪器,进而指导实验. 对测量结果影响较大的物理量,在测量时应采用精密度较高的仪器,而对测量结果影响不大的物理量,就不必追求使用高精密度仪器.

§5 有效数字及其运算法则

在自然科学实验中,总要记录很多数据,并进行计算,记录时应取几位数字,计算后应保留几位数字,即有效数字位数的确定,是实验数据处理的重要问题之一.

一、有效数字的基本概念

有效数字是指能正确表达某物理量数值和精度的一个近似数,由准确数字和最后一位存疑数字组成. 一般从仪器上读出的数字均为有效数字,它和小数点的位置无关,有效数字尾数是由测量仪器的精度确定的.

如图 0-5-1 所示,用最小刻度为 1 mm 的米尺测量一物体的长度. 根据米尺的刻度可以准确读出前两位数,即 2.5,它不随观测者变化,是可靠的,称为准确数字. 在 2.5 cm 和 2.6 cm 两个刻度之间估读出最后一位数,称为存疑数字,它随观测者个人情况变化可能略有不同,有的人估读 5,有的人估读 6 或 7,这显然是不准确的. 尽管存疑数字不准确,但它能客观、合理地反映出该物体比 2.5 cm 长、比 2.6 cm 短的事实,是有效的. 因此,不同的测量者测得的结果可能不同,可能为 2.55 cm、2.56 cm 或 2.57 cm 等.

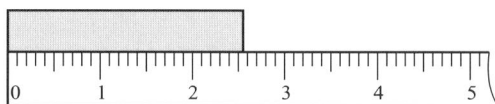

图 0-5-1　长度测量示意图

1. 有效数字与测量条件的关系

测量结果的有效数字位数是由测量条件和被测量的大小共同决定的. 对于大小已定的物理量,测量仪器的精度越高,有效数字位数越多,因此,有效数字可以在某种程度上反映出测量仪器的精度. 如某物体长度用米尺测量,结果为三位有效数字 1.28 cm,用游标卡尺测量,结果为四位有效数字 1.282 cm,用螺旋测微器测量,结果为五位有效数字 1.282 1 cm.

2. "0" 在有效数字中的作用

"0" 的位置不同,其性质也不同. 有效数字的位数从第一个不是 "0" 的数字开始算起,末位 "0" 和数字中间出现的 "0" 都属于有效数字.

需要注意的是,末位的 "0" 是有效数字,不能随意增加或去掉,否则物理意义会发生变化. 一个物理量的测量值和数学中的一个数意义是不同的. 在数学中,0.050 6 m 与 0.050 60 m 没有区别. 但在物理实验测量中,0.050 6 m ≠ 0.050 60 m,因为 0.050 60 m 中的 "6" 是准确测量出来的,是可靠的,而 0.050 6 m 中的 "6" 则是存疑数字,是不准确的.

在十进制单位进行换算时,有效数字的位数不应发生变化. 如上例中,由于数字 "5" 前面的两个 "0" 只用来表示小数点位置,不是有效数字,那么 0.050 60 m、5.060 cm、50.60 mm 的有效数字都是 4 位. 有效数字作单位换算时,一般采用科学记数法表示,即

$$5.060 \text{ m} = 5.060 \times 10^2 \text{ cm} = 5.060 \times 10^3 \text{ mm}$$

二、有效数字尾数的取舍法则

在有效数字的运算过程中,有效数字尾数的取舍按照下面的取舍法则处理.

(1)保留数字末位之后的第一个数字,若小于5则舍,若大于5则入.

例:3.775 4取四位有效数字是3.775,取三位有效数字是3.78,取两位有效数字是3.8.

(2)当保留数字末位之后的第一个数字等于5时,若保留的最后一位为奇数,则舍去5进1;若保留的最后一位是偶数,则舍去5不进位,但是5的下一位不是零时仍然要进位.

例:3.775 0取三位有效数字是3.78,3.785 0取三位有效数字是3.78,3.785 1取三位有效数字是3.79.

三、不确定度(或误差)的有效数字

一般情况下,测量结果的合成不确定度只取1位有效数字,当这位有效数字为"1"时可取至两位;对重要的、比较精密的测量或其他特殊情况,也可取2位或2位以上有效数字,相对不确定度可取1~2位有效数字. 不确定度的取舍法则为"只进不舍"(非零即进). 本书中若无特殊说明,合成不确定度取1位有效数字,当这位有效数字为"1"或"2"时可取至2位,相对不确定度取2位有效数字. 例如,$u_c(\bar{x}) = 0.174$ cm,应保留为0.17 cm. 若 $u_c(\bar{x}) = 0.417$ cm,则应保留为0.5 cm.

四、有效数字的运算规则

在物理实验数据处理的过程中,间接测量量往往要通过一系列的数学运算才能得到最后的测量结果,这就必然会涉及有效数字的运算问题. 为了避免因为运算而增加或损失有效数字位数,一般可采用以下规则进行运算.

1. 加减法运算规则

加减运算后的末位,应当和参加运算各数中最先出现的存疑位一致.

例如下列算式,其有效数字运算结果为230.1(为说明问题方便,数字下有横线的是存疑数字,仍算有效数字).

$$
\begin{array}{r}
213.2\underline{5} \\
16.\underline{7} \\
+\quad 0.12\underline{4} \\
\hline
230.07\underline{4}
\end{array}
$$

2. 乘除法运算规则

在乘除运算过程中,以参与运算各数据中有效数字位数最少的为准,其余数字在中间运算过程中可多取一位有效数字,最后结果的有效数字与有效数字位数最少的那个数据相同.

例:39.5×4.084 37×0.001 3 = 39.5×4.08×0.001 3 = 0.21.

乘方和开方运算规则与乘除法运算规则相同,即结果的有效数字与被乘方、开方数的有效数字位数相同. 例如,$1.40^2 = 1.96$,$\sqrt{200} = 14.1$.

3. 函数运算的有效数字位数

函数运算的有效数字一般可根据间接测量量不确定度计算公式的计算来确定. 通常对常用的函数也可按简单规则确定. 对数函数运算结果的有效数字中, 小数点后面的位数与真值的有效数字位数相同, 如 $\lg 1.983 = 0.297\,3$. 指数函数运算结果的有效数字中, 小数点后面的位数与指数中小数点后面的位数相同, 如 $10^{6.25} = 1.79 \times 10^6$. 三角函数运算结果的有效数字位数由角度的有效数字决定, 如 $\sin 43°26' = 0.687\,5$.

五、测量结果表示中的有效数字问题

在测量结果表示中, 间接测量量(或直接测量量)有效数字的末位与不确定度(标准偏差或极限误差)的末位对齐. 对于直接测量, 一次直接测量结果的有效数字, 由仪器极限误差或估计的不确定度来确定; 多次直接测量量算术平均值的有效数字, 由计算得到平均值的不确定度来确定. 对于间接测量, 间接测量量有效数字的确定, 原则上应由不确定度的有效数字来确定. 例如, $L = (28.32 \pm 0.024)$ mm 和 $m = (320.35 \pm 0.6)$ g 的表示方法都是错误的, 正确表示分别为 $L = (28.32 \pm 0.03)$ mm 和 $m = (320.4 \pm 0.6)$ g.

注意:

(1) 在书写测量结果时, 提倡用科学记数法表示测量结果, 并且要使结果中前两部分所乘的 10 的幂次相同. 例如 $L = (2.735 \pm 0.003) \times 10^{-3}$ m.

(2) 为减小计算误差, 计算过程中的有效数字可以暂时多保留一位存疑数字, 但最终计算结果仍要按前面的规定处理有效数字.

§6 实验数据处理的几种常用方法

数据处理是实验的重要组成部分,它贯穿于实验的始终,包括记录、整理、计算、作图、分析等方面.本节主要介绍列表法、作图法、逐差法和最小二乘法等常用的数据处理方法.在实验数据处理中,根据实验需要可以使用一种方法;也可以两种方法配合使用,如列表法和作图法配合或列表法和逐差法配合;有些实验可用多种方法进行数据处理,可选其一,也可进行不同处理方法的比较和分析.

一、列表法

利用表格对实验原始数据、处理中间结果和最终结果进行记录的方法称为列表法,具有记录和表示数据简单明了,便于表示物理量之间的对应关系,有助于检验和发现实验中的问题,及早发现问题及提高数据处理效率等优点.列表法是最基本的数据处理方法.图 0-6-1 为列表法的示例.

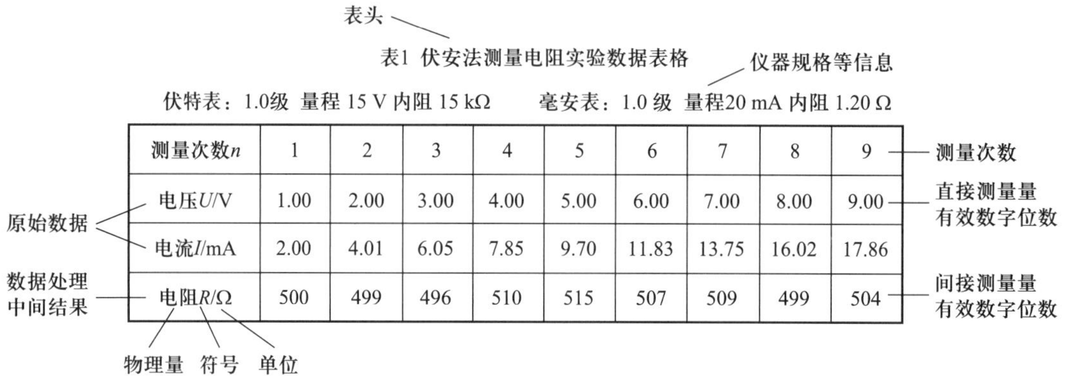

表头

表1 伏安法测量电阻实验数据表格   仪器规格等信息

伏特表:1.0 级 量程 15 V 内阻 15 kΩ   毫安表:1.0 级 量程 20 mA 内阻 1.20 Ω

测量次数 n	1	2	3	4	5	6	7	8	9	测量次数
电压 U/V	1.00	2.00	3.00	4.00	5.00	6.00	7.00	8.00	9.00	直接测量量有效数字位数
电流 I/mA	2.00	4.01	6.05	7.85	9.70	11.83	13.75	16.02	17.86	
电阻 R/Ω	500	499	496	510	515	507	509	499	504	间接测量量有效数字位数

原始数据(对应电压、电流行)

数据处理中间结果(对应电阻行)

物理量 符号 单位

图 0-6-1 列表法的示例

列表法的基本要求如下:

(1)数据表格可以分"原始数据表格"和"实验数据表格"两种,一般可以将二者合并,即数据表格中既包含原始数据,又包括最终处理结果及一些中间计算结果;但是表格要力求简单、清楚、分类明确,要便于分析数据之间的函数关系,处理数据方便.

(2)根据测量公式和实验的具体要求等来考虑,设计出适当的表格,如哪些是多次测量,哪些是一次测量,实验数据间的关系等.

(3)表格的上方要有表头,应注明表格的序号和名称.

(4)标题栏中应标明物理量、所用单位和量值的数量级等.需要注意的是,不要把单位重复记在各数值后面.

(5)表中所列数据主要是原始数据和数据处理过程中重要的中间计算结果,应正确反映数据的有效数字.

(6)对数据表格应提供必要的说明和参量,包括测量日期、测量仪器(名称、规格、量程、分度值、准确度等级、零点、仪器最大误差限值等），必要时应注明实验环境条件（温度、湿度、大气压等）．

二、作图法

物理实验要研究物质的物理性质和规律以及验证物理理论的正确性．可以用数值、图线或经验公式表达实验结果．而用作图法表示实验结果，具有形式简明直观、便于比较、易于显示变化的规律等特点，从而可以更有效地进行数据处理分析与推理，这正是数据的可视化．利用作图法分析物理量间的关系能够把数据间的函数关系形象直观化，有利于发现个别不服从规律的数据，通过描点作图具有取平均的效果，从曲线图可较容易地得出某些实验结果．

作图时应注意以下问题：

（1）作图一定要用坐标纸．

根据各物理量之间的变化规律，选择相应类型的坐标纸，如毫米直角坐标纸、双对数坐标纸、单对数坐标纸、极坐标纸等．坐标纸的大小和比例要适中，一般应根据测量数据的有效数字位数和测量要求来确定．原则上，坐标轴的分度要和测量的有效数字位数对应，即坐标纸上的最小格对应测量数据中可靠数字的最后一位．

（2）适当选取 x 轴与 y 轴的比例和坐标的起点．

要使图线比较对称地充满整个图纸，不要使图线缩在一边或一角．图 0-6-2 作图法的示例（坐标轴的比例选择等），（a）的坐标轴比例选取较合适；（b）（c）的选取均不好，坐标轴比例是和原点选择、分度值选择有关，也可能和仪器的分辨率有关．

两坐标轴的交点可以取零，也可以不取零而取比所测数据最小值稍小点的整数作为坐标的起点．下面两种情况要避免：① 将原点取在零点处，则坐标纸上将出现很大的空白区，浪费了坐标纸；② 原点不取整数，不便于分度，标数据点也容易出错．

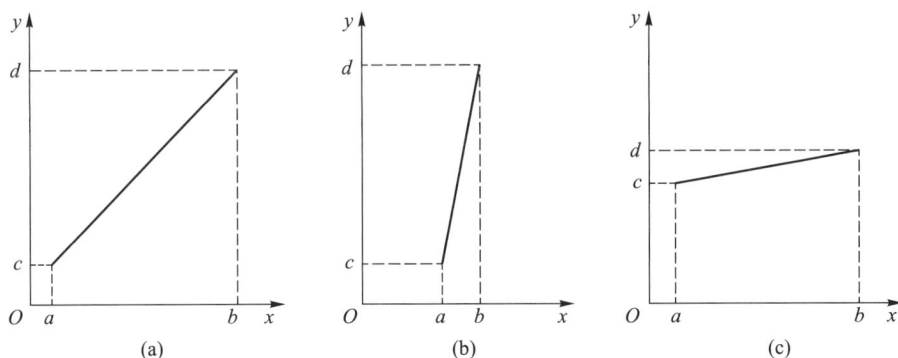

图 0-6-2　作图法的示例（坐标轴的比例选择等）

（3）写明图名及各坐标轴所代表的物理量、单位和数值的数量级，并在轴上标数．

图名一般用文字说明，写在图纸上明显的位置（一般在图上或者下面中央位置）．图纸上要画出坐标轴的方向，标明所代表的物理量（或符号），并注明单位和数值的数量级．在坐标轴上每隔一定的等间距标明该物理量的数值，标度单位应选用 1、2、5 这样的数字，而不能选用 3、7、9 这样难以标度的数字．

（4）标数据点.

依据实验数据,用削尖的铅笔(不要用中性笔等)把数据标在图纸上,描点应采用"×""·""△""○"等比较明显的标识符号.若一张图纸上要作两条或三条曲线时,可用不同的符号加以区分.

（5）连线.

变化规律容易判断的曲线以直线或光滑曲线连接,该直线或曲线不必经过每个实验数据点,而是使各实验数据点较均衡地分布在曲线两边.要注意的是:要充分尊重实验事实;若个别异常数据明显偏离图线,要合理分析和判别后再决定取舍.这种现象可能是因为该物理量在这一区域内有急剧的变化,要经过反复测量,并尽可能在这一区域多测得一些数据之后才能确定.而对于初学者而言,也可能是由观测、计算或标度的错误造成的,应努力检查实验及绘图的过程,或进行重测,以纠正错误,并总结经验.

（6）在图纸下部适当的位置还需注明时间、作者和必要的实验条件与图注等.

（7）要将图纸粘贴在实验报告上.

作图法主要用来判断各量的相互关系(图示法)和在图上求未知量(图解法).

1. 图示法

在研究两个物理量之间的关系时,把实验测得的一系列相应的数据及变化情况用曲线或直线表示出来,这就是图示法.图示法是找出函数关系并求得经验公式的最常用的方法之一.如二极管的伏安特性曲线、电阻的温度变化曲线等,都可在图上清楚地表示出来.

在图示法中,作图的基本步骤包括:选择图纸、分度和标记坐标、标出实验数据点、作出一条与实验数据点基本拟合的图线、注解和说明等.要注意的是:进行数据点连线时,所绘的曲线或直线应光滑匀称,而且要尽可能使所绘的图线通过较多的数据点,其他不在图线上的点应使它们均匀地分布在曲线的两侧.

2. 图解法

利用已作好的实验曲线,定量地求得被测量或得出经验方程的方法,称为图解法.直线的图解法一般是求出相应的斜率和截距,进而得出完整的线性方程,求出被测量等.在图纸中标出图线特征值,比如直线的截距、斜率,或曲线的最大值、最小值、拐点值等.

图解法的步骤如下.

从直线上任取相距较远的两点(x_1, y_1)和(x_2, y_2),一般应避免使用实验测得的数据点,且这两点应尽量分开些,则斜率为

$$k = \frac{y_2 - y_1}{x_2 - x_1} \qquad (0-6-1)$$

截距的求法是:把图线延长到$x=0$时,y的值即截距.如果x坐标轴的起点不为零,则利用图线上第三点的数据(x_3, y_3),代入公式$y = a + kx$求出,即

$$a = y_3 - \frac{y_2 - y_1}{x_2 - x_1} x_3 \qquad (0-6-2)$$

图 0-6-3 为一个具体示例.

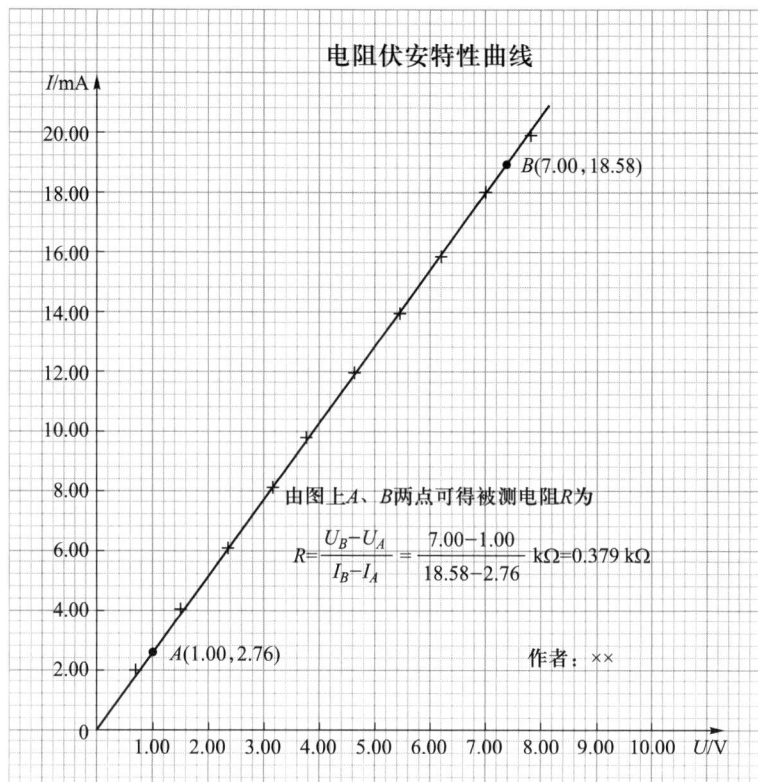

电阻伏安特性曲线

由图上 A、B 两点可得被测电阻 R 为

$$R = \frac{U_B - U_A}{I_B - I_A} = \frac{7.00 - 1.00}{18.58 - 2.76}\ \text{k}\Omega = 0.379\ \text{k}\Omega$$

作者：××

$B(7.00, 18.58)$

$A(1.00, 2.76)$

图 0-6-3 图解法的示例(电阻伏安特性曲线)

三、逐差法

对于物理实验中通过自变量等间隔变化来获取测量数据的问题,常用逐差法处理. 逐差法的基本思想是将实验测得的等间隔变化的数据分成两组,然后将对应项逐项相减,再求所有逐差量的算术平均.

1. 在同时具备以下两个条件时,可以用逐差法处理数据

(1)函数为多项式形式或经过变换可以写成多项式形式,即 $y = a_0 + a_1 x + a_2 x^2 + a_3 x^3 + \cdots$. 实际上,由于测量精度的限制,已很少应用 3 次逐差.

(2)自变量 x 是等间距变化的,即 $x_{i+1} - x_i = c$(常量);因变量 y 有偶数个数据.

2. 逐差法的应用

逐差法主要可以用来验证多项式、通过计算线性函数的斜率求物理量,还可以用来发现系统误差或实验数据的某些变化规律.

(1)可以验证多项式.

用逐项逐差来验证多项式的形式,即若一次逐项逐差值趋于某一常量,则说明变量间具有线性关系;若两次逐项逐差值趋于某一常量,则变量之间具有二次多项式形式;依次类推.

① 一次逐差是常量,说明自变量和因变量的函数关系是线性的.

② 二次逐差是常量,说明自变量和因变量的函数关系包含二次多项式.

（2）可以求物理量的数值.

在自由落体法求重力加速度 g 的实验中,依据落体下落的高度与时间的关系式 $h=h_0+v_0t+\dfrac{1}{2}gt^2$,采用二次逐差得到 g 的数值.

（3）可以发现系统误差或实验数据的某些变化规律.

3. 逐差法的优点

（1）可以充分利用单行程等间距测量的数据,对充分多的数据取平均,保持多次测量的优越性,减小偶然误差.

（2）可以最大限度地保证不损失有效数字,减小相对误差.

4. 逐差法使用的注意事项

（1）逐差法要求自变量等间隔变化而且函数关系为线性;如果函数关系不是线性的,则需要二次逐差甚至多次逐差.

（2）通常采用分组求差(也称为隔项逐差),即把 $2n$ 个数据分为前后两组,各包含 n 个数据,对应项相减,求出相差 n 个间距的数据平均值.因为逐项求差往往使得只有第一个和最后一个数据参与运算,其误差将只与这两个数据有关,此时达不到多次测量以减小误差的目的.

四、最小二乘法

最小二乘法是更严格、精度更高的一种数据处理方法.因为作图法或逐差法虽然都可以用来确定两个物理量之间的定量函数关系,但都存在着某些缺点和限制,精度都较低.不同的人用相同的实验数据作图,由于主观随意性,拟合出的直线(或曲线)往往是不一致的,通过斜率或截距计算的结果也是不同的.逐差法会受到函数形式和自变量变化要求的限制.

所谓最小二乘原理,就是在满足各测量误差平方和最小的条件下得到的未知量值为最佳值.用公式表示为

$$\sum_{i=1}^{n}\left(x_i-x_{最佳}\right)^2=最小值 \tag{0-6-3}$$

最小二乘中的"二"指的是平方.

1. 用最小二乘法进行线性拟合

设已知函数形式为

$$y=a+bx \tag{0-6-4}$$

在等精度测量条件下得到一组测量数据为

$$x_1,x_2,\cdots,x_n$$
$$y_1,y_2,\cdots,y_n$$

分别代入(0-6-4)式,得到 n 个方程:

$$y_1=a+bx_1$$
$$y_2=a+bx_2$$
$$\cdots\cdots\cdots\cdots$$
$$y_n=a+bx_n$$

一般情况下,当方程个数大于未知量的数目时,a、b 的解不能确定.因此,如何从这 n 个方

程中确定 a、b 的最佳值是关键问题. 使用最小二乘法可以解决这个问题, 即进行直线拟合.

假定最佳直线方程为

$$y = \hat{a} + \hat{b}x \tag{0-6-5}$$

式中, $\hat{a}$ 和 $\hat{b}$ 为直线方程的最佳系数. 为简化问题, 设测量中 x 方向的误差远小于 y 方向的, 可以忽略, 只研究 y 方向的差异 ε, 则有

$$\varepsilon_i = y_i - (\hat{a} + \hat{b}x_i) \quad i = 1, 2, \cdots, n$$

根据最小二乘原理, 系数 $\hat{a}$、$\hat{b}$ 的最佳值应满足:

$$\sum_{i=1}^{n} \varepsilon_i^2 = \sum_{i=1}^{n} (y_i - \hat{a} - \hat{b}x_i)^2 = 最小值$$

要使上式成立, 显然应有

$$\frac{\partial}{\partial \hat{a}} \left(\sum_{i=1}^{n} \varepsilon_i^2 \right) = 0$$

及

$$\frac{\partial}{\partial \hat{b}} \left(\sum_{i=1}^{n} \varepsilon_i^2 \right) = 0$$

将 $\sum \varepsilon_i^2$ 代入, 整理后得到以下两个方程:

$$\begin{cases} n\hat{a} + \hat{b}\sum_{i=1}^{n} x_i = \sum_{i=1}^{n} y_i \\ \hat{a}\sum_{i=1}^{n} x_i + \hat{b}\sum_{i=1}^{n} x_i^2 = \sum_{i=1}^{n} x_i y_i \end{cases}$$

或

$$\begin{cases} \hat{a} + \hat{b}\overline{x} = \overline{y} \\ \hat{a}\overline{x} + \hat{b}\,\overline{x^2} = \overline{xy} \end{cases} \tag{0-6-6}$$

其中, $\overline{x} = \dfrac{1}{n}\sum_{i=1}^{n} x_i$ 为 x 的算术平均值; $\overline{y} = \dfrac{1}{n}\sum_{i=1}^{n} y_i$ 为 y 的算术平均值; $\overline{x^2} = \dfrac{1}{n}\sum_{i=1}^{n} x_i^2$ 为 x^2 的算术平均值; $\overline{xy} = \dfrac{1}{n}\sum_{i=1}^{n} x_i y_i$ 为 xy 的算术平均值.

求解方程组 (0-6-6) 式得

$$\hat{a} = \frac{\overline{x} \cdot \overline{xy} - \overline{y} \cdot \overline{x^2}}{\overline{x}^2 - \overline{x^2}} \tag{0-6-7}$$

$$\hat{b} = \frac{\overline{x} \cdot \overline{y} - \overline{xy}}{(\overline{x})^2 - \overline{x^2}} \tag{0-6-8}$$

将 (0-6-7) 式和 (0-6-8) 式代入 (0-6-5) 式, 就可以得到由 $\hat{a}$、$\hat{b}$ 所确定的方程, 也就是经过直线拟合后确定的最佳直线方程.

2. 关于线性回归的几点说明

（1）线性回归是给出直接测量的物理量间线性关系的解析方法，比作图法更加可靠．

（2）线性回归不要求自变量等间隔变化，比逐差法应用更广泛．

（3）对于指数函数、对数函数以及幂函数，可通过变量替换成为线性关系，再使用最小二乘法进行线性拟合．

（4）最小二乘法有关计算比较烦琐，应当用科学电子计算器或计算机软件进行线性拟合．

五、计算器、计算机处理法

随着计算器和计算机的普及，尤其是进入了图形可视化阶段的今天，数据处理软件层出不穷，如 Excel、MATLAB、Mathematica、Maple、Origin、C++等．下面只简单介绍计算器处理数据和用 Excel 软件处理数据的方法．

1. 计算器的数据处理功能

市场上很多袖珍函数计算器具有线性回归、甚至多种函数回归的计算功能，具体计算方法可参阅使用说明书．用计算器进行数据处理时，用得最多的是计算器的统计功能和回归功能．

2. 计算机的数据处理功能

利用计算机处理实验数据方便简捷，目前是物理实验和科学研究中经常使用的方法．用计算机的各种计算软件可以做不确定度计算、作图线、做回归计算等．不同的软件，功效也不尽相同．Excel 具有强大的数学运算功能和数据处理功能．利用"插入"菜单中"函数"项的【AVERAGE】和【STDEV】可计算出测量数据的算术平均值和标准差；利用线性回归，可得到实验数据的经验公式；利用图表功能可绘制实验数据的坐标图线等．若要利用 MATLAB、Mathematica、Maple、Origin、C++等计算软件进行拟合，需要学习相关软件的编程．

§7 物理实验中常用的测量方法

物理量的具体测量方法称为物理测量方法. 物理测量方法是以物理理论为依据、以实验技术为手段、以实验装置为工具进行科学研究、取得所需结果的方法,是理论联系实际的桥梁和纽带,它凝聚了许多科学家和实验工作者的巧妙构思,是人类智慧的结晶,值得好好学习和借鉴.

物理测量方法按照测量技术来分,可分为比较法、放大法、模拟法、转换法(传感器法)等. 这些方法在物理实验中往往是相互渗透、相互联系、综合运用的,可能无法截然分开.

一、比较法

比较法就是将被测量与标准量进行比较而得到测量值的方法,是物理测量中最普遍、最基本、最常用的测量方法. 比较法可分为直接比较法和间接比较法.

1. 直接比较法

将被测物理量与选作计量标准的同类物理量(或标准量)直接进行比较而得出其大小的测量方法称为直接比较法. 有些被测物理量可以与同类物理量的标准量具直接进行比较,如用米尺测量长度. 此时,测量精度受到测量仪器自身精度的限制,因此,欲提高测量精度就必须提高仪器的精度. 常用的直接比较法有:直读法、补偿法等.

(1)直读法

直读法是指由标度尺或数字显示窗示值直接读出被测量的方法. 例如,用米尺、游标卡尺、螺旋测微器等测量长度;用秒表、毫秒计等测量时间;用量杯或量筒等测量液体体积;用电压表测量电压;用电流表测量电流等.

(2)补偿法

补偿法在普通物理实验中的应用相当普遍. 常见补偿有温度补偿、电流补偿、光程补偿等.

① 温度补偿:如在测定冰的熔解热的实验中,通过实现系统热量的补偿,使该过程更接近绝热过程.

② 电压补偿:在电学实验中,由于实验条件常常无法满足理论的要求,如电流表内阻 $R_g \neq 0$,电压表的内阻 $R_V \neq \infty$ 等,采用近似后使得测量结果不能达到一定的精度要求. 利用电压补偿法设计实验过程,可以尽量减小一些系统误差,使实验模型尽可能符合理论模型,从而使一些定理或公式得以直接应用,提高测量的精度. 如图 0-7-1 所示,在图(a)待测电动势 $\mathscr{E}_x$ 基础上,按图(b)设计补偿电压 $\mathscr{E}_0$,使检流计 G 指零,回路中 $i=0$,此时 $\mathscr{E}_0$ 产生的效应与 $\mathscr{E}_x$ 产生的效应相补偿. 如:用十一线板式电势差计测量电动势、用开尔文双臂电桥测量低电阻等.

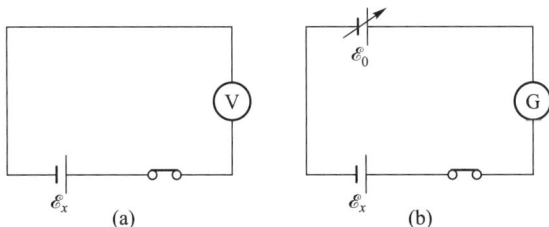

图 0-7-1　电压补偿测电源电动势实验

③ 光程补偿:在迈克耳孙干涉实验中,通过分光板 G_1 获得两束相干光,利用补偿板 G_2 来补偿两束光由于经过分光板 G_1 次数不同而产生的附加光程差,此时补偿板 G_2 起到补偿光程的作用.

2. 间接比较法

多数物理量的测量没有标准的量具,无法通过直接比较法来测量,但通常可以借助于一些中间量,将被测物理量进行某种变换来间接实现比较测量的方法称为间接比较法. 这种方法是利用物理量之间的函数关系,先制成与被测量有关的物理量的测量仪器或装置,再利用这些仪器或装置与被测物理量进行比较. 如:水银温度计就是利用水银的体积与温度之间存在热胀冷缩关系而制成的;气压计把大气压强转换成对汞柱的高度测量;电流表是利用电磁力矩与机械力矩平衡时,电流大小与电流计指针偏转量之间具有一定对应关系,电流计指针的偏转能间接地测出电路中电流而制造的;电势差计把电动势转换成电阻丝长度的测量.

二、放大法

放大法是放大被测量所用的原理和方法,是常用的基本测量方法之一. 根据被测量的不同可以采用不同的放大法,包括机械放大、光学放大、电学放大、累计放大等.

1. 机械放大

所谓机械放大,是利用机械部件之间的几何关系将物理量在测量过程中加以放大,从而提高测量仪器的分辨率. 如:游标卡尺是在原来分度值为 1 mm 的主尺上,加一个 50 等分的游标后,组成的游标卡尺的分度值为 0.02 mm,也就是将 1 mm 等分成 50 份,这种游标原理对于直角游标和角游标都适用;螺旋测微器和读数显微镜是将与被测物关联的测量尺面和螺杆连在一起,螺杆尾端加上一个鼓轮,其边缘等分成 50 格,鼓轮每转 1 圈,恰使尺面移动 0.5 mm,即鼓轮转动 1 格,尺面移动 0.01 mm,微小位移被放大 100 倍,测量精确度也就提高了 100 倍;用拉伸法测量杨氏模量实验是利用钢丝微小伸长的放大;演示固体的微小形变可利用玻璃瓶微小体积形变的放大;库仑扭秤实验是利用库仑微小力的放大.

2. 光学放大

光学放大在物理实验以及许多仪器中都得到了广泛应用. 常用的光学放大法有以下两种.

(1) 视角放大测量法

视角放大测量法是使被测物通过光学装置放大视角形成放大像,以便于观察判别,从而提高测量精度的. 如:放大镜、光学显微镜、特种显微镜(在光学显微镜基础上发展起来的暗场显微镜、紫外显微镜、偏光显微镜、荧光显微镜、相衬显微镜、干涉显微镜以及离心显微镜等).

(2) 反射放大测量法

反射放大测量法是使用光学装置将被测微小位移在空间上利用光在平面镜上的单次或多次反射来实现间接放大的,利用原位移与被放大的测量位移之间的几何关系,可以通过测量被放大了的位移来推知原位移. 根据光在传播过程中被反射的次数,反射放大测量法又可分为单次反射放大法和多次反射放大法.

单次反射放大法比较典型的实验是卡文迪什扭秤实验、库仑静电力扭秤实验. 光杠杆法是常见的单次反射放大法,如用拉伸法测量杨氏模量实验、固体线膨胀系数的测定实验.

多次反射放大法是利用光在多个平面镜之间的多次反射,即让光线通过多次反射后再投影到观察屏或标尺上,从而达到微小位移的光学放大的,也称之为复射法,如:AC9 型直流复射式检流计.

3. 电学放大

将非电学量转化为电学量进行测量的方法称为非电学量的电测法. 这种方法主要依靠的是传感器,是现代测量学的常用方法,被广泛应用于各研究领域. 由于非电学量通过传感器等转换得到的电学量往往是很微弱的电学信号,因此需要将微弱电信号放大. 将微弱电信号通过放大电路(含放大器,主要元件是晶体管)进行放大的方法,称为电学放大法. 电学放大法主要包括电流放大法、电压放大法等.

(1)电流放大法:主要途径是利用微电流放大器将微弱电流信号进行放大.

(2)电压放大法:除利用以晶体管或场效应管为主要元件的电压放大器外,还可使用变压器以及利用电子在电场中的偏转等实现,如:电子示波器的放大原理.

4. 累积放大

用"累积放大"的前提是物理量具有延展性,可通过简单的线性累积叠加,或"冲淡"单次测量的误差,或"延展"其长度、质量、时间、电阻、电容等从而达到实验要求.

(1)"累积放大"减小系统误差

在日常生活、生产实践以及物理实验过程中,有些量的变化很微小或者有些过程历时过短,限于实验仪器的精密度、实验者的反应时间以及实验者的操作差异等因素,在单次测量时会产生较大的系统误差. 这种系统误差不能通过多次测量取平均值来实现,只能通过在一次实验过程中,增加累积来减小误差,这就是系统误差的"累积放大". 用"累积放大"减小实验系统误差的本质,就是通过实验过程的累积将时间、长度等的测量误差平均分配到多次测量中去,使得平均每次测量的误差减小. 如:在用单摆测量重力加速度实验中,一次测量是单摆完成 50 个周期的振动;在用迈克耳孙干涉仪测量氦氖激光光波的波长时,常常要求通过调节迈克耳孙干涉仪,读出干涉条纹每"冒出"或 "陷入"50 个条纹前后的读数,这两个实例都将测量误差平均分配到 50 次测量中.

(2)"累积放大"改变仪器参量

在某些实验中,有些常规的实验器材可能不能满足实验的要求,但可通过适当仪器的适当累积组合来改变实验仪器的性能和参量. 在力学实验中,可将合适的弹簧通过并联得到弹性系数更大的弹簧. 在电学实验中,可以将合适的电阻串联得到所需的电阻,将合适的电源串联得到符合要求的电压,将合适的电容器并联得到增大了的电容;可以利用回旋加速器将带电粒子加速获得高达几百亿电子伏的能量. 在光学实验中,将若干玻璃片重叠起来组成玻璃片堆,可以增强反射光的强度和折射光的偏振化程度.

三、模拟法

由于某些特殊原因,如研究对象过于庞大或者微小、变化过程过于缓慢或者迅速、实验环境或者实验过程因危险等受到限制,难以对实际系统直接进行观察或测量,这使得用模型来模拟实际系统成为必要. 将构造与研究对象有一定关系的模型,用对模型的研究代替对原型的研究的方法,称为模拟法.

被用来模拟的实际系统称之为原型,模拟的系统称之为模型. 模型和原型之间遵循科学性是模拟的前提,二者具有相似性是模拟的基础.原型可以是具体的或抽象的状态或过程、现实的系统或理想的系统.模型在某些方面或某种程度上应与原型具有相似性.设计的模型不管经过怎样的变换和处理,也只能做到在某些方面与原型具有相似性,不可能使两种型体在所有的物理性质上完全相似.

模拟可分为物理模拟、数学模拟、计算机模拟等几种类型.

1. 物理模拟

以真实物理实验为基础,基于实验室物理实验与真实物理实验的相似性,用实验室物理实验来模拟在空间规模上扩大或缩小、在时间上延长或缩短的真实物理实验的方法称为物理模拟,也称为实验室模拟.根据模拟的过程特点,物理模拟可分为两种:静态模拟和动态模拟.

(1)静态模拟:指用不随时间或实验条件等因素的改变而变化的物理模型进行重现物理过程的模拟,也称为稳态模拟.静态模拟的前提是物理过程要处于稳定的运行状态,系统内各状态参量都不随时间或实验条件等因素的改变而变化.

(2)动态模拟:指用随时间或实验条件等因素的改变而变化的物理模型进行重现物理过程、揭示物理规律的模拟.

2. 数学模拟

以数学和逻辑为工具,基于一定的假设条件,运用数学运算模拟系统来实现模拟的方法称为数学模拟.数学模拟不仅使用符号(字母、数字)及其关系(方程式、不等式等),而且往往还会借助计算工具,是较精确的模拟方法.

3. 计算机模拟

以真实物理实验为基础,通过建立合适的数学模型,基于系统在某一时刻的状态和下一时刻的变化规则,将真实物理实验编译成计算程序,利用计算机高速运算和动态直观显示功能来研究真实物理实验的方法,称为计算机模拟.计算机及计算方法的高速发展,使得计算机模拟成为物理学研究领域中继理论分析、实验研究之后的第三种研究手段.计算机模拟的主要应用是物理实验现象或物理实验过程的再现模拟、虚拟仿真物理实验.

(1)再现模拟

对于有些物理实物难以目睹(船闸等),有些物理模型难以建立(匀速直线运动、匀变速直线运动、匀速圆周运动等),有些物理图像过于抽象("T"字形带电体周围空间的电场分布、氢原子核外电子的角动量空间量子化等),有些实物的运动过程过于宏观或过于微观(宏观领域内天体的运行或微观领域内原子的核式结构、花粉颗粒的布朗运动等),有些物理过程难以显现(示波器中电子的偏转、电子能级的跃迁等),有些物理过程进行得过于缓慢或过于迅速(固体的扩散、物体间的碰撞、气体的自由膨胀等),有些实验过程过于危险(涉及高温、高压、低温、低压、强磁场、放射性、爆炸等)的物理过程,用计算机作为模拟工具,其目的是突破传统实验的局限,重点放在理解实验上.如应用计算机模拟将"载流线圈产生的磁感应强度分布"和"波的干涉"等抽象物理图像和物理过程直观化.

(2)虚拟仿真物理实验

虚拟仿真物理实验是基于 Windows 操作系统,集文本、图像、动画、声音、数据采集与运算于一体的多媒体开发工具,具有界面友好、操作容易的特点(详见第 4 章).

四、转换法

转换法是将无法用仪器直接测量或即使能测量但测量不方便、测量准确性差的物理量,转换成其他方便、能准确测量的物理量来进行测量的方法.如利用阿基米德原理测量不规则物体的体积,把不易测准的不规则物体的体积转换成容易准确测量的浮力来测量;将非电学量转换成电学量测量(如用温差电偶测温度和用光电效应测普朗克常量等);非光学量转换成光学量测量(如用劈尖测量细线直径)等.

转换测量的关键器件是传感器,这种测量方法也叫传感器法.

1. 电阻式传感器

电阻式传感器利用电阻元件将被测物理量(位移、温度、力和加速度等)的变化转换成电阻值的变化,再经相应的测量电路(通常用桥式电路),用电压或电流的方式输出,最后达到测量该物理量的目的.电阻式传感器按其工作原理可分为电阻应变式传感器、压阻式传感器、热敏传感器、光敏传感器、气敏传感器等.

2. 电容式传感器

电容式传感器是把各种被测量转换成电容量的一种传感器,实际上就是一个具有可变参量的电容器.根据改变电容量方法的不同,可分为变间隙式、变面积式、变电容率式.

3. 电感式传感器

电感式传感器是把被测量转换为线圈的自感 L 或互感 M 的变化来实现测量的一种装置.通常可分为自感式、差动变压器式、涡流式及压磁式四种.

4. 压电式传感器

压电式传感器是一种典型的自发电式传感器,是一种将机械能转化为电能的能量转化型传感器.它以某些物质的压电效应为基础,当沿一定方向对强电介质晶体(如石英晶体、压电陶瓷等)施加压力或拉力而使之产生形变时,在它们的某两个表面上会产生大小相等、符号相反的电荷;外力去除后,晶体表面又恢复到不带电的状态;当作用力方向改变时,电荷的极性也随之改变.晶体受力所产生的电荷量与外力的大小成正比,这种现象称为正压电效应.

5. 磁电式传感器

磁电式传感器是通过磁电作用将待测量(如位移、振动、转速、压力、磁场等)转换成电动势输出的一种传感器.常用的磁电式传感器有磁电感应式传感器和霍耳式传感器.

6. 光电式传感器

光电式传感器是将光信号转换为电信号的一种传感器.光电传感器是传感器中应用较广且发展较快的一种.光电传感器(或称光电转换器)大致分为以下四类.

(1)利用光电发射效应工作的光电传感器,如光电管和光电倍增管.

(2)利用光电导效应工作的光电传感器,如光敏电阻.

(3)利用光电效应工作的光电传感器,如光敏二极管、光敏三极管、光控晶闸管等;电耦合器件(CCD)二维固态图像传感器中的光电部分也属于这类光电效应传感器.

(4)利用热释电效应工作的红外线检测光敏传感器.

7. 温度传感器

温度传感器是把非电学量温度转换成电信号的传感器,主要有半导体温度传感器(用半导体材料制作的温度传感器)、pn 结温度传感器、集成温度传感器、红外温度传感器、光导纤维温度传感器等.

按照测温的方式的不同,温度传感器可分为接触式和非接触式.

(1)接触式温度传感器包括热电偶、热电阻、pn 结温度传感器、热敏晶体管、可控硅和集成温度传感器.

(2)非接触式温度传感器包括利用泽贝克(Seebeck)效应制成的红外吸收型温度传感器和 MOSEET 红外探测器.

8. 光导纤维传感器

光导纤维传感技术是随着光导纤维实用化和光通信技术的发展而形成的. 光导纤维传感器的信息载体是光,它用光导纤维作为传递敏感信息的介质.

第 1 章
力学、热学实验

实验 1　长度测量

[实验目的]

1. 练习使用测量长度的几种常用仪器.

2. 巩固有关误差、实验结果不确定度和有效数字的知识,熟悉数据记录、处理及测量结果表示的方法.

[实验仪器]

普通游标卡尺,数字式游标卡尺,普通螺旋测微器,数字式螺旋测微器及待测物(滚珠、圆管、毛细管).

[装置介绍]

1. 游标卡尺构造图如图 1-1-1 所示.

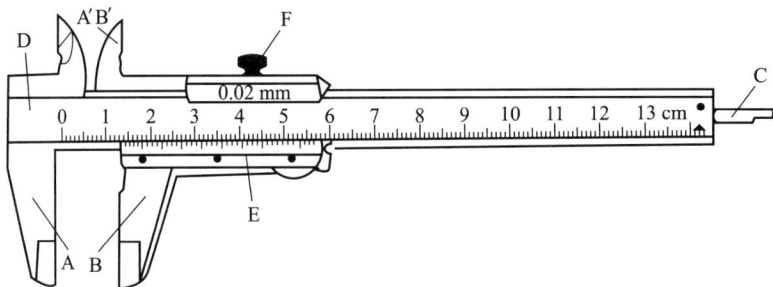

图 1-1-1　游标卡尺构造图

游标卡尺是一种能准确测到 0.1 mm 的较精密量具,用它可以测量物体的长、宽、高、工件的深度以及内、外径等. 它主要由按米尺刻度的主尺和一个可沿主尺移动的游标(又称副尺)组成. 常用的一种游标卡尺的结构如图 1-1-1 所示. D 为主尺,E 为副尺,主尺和副尺上有测量钳口 A、B 和 A′、B′,钳口 A′、B′用来测量物体内径. 尾尺 C 在背面与副尺相连,移动副尺时尾尺也随之移动,可用来测量孔径深度. F 为锁紧螺钉,旋紧它,副尺就与主尺固定了.

2. 螺旋测微器构造图如图 1-1-2 所示.

[实验原理]

1. 游标原理及读数方法

游标卡尺的分度值 Δs 有 0.10 mm、0.05 mm、0.02 mm 三种,图 1-1-1 是分度值为 0.05 mm 的游标卡尺. 对于测量范围在 300 mm 以内的游标卡尺,计量规程规定其示值误差限的绝对值 Δm 等于分度值.

游标卡尺的分度原理:用 a 表示主尺分度值,用 N 表示游标分度数. 通常设计 N 个游标分

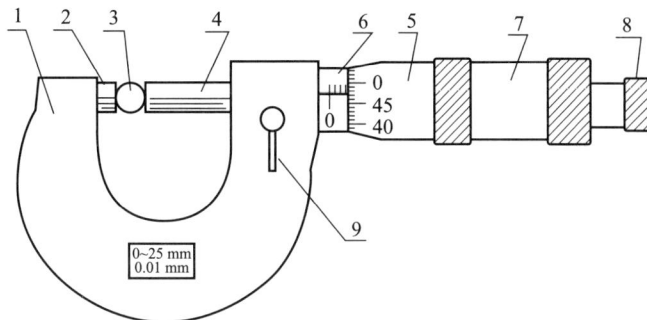

1—尺架;2—固定测砧;3—待测物体;4—测微螺杆;5—螺母套管;6—固定套管;

7—活动套管;8—棘轮;9—锁紧装置

图 1-1-2　螺旋测微器构造图

格的长度与主尺上 $(vN-1)$ 个分格的总长度相等,利用 v 倍主尺最小刻度值 (va) 与游标上最小刻度值之差来提高测量的精度. 若游标上最小刻度值为 b,则有

$$Nb = (vN-1)a$$

其差值为

$$va-b = va - \frac{vN-1}{N}a = \frac{1}{N}a$$

倍数 v 称为游标系数,通常取 1 或 2. 由此可知,当 a 一定时,N 越大,其差值 $(va-b)$ 越小,测量时读数的准确度越高. 该差值 $\frac{a}{N}$ 通常称为游标的分度值或精度,这就是游标分度原理. 不同型号和规格的游标卡尺,其游标的长度和分度数可以不同,但其游标的基本原理均相同. 本实验室所用的是游标系数为 1 的 50 分度游标卡尺. $N=50, a=1$ mm,分度值为 $\frac{1\ \text{mm}}{50} = 0.02$ mm,此值正是测量时能读到的最小读数(也是仪器的示值误差),如图 1-1-3 所示. 读数时,待测物的长度 L 可分为两部分读出后再相加. 先在主尺上与游标"0"线对齐的位置读出毫米以上的整数部分 L_1,再在游标上读出不足 1 mm 的小数部分 L_2,则 $L=L_1+L_2$. $L_2 = k\frac{1}{N}$ mm,k 为游标上与主尺某刻线对得最齐的那条刻线的序数. 如图 1-1-4 所示的游标卡尺读数为 $L_1=0, L_2 = k\frac{1}{N}$ mm $= \frac{12}{50}$ mm $= 0.24$ mm.

所以 $L=L_1+L_2 = 0.24$ mm. 许多游标卡尺的游标上常标有数值,L_2 可以直接由游标上读出.

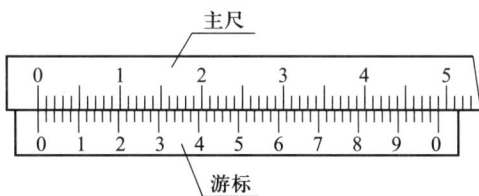

图 1-1-3　主尺与游标尺

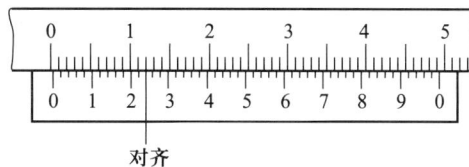

图 1-1-4　50 分度游标卡尺

使用时应注意:① 要先看游标卡尺分度值 Δs 是多少;② 用钳口夹住物体后,从游标的 "0"线所对主尺读出毫米的整数部分;③ 若游标的第 h 条线和主尺的某一刻线对齐,则不足 1 mm 的小数部分 $\Delta x = h\Delta s$;④ 去掉物体后,闭合钳口,观察游标的"0"线和主尺"0"线是否对齐,若未对齐要考虑零点修正.

2. 螺旋测微器原理

螺旋测微器如图 1-1-5 所示,实验室中常用的螺旋测微器的量程为 0~25 mm,量具的分度值为 0.01 mm,能估读到 0.001 mm,其示值误差限(绝对值)$\Delta m = 0.004$ mm. 图中 A 为测微螺杆,它的一部分被加工成螺距为 0.5 mm 的螺纹,当它在固定套管 D 的螺套中转动时,将前进或后退,活动套管 C 和螺杆 A 连成一体,其侧面圆周被等分为 50 个分格. 螺杆转动的整圈数由固定套管上间隔 0.5 mm 的刻线去测量,不足一圈的部分由活动套管侧面圆周的刻线去测量. 所以用螺旋测微器测量长度时,读数也分为两步,即:① 从活动套管的前沿在固定套管上的位置,读出整圈数;② 从固定套管上的横线所对应活动套管上的分格数,读出不到一圈的小数. 二者相加就是测量值.

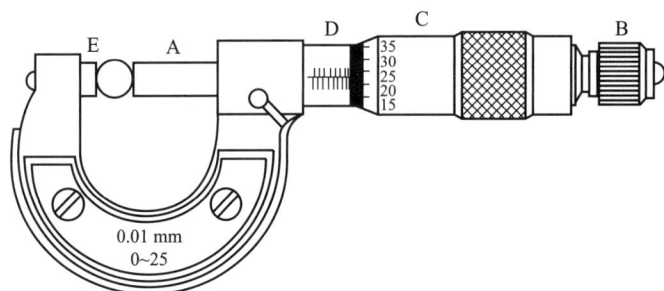

图 1-1-5　螺旋测微器

螺旋测微器是螺旋测微量具中的一种,除此之外,读数显微镜、光学测微目镜及迈克耳孙干涉仪的读数部分也都是利用螺旋测微原理制成的.

螺旋测微器是一种比游标卡尺更精密的量具,常用来测量线度小且准确度要求较高的物体的长度. 较常见的一种螺旋测微器的读数如图 1-1-6 图所示.

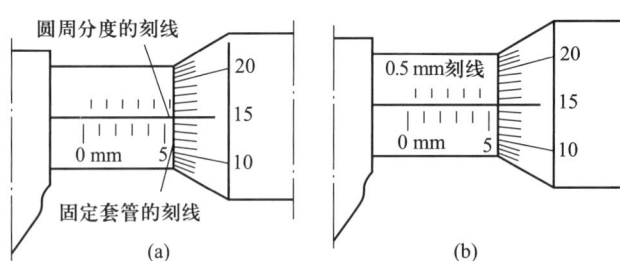

图 1-1-6　螺旋测微器

该量具的核心部分主要由测微螺杆和螺母套管所组成,是根据螺旋推进原理而设计的. 测微螺杆的后端连着圆周上刻有 N 分格的活动套管,测微螺杆可随活动套管的转动而进退. 螺母套管的螺距一般取 0.5 mm,当活动套管相对于螺母套管转一周时,测微螺杆就沿轴线方向前进或后退 0.5 mm;当活动套管转过一小格时,测微螺杆则相应地移动 $\dfrac{0.5}{N}$ mm 的距离. 可见,测量时沿轴线的微小长度均能在活动套管圆周上准确地反映出来. 比如 $N=50$,则能准确读到 0.5 mm/50 = 0.01 mm,再估读一位,则可读到 0.001 mm,这正是称螺旋测微器为千分尺的缘故. 实验室常用的螺旋测微器的示值误差为 0.004 mm. 读数时,先在螺母套管的标尺上读出 0.5 mm 以上的读数,再在活动套管圆周上与螺母套管横线对齐的位置上读出不足 0.5 mm 的数值,再估读一位,则三者之和即待测物的长度. 如图 1-1-6 所示.

图(a)读数为 $L=4$ mm + 0.183 mm = 4.183 mm

图(b)读数为 $L=4$ mm + 0.5 mm + 0.187 mm = 4.687 mm

再如图 1-1-7 所示,使用螺旋测微器测量时,要注意防止读错整圈数的情况发生,图 1-1-7 所示的三例,(b)比(a)多一圈,读数相差 0.5 mm,(c)的整圈数是 3 而不是 4,读数为 1.978 mm 而不是 2.478 mm.

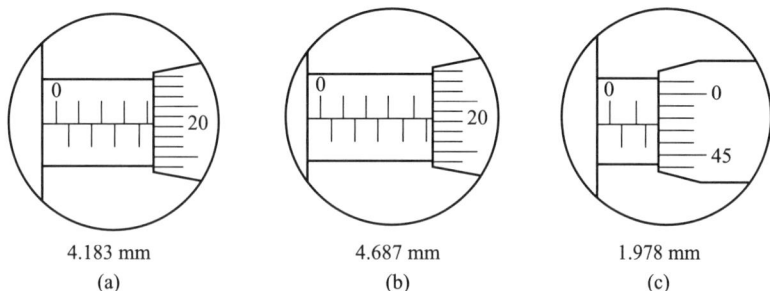

4.183 mm
(a)

4.687 mm
(b)

1.978 mm
(c)

图 1-1-7　螺旋测微器读数

如图 1-1-5 所示,螺旋测微器的尾端有一棘轮装置 B,拧动 B 可使测微螺杆移动,当测微螺杆与被测物(或固定测砧 E)相接触后的压力达到某一数值时,棘轮将滑动并发出"咔咔"的响声,活动套管不再转动,测微螺杆也停止前进,这时就可读数. 设置棘轮可保证每次测量时被测物受到的压力在 6～10 N 之间,能保护螺旋测微器的精密螺纹. 不使用棘轮而直接转动活动套管去卡住物体时,会由于被测物被压缩而测不准. 另外,如果不使用棘轮,测杆上的螺纹将发生变形和增加磨损,会降低仪器的准确度,这是使用螺旋测微器必须注意的问题.

不夹被测物而使测微螺杆和固定测砧相接时,活动套管上的"0"线应当刚好和固定套管上的横线对齐. 实际使用的螺旋测微器,由于调整得不充分或使用不当,其初始状态可能和上述要求不符,即有一个不等于零的零点读数. 图 1-1-8 为两个零点读数的例子. 要注意的是它们的符号不同. 每次测量之后,要从测量值的平均值中减去零点读数.

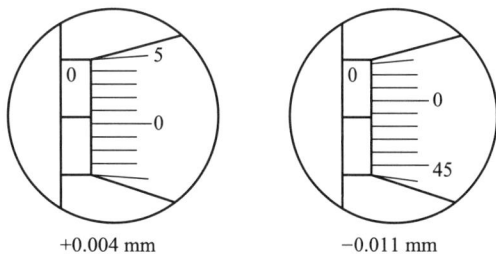

+0.004 mm　　－0.011 mm

图 1-1-8　螺旋测微器零点读数

[实验内容]

1. 用游标卡尺测量圆管的体积

（1）测量前，先核准游标卡尺的零点. 将钳口合拢，检查游标的"0"线是否与主尺的"0"线对齐，如未对齐，则需记下零点读数，以便进行修正.

（2）测量时，用外钳口测外径 D_1 和高 H，用内钳口测内径 D_2. 左手拿被测物，右手持尺，大拇指轻转副尺上的小轮，使被测物轻轻卡住即可读数，不要使物体在被卡住时用力移动，以免损坏钳口.

（3）重复测量圆管的内径、外径和高各 5 次，并记下读数，同时也记下游标卡尺的示值误差 $\Delta_{示}$.

2. 用螺旋测微器测量小球的体积

（1）测量前，先进行"零"点核准. 在固定测砧与测微螺杆之间未放物体（小球）时，轻轻转动棘轮，待听到发出"咔咔"之声时即停止转动. 然后观察活动套管"0"线与螺母套管的横线是否对齐. 若未对齐，则此时的读数 D_0 为零点读数. 零点读数有正有负，测量结果应予以修正. 如图 1-1-9 所示.

（a）$D_0 = 0.021$ mm；

（b）$D_0 = -0.029$ mm.

（2）测量时，将待测物放于固定测砧与测微螺杆之间，转动活动套管，当测微螺杆与被测物快要接触时，再轻转棘轮，听到"咔咔"声音时停止转动，进行读数.

（3）重复测小球直径 5 次，记下每次的读数及螺旋测微器的示值误差.

（4）测量完毕后，要使固定测砧与测微螺杆之间留有一定的空隙，以免受热膨胀时两接触面因挤压而被损坏.

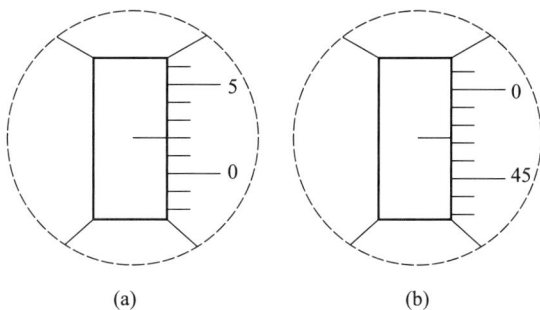

图 1-1-9　螺旋测微器测量小球体积

3. 用数字式游标卡尺、数字式螺旋测微器测量铜棒的体积

（1）铜棒长度的测量. 测量前，先核准数字式游标卡尺的零点.

将数字式游标卡尺钳口合拢，打开数字式游标卡尺的电源（按"mm/in"键），按置零（"0"）键，数字表显示"0.00 mm"或"0.000 in". 按"mm/in"键，选择数字表显示"0.00 mm".

测量铜棒长度 L.

（2）铜棒直径的测量. 测量前，先核准数字式螺旋测微器的零点.

将数字式螺旋测微器合拢，打开数字式螺旋测微器的电源（按"mm/in"键），按置零（"0"）键，数字表显示"0. 00 mm"或"0.000 in". 按"mm/in"键，选择数字表显示"0.00 mm".

测量铜棒直径 D.

[实验数据记录及处理]

1. 测量数据记录表

（1）用普通游标卡尺测圆管的内、外径和高（见表 1-1-1）.

表 1-1-1　圆管的内、外径和高数据记录表

零点读数 D_0：_____；示值误差：_____；单位：_____

N	外径 D_1/mm	内径 D_2/mm	高度 H/mm
1			
2			
3			
4			
5			

（2）用普通螺旋测微器测小球的直径（见表 1-1-2）.

表 1-1-2　小球直径数据记录表

零点读数 D_0：_____；示值误差：_____；单位：_____

N	$D_读$	$D = D_读 - D_0$
1		
2		
3		
4		
5		

（3）用数字式游标卡尺、数字式螺旋测微器测量铜棒长度、直径（见表 1-1-3）.

表 1-1-3　铜棒长度、直径数据记录表

N	长度 L	直径 D
1		
2		
3		
4		
5		

2. 数据处理

（1）对多次直接测量结果的总不确定度的估计：

先求各直接测量量的最佳值（平均值）：

$$\bar{x} = \frac{1}{n} \sum x_i$$

然后求实验结果总不确定度,其中：

$$s_x = \sqrt{\frac{\sum (x_i - \bar{x})^2}{n-1}}$$

总不确定度为

$$\Delta_x = \sqrt{S_x^2 + \Delta_{仪}^2}$$

最后测量结果可表示为

$$x = \bar{x} \pm \Delta x$$

（2）间接测量结果的计算及合成不确定度的确定.

① 圆管的体积：

$$\bar{V} = \frac{\pi}{4}(\bar{D}_1^2 - \bar{D}_2^2) \cdot \bar{H}$$

$$\Delta_V = \sqrt{\left(\frac{\pi}{2}\bar{H}\bar{D}_1\Delta_{D_1}\right)^2 + \left(\frac{\pi}{2}\bar{H}\bar{D}_2\Delta_{D_2}\right)^2 + \left[\frac{\pi}{4}(\bar{D}_1^2 - \bar{D}_2^2)\Delta_H\right]^2}$$

结果记为

$$V = \bar{V} \pm \Delta_V$$

② 钢球的体积：

$$\bar{V} = \frac{1}{6}\pi\bar{D}^3$$

$$\Delta_V = 3\frac{\Delta_D}{\bar{D}}\bar{V}$$

结果记为

$$V = \bar{V} + \Delta_V$$

③ 铜棒的体积：

$$V = \frac{\pi}{4}D^2 L$$

3. 实验结果的分析和讨论

[思考题]

1. 游标卡尺的测量准确度为 0.01 mm，其主尺的最小分度的长度为 0.5 mm，试问：游标的分度数（格数）为多少？以毫米作单位，游标的总长度可能取哪些值？

2. 如图 1-1-10 所示的这些游标卡尺主尺最小刻度值是多少？游标的分度数 V 是多少？游标卡尺的分度值是多少？它们的读数是多少？（在这些图中，第一把尺是为了确定分度值，第二把尺是为了读数.）把答案填入表 1-1-4 中.

3. 如果将一钢直尺旁附上特制的游标，它可以当成游标卡尺使用吗？

4. 凸透镜表面的曲率半径应怎样测量？

5. 分析游标卡尺和螺旋测微器的设计思路.

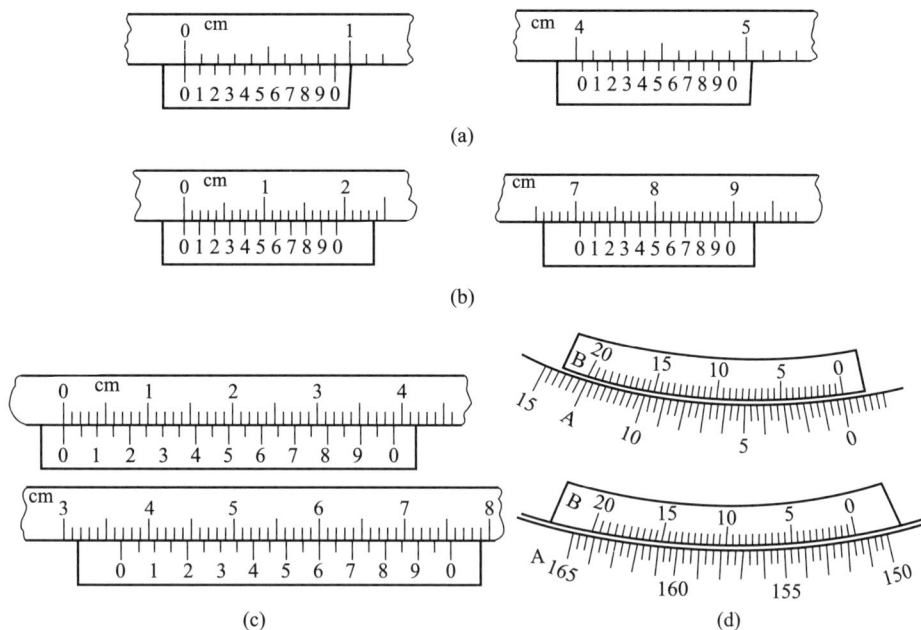

(a)

(b)

(c)　(d)

图 1-1-10　游标卡尺

表 1-1-4　数　据　表

图号	主尺最小刻度值/mm	游标分度数/N	游标尺分度值/mm	读数/mm
（a）				
（b）				
（c）				
（d）				

6. 螺旋测微器是如何提高测量精度的？其最小分度值和示值误差各为多少？其意义是什么？

7. 螺旋测微器的零点值在什么情况下为正？又在什么情况下为负？

8. 试比较游标卡尺、螺旋测微器的放大测量原理和读数方法的异同.

9. 圆管的体积 $V=\dfrac{\pi}{4}(\overline{D}_1^2-\overline{D}_2^2)H$，试证明：

$$\Delta_V=\sqrt{\left(\frac{\pi}{2}\overline{H}\,\overline{D}_1\Delta_{D_1}\right)^2+\left(\frac{\pi}{2}\overline{H}\,\overline{D}_2\Delta_{D_2}\right)^2+\left[\frac{\pi}{4}(\overline{D}_1^2-\overline{D}_2^2)\Delta_H\right]^2}$$

实验 2　精密称量

[实验目的]

1. 了解分析天平的构造原理,学会正确调节使用分析天平.
2. 掌握用分析天平来精密称量物体质量的方法.

[实验仪器]

分析天平,被测物体等.

[装置介绍]

天平的外形和结构如图 1-2-1 所示. 横梁是天平的主要构件,一般由铝铜合金制成. 三个玛瑙刀等距离安装在横梁上,中间为支点刀,梁的两边装有两个平衡螺丝,用来调整横梁的平衡位置,横梁的中间装有垂直的指针,用以指示平衡位置. 支点刀的后上方装有重心螺丝,用以调整天平的灵敏度. 天平正中是立柱,安装在天平的底板上. 立柱的上方嵌有一块玛瑙平板,与支点刀相接触. 立柱的上部装有能升降的托梁架,在天平关闭时托住天平横梁,使支点刀的刀口与玛瑙平板脱离接触. 立柱的两侧装有空气阻尼器外筒.

吊耳:吊耳的平板下面嵌有光面玛瑙,与折页接触,使吊钩、秤盘及空气阻尼器内筒能在一定范围内自由摆动.

空气阻尼器:由两个特制的铝合金圆筒构成,外筒固定在立柱上,内筒挂在吊耳上. 两筒间隙均匀,没有摩擦,天平开启后,内筒能上下运动,筒内空气阻力可使天平横梁很快停摆而达到平衡状态.

秤盘:两个秤盘分别挂在两个吊耳上,左盘放被称量物体,右盘放砝码.

每台天平都有两个吊耳、秤盘、空气阻尼器,分别挂在横梁的两端,安装时要分左右配套使用,所以都刻有“1”“2”的标记.

读数装置:指针下端装有微分标尺,光源通过光学系统将微分标尺上的刻度线放大,再反射到投影屏上,从屏上可看到标尺的投影,中间为零,左负右正,屏中央有一条垂直刻线,标尺投影与该线重合处为天平的平衡位置,天平底座下面有一根调节杆,可将投影屏在小范围内移动,以调节天平的零点.

升降旋钮:位于天平底座的正中,连接托梁架、盘托和光源,是天平的开关. 天平开启时,顺时针旋转旋钮,托梁架下降,梁上的三个刀口与各自相应的玛瑙平板接触,吊钩及秤盘自由摆动,同时电源接通,投影屏上显出标尺的投影,天平开始工作. 逆时针旋转旋钮,托梁架上升,托住横梁、吊耳和秤盘,刀口离开玛瑙平板,光源切断,天平停止工作.

垫脚:天平底座下面有三个脚,后面一个是固定的,前面两个脚可以转动,可以使天平的底座升高或降低,调节天平的水平位置. 天平立柱的后上方装有气泡水平仪,用来指示天平的水平位置.

机械加码装置:转动指数盘,可使天平横梁右端吊耳上加 $10\sim990$ mg 的圈形砝码. 指数盘

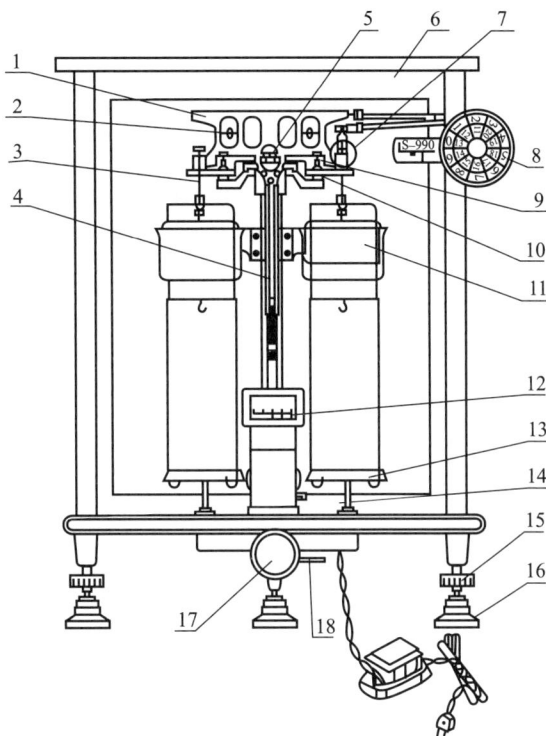

1—横梁;2—平衡螺丝;3—吊耳;4—指针;5—支点刀;6—框罩;7—圈形砝码;
8—指数盘;9—托梁架;10—折叶;11—空气阻尼器内筒;12—投影屏;13—秤盘;
14—盘托;15—螺旋脚;16—垫脚;17—升降旋钮;18—投影屏调节杆

图 1-2-1　TG328B 型分析天平

上刻有圈形砝码的质量值,内层为 $10\sim90$ mg 组,外层为 $100\sim900$ mg 组.

天平底座上面立柱的两边有两个盘托,可使称量结束时,秤盘尽快停止摆动.

砝码:每台天平都有一盒配套使用的砝码,盒内装有 1 g、2 g、2 g、5 g、10 g、20 g、20 g、50 g、100 g 的砝码共 9 个.

[实验原理]

1. 天平的灵敏度

天平灵敏度是指天平两秤盘中负载相差一个单位质量时,指针偏转的分格数,即灵敏度

$$S=\frac{\alpha}{\Delta m}$$

天平的感量为灵敏度的倒数,即感量

$$G=\frac{1}{S}=\frac{\Delta m}{\alpha}$$

它表示天平指针偏转一个小分格,秤盘上要增加或减小的质量,感量越小,天平的灵敏度越高.

如图 1-2-2 所示,A、B 和 O 分别表示两个秤盘及横梁的支点,假定横梁臂 AO 和 BO 与水平线 $A'B'$ 成一角度 α 且两臂相等,臂长为 L. 横梁重心 D 到支点 O 的距离为 d,横梁所受重力

为 P_K，两个力 P 作用在 A、B 上，则天平平衡，指针指向零处。若在一秤盘中增加一个重力为 p 的砝码，天平转过某一角度 β 后重新平衡，这时有

$$(P+p)\,|OA'| = P\,|OB'| + P_K\,|OD'|$$

即

$$(P+p)L\cos(\alpha+\beta) = PL\cos(\alpha-\beta) + P_K d\sin\beta$$

对上面公式进行化简得

$$\tan\beta = \frac{pL\cos\alpha}{(2P+p)L\sin\alpha + P_K d}$$

根据灵敏度的定义：

$$S = \frac{R\tan\beta}{p} = \frac{RL\cos\alpha}{(2P+p)L\sin\alpha + P_K d} \tag{1-2-1}$$

式中，R 为指针的长度。由（1-2-1）式可知，天平的灵敏度与负载（$2P+p$）有关。但若 A、B 及 O 位于同一直线上，即横梁上三个刀口位于同一平面内，$\alpha=0$，则上式便简化为

$$S = \frac{RL}{P_K d} \tag{1-2-2}$$

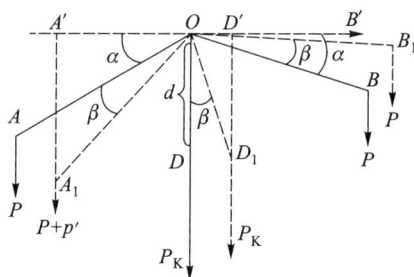

图 1-2-2　天平灵敏度分析

这时天平灵敏度与负载无关，而与横梁的臂长 L 及指针长度 R 成正比，与横梁重心到支点的距离 d 及横梁重量 P_K 成反比。这是互相矛盾的要求。实际上天平是采用臂的长度较短而重量较轻的横梁，并在横梁中挖去一部分，以减轻重量而又能保证横梁有足够的刚度（不易弯曲）。但是当天平接近极限负载时，要使横梁不弯曲是不可能的（即 $\alpha\neq0$）。天平的灵敏度实际上和负载有关，负载增加，灵敏度减小。图 1-2-2 中的重心位置的升降，改变了 d，从而可以在一定范围内调节天平的灵敏度。

2. 称量物体的质量

被测物置于左秤盘，砝码置于右秤盘中。设在秤盘中砝码的质量为 P（包括游码在横梁上不同位置时的等效质量），天平的平衡点为 x，一般 x 不等于天平的零点 x_0。因而被测物体质量 m 不等于砝码的质量 P，若 $x>x_0$，则 $m<P$（因为天平摆针标度尺的标数是从右到左为 $0\rightarrow20$）。为确定 $x-x_0$ 相对应的质量 Δm，须进一步测定该负载时天平的灵敏度 S，为此要将游标砝码移动一格（相当于改变 1 mg），重新测得停止点 x'，则天平的灵敏度为

$$S = |x'-x| \ (\text{div/mg}) \tag{1-2-3}$$

于是有

$$\Delta m = \frac{x - x_0}{S} = \frac{x - x_0}{|x' - x|} (\text{mg})$$

$$m = P - \Delta m = P - \frac{x - x_0}{|x' - x|} \qquad (1-2-4)$$

只要物置于左秤盘,砝码置于右秤盘中,且摆针标尺标数为自右向左增大,(1-2-4)式均成立. 但由于 Δm 与 $x - x_0$ 成正比仅在偏离 x_0 较小时才较好地成立,因而测试中应使 x' 与 x 点在 x_0 的两侧为宜.

3. 分析天平称量质量结果的校正

上述分析天平称量质量的结果包含了可能的系统误差,除砝码可能不够准确之外,主要的系统误差受天平横梁臂长不相等和空气浮力的影响. 以下讨论后两个因素的校正方法.

(1) 横梁臂长不相等的校正

1) 复称法(高斯法)

设 L_1 及 L_2 分别为天平左右两臂的长度. 先将物体放在左秤盘,质量为 m_1 的砝码放在右秤盘,由于天平横梁臂长不相等,天平平衡时虽有 $mL_1 = m_1 L_2$,但 $m \neq m_1$. 若将物体放在右秤盘,而在左秤盘的砝码质量为 m_2 时天平再次平衡,则有 $mL_2 = m_2 L_1$,合并以上两式,并考虑到 $m_1 - m_2 \ll m$,则有

$$\begin{aligned} m &= \sqrt{m_1 m_2} = m_2 \left(1 + \frac{m_1 - m_2}{m_2} \right)^{\frac{1}{2}} \\ &\approx m_2 \left(1 + \frac{1}{2} \frac{m_1 - m_2}{m_2} \right) \qquad (1-2-5) \\ &= \frac{1}{2} (m_1 + m_2) \end{aligned}$$

2) 替代法(波尔达法)

先将被测物体放在右秤盘中,而在左秤盘中放入细小的替代物(通常用砂粒、碎屑等),使天平平衡且平衡点 x 与 x_0 相同. 然后取下被测物体,以砝码再次使天平达到原来的平衡点 x_0. 显然砝码的总质量便是被测物体的总质量.

3) 定载法(门捷列夫法)

先在天平左秤盘中放入接近极限负载的砝码或物体,右秤盘上放置砝码使天平平衡(平衡点 x 等于零点 x_0). 然后,再用被测物体替换下右秤盘中的一部分砝码,使天平仍回到原来的平衡点 x_0,则取下砝码的总质量就等于被测物体的质量.

定载法是天平在负载不变时进行称量的,因而其灵敏度保持不变. 同时对已调好的天平,每次只要进行一次称量,可节省时间.

(2) 空气浮力校正

假定被测物体的体积为 V,砝码的体积为 V',被测物体及砝码的质量分别为 m' 及 m,称量时空气的密度为 ρ_0,当天平平衡时物体及砝码均受到空气的浮力的影响,故有

$$m' - V\rho_0 = m - V'\rho_0 \qquad (1-2-6)$$

将 $V = \frac{m'}{\rho}$ 和 $V' = \frac{m}{\rho'}$ 代入(1-2-6)式并考虑到 $\rho_0 \ll \rho, \rho_0 \ll \rho'$,略去高次项得

$$m' = m\,\dfrac{1 - \dfrac{\rho_0}{\rho'}}{1 - \dfrac{\rho_0}{\rho'}} \approx m\left(1 - \dfrac{\rho_0}{\rho} + \dfrac{\rho_0}{\rho'}\right) \tag{1-2-7}$$

式中, $\rho_0 \approx 1.3 \times 10^{-3}\,\mathrm{g/cm^3}$, 而 ρ 及 ρ' 可从手册查得.

4. 分析天平的操作规则

由于分析天平较为精密, 使用时请务必遵守天平的使用规则, 现根据分析天平的特点, 再次强调以下几点:

（1）切记"常止动, 轻操作", 并切实执行. 旋转升降旋钮时应缓慢而均匀地进行, 对天平制动应在指针摆动接近中刻线时进行.

（2）取放被测物体及砝码, 只需要打开玻璃柜侧门进行操作即可, 取放完毕应随即将侧门关好, 以防气流影响称量. 无特殊需要不要打开柜子中门.

（3）调零时, 游标砝码应放在横梁中央的槽中.

[实验内容]

1. 用复称法称金属块的质量（数据记录于表 1-2-1）

（1）调节分析天平底座的垫脚, 使气泡水平仪的气泡位于中央, 天平立柱竖直.

（2）测天平零点 x_0, 连续读五个振动幅度, 并使 x_0 值与标尺中点刻度相差不超过 1 个分度.

（3）测空载时的灵敏度 $S_0 = |x'_0 - x_0|$.

（4）被测物体置于左秤盘, 砝码质量为 P_1, 平衡点为 x_1.

（5）被测物体置于右秤盘, 砝码质量为 P_2, 平衡点为 x_2.

（6）测负载灵敏度 $S = |x'_2 - x_2|$.

计算公式为

$$m'_1 = P_1 - \dfrac{x_1 - x_0}{S}$$

$$m'_2 = P_2 + \dfrac{x_2 - x_0}{S}$$

所以有

$$m' = \dfrac{1}{2}(m'_1 + m'_2) = \dfrac{1}{2}(P_1 + P_2) - \dfrac{1}{2}\left(\dfrac{x_1 - x_2}{S}\right)$$

2. 在光学读数分析天平上用替代法测金属块的质量（数据记录于表 1-2-2）

（1）调节天平水平, 使天平立柱竖直;

（2）调节天平零点, 通过平衡螺丝的调节以及天平底座的调节杆的调节, 可使光学读数装置投影屏上的 0 与中刻线重合;

（3）被测物体置于左秤盘, 右秤盘上放置一些细砂等物体使天平平衡点则好出现 0 与中刻线重合;

（4）取下左秤盘的待测物, 由机械加码装置增加或减少悬挂在左秤盘中的圈形砝码, 使天平再次恢复 0 与中刻线重复的状态. 此时,圈形砝码的质量就是被测物体的质量 m',重复测量三次取平均值.

[实验数据记录及处理]

1. 复称法称量质量

表 1-2-1　复称法称量质量数据记录

数值/div		1 次		2 次		3 次		平均值
		左	右	左	右	左	右	
测零点(游码放在零刻度线上)	回转点							$x_0 =$
	x_0							
空载平衡后增(或减)1 mg	回转点							$x'_0 =$
	x'_0							

数值/div		1 次		2 次		2 次		平均值
		左	右	左	右	左	右	
$P_1 =$ _____ mg 时的平衡点	回转点							$x_1 =$
	x_1							
$P_2 =$ _____ mg 时的平衡点	回转点							$x_2 =$
	x_2							
空载平衡后增(或减)1 mg	回转点							$x'_2 =$
	x'_2							

空载灵敏度　$S_0 = \left| x'_0 - x_0 \right| =$

负载灵敏度　$S = \left| x'_2 - x_2 \right| =$

物体质量 $\quad m' = \dfrac{p_1 + p_2}{2} - \dfrac{x_1 - x_2}{2S} =$

2. 用替代法称量质量

表 1-2-2 替代法称量质量数据记录

次数	1	2	3	平均
质量 m'/g				

[注意事项]

1. 光杠杆、望远镜和标尺所构成的光学系统调好后,在实验过程中就不可再移动. 否则,后面的测量数据无效,实验应从头做起.

2. 在金属丝上测直径,容易使线弯折,最好在备用线上测量.

[思考题]

1. 测定分析天平灵敏度时,可增加或减少 1 mg,试问:什么情况下应增加 1 mg?什么情况下应减少 1 mg?

2. 测量时若不关柜门,测量结果受何种影响?增加砝码时若不止动天平,将会造成什么后果?

3. 分析天平的游码在天平使用过程中(包括测零点)为什么不该吊起而必须放在横梁上?

4. 既然测定负载灵敏度后可以求出 $x - x_0$ 相应的质量 Δm,为什么称量时还要求平衡点要尽可能靠近中刻线?

实验 3 物体密度的测定

[实验目的]

1. 学习使使用物理天平的方法.
2. 掌握一种测定规则物体密度的方法.
3. 掌握用流体静力称衡法测定形状不规则固体和液体密度的原理.

[实验仪器]

物理天平,游标卡尺,螺旋测微器,烧杯,细线,被测物,(金属圆柱体,不规则物块).

[装置介绍]

物理天平如图 1-3-1 所示.

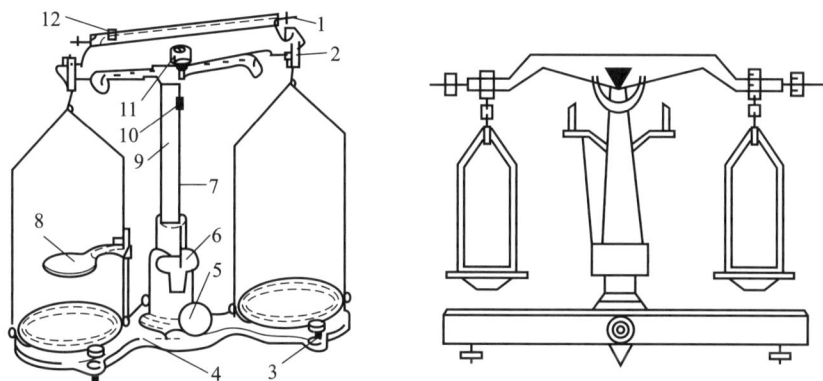

1—平衡螺母;2—边刀吊架;3—调节底板水平螺丝;4—金属底座;5—旋转手轮;6—度盘;7—指针;
8—杯托架;9—立柱;10—感应轮;11—中刀托;12—游码

图 1-3-1 物理天平

[实验原理]

1. 规则物体密度的测定

若物体质量为 m,体积为 V,密度为 ρ,则按密度定义有

$$\rho = \frac{m}{V} \tag{1-3-1}$$

当被测物体是一直径为 d、高度为 h 的圆柱体时,公式变为

$$\rho = \frac{4m}{\pi d^2 h} \tag{1-3-2}$$

只要测出圆柱体的质量 m、外径 d 和高度 h,代入公式就可算出该圆柱体的密度 ρ.

2. 不规则物体密度的测定——流体静力称衡法

如图 1-3-2 所示,按照阿基米德定律,浸在液体中的物体要受到向上的浮力. 浮力大小等于物体所排开的液体的重量. 如果将物体分别放在空气中和浸在水里称衡,得到物体重量为 W_1 和 W_2,则物体在水中受到的浮力为 W_1-W_2,它应等于浸入水中的物体的重量,即

$$W_1-W_2=\rho_0 gV$$

其中,ρ_0 为水的密度,g 为重力加速度,V 为物体的体积. 考虑到 $W_1=\rho gV$(ρ 为物体的密度),消去 V、g 后得

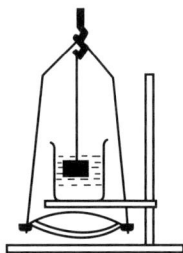

图 1-3-2　物理天平

$$\frac{\rho}{\rho_0}=\frac{W_1}{W_1-W_2} \qquad (1-3-3)$$

即

$$\rho=\frac{W_1}{W_1-W_2}\rho_0=\frac{m_1}{m_1-m_2}\rho_0 \qquad (1-3-4)$$

如果将上述物体再浸入密度为 ρ' 的待测液体中,称得此时物体的重量为 W_3,则物体在待测液体中受到的浮力等于 $\rho'gV$. 考虑到 $W_1-W_2=\rho_0 gV$,得到待测液体的密度:

$$\rho'=\frac{W_1-W_3}{W_1-W_2}\rho_0=\frac{m_1-m_3}{m_1-m_2}\rho_0 \qquad (1-3-5)$$

3. 用定容瓶测空气的密度

如图 1-3-3 所示为定容瓶,用抽气机将空气抽出后,称其质量为 m_1,(残留空气的压强在 13 Pa 以下). 打开活塞充入室内空气,再测瓶的质量为 m_2.

记下当时空气的温度 t、大气压强 p 和相对湿度 H. 则在此测量条件下,空气的密度为

$$\rho=\frac{m_2-m_1}{V} \qquad (1-3-6)$$

式中,V 为定容瓶的容积,可由瓶中充满水后的质量求出,其值可由实验室教师预先测出.

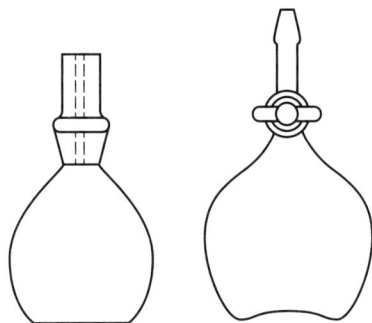

图 1-3-3　定容瓶

其次,可用下式换算成为标准状态下,干燥空气的密度(公认值为 $1.293\ 04\times10^{-3}$ g·cm^{-3}):

$$\rho_0=\rho\frac{10\ 325(1+t/(273.15\ ℃))}{p/\mathrm{Pa}-0.378\ 05e/\mathrm{Pa}} \qquad (1-3-7)$$

式(1-3-7)中 p 为大气压强(单位:Pa),e 为测量温度下水的饱和蒸气压(单位:Pa).

[实验内容]

1. 测定金属圆柱体的密度(数据记录于表 1-3-1)

(1)正确使用物理天平,称出圆柱体的质量 m.

(2)用螺旋测微器测圆柱体外径,在不同部位各测量 5 次,求其平均值 $\bar{d}$.

（3）用游标卡尺测圆柱体高度,在不同方位测量 5 次,求其平均值 $\bar{h}$.

（4）用(1-3-2)式计算出物体密度 ρ.

（5）求出密度的相对误差 $\Delta\rho/\rho$ 与绝对误差 $\Delta\rho$.

2. 用流体静力称衡法测物体的密度(数据记录于表 1-3-2)

（1）用物理天平称出物体在空气中的质量 m_1.

（2）把盛有大半杯水的杯子放在天平左边的托盘上,然后将用细线挂在天平左钩上的物体全部浸入水中(注意:不要让物体接触杯子),称出物体在水中的质量 m_2.

（3）查出室温下纯水的密度,按(1-3-4)式计算出物体的密度.

（4）计算出物体密度 ρ,求出密度的相对误差 $\Delta\rho/\rho$ 与绝对误差 $\Delta\rho$.

[实验数据记录及处理]

1. 测定金属圆柱体的密度

表 1-3-1　金属圆柱体的密度测量数据记录

	1	2	3	4	5	平均值
圆柱体的质量						
圆柱体的外径						
圆柱体的高度						

2. 流体静力称衡法测物体的密度

表 1-3-2　物体密度测定数据记录

	1	2	3	4	5
物体在空气中的质量 m_1					
物体在水中的质量 m_2					

[注意事项]

物理天平使用时要注意:

1. 使用前,应调节天平底板水平螺丝,使底盘上的水准仪平衡,以保证立柱竖直.

2. 要调准零点,即先将游码移到横梁左侧零刻线上,支起横梁,观察指针是否停在零点;如不在零点,可以调节平衡螺母,使指针指向零点.

3. 称量物体时,被称物体应放在左秤盘,砝码放在右秤盘,加减砝码时,必须使用镊子.

4. 取放物体和砝码、移动游标或调节天平时,都应将横梁制动,以免损坏刀口.

[思考题]

1. 假如被测固体的密度比水的密度小,现欲采用流体静力称衡法测定此固体的密度,应该怎么做呢? 试简要回答.

2. 用流体静力称衡法测固体密度,在称液体中的固体质量时,能否让固体接触烧杯壁和底部? 为什么?

3. 若已精确地知道砝码组里质量最大的一个砝码的真实值,能否通过它来校准整个砝码组? 若知道砝码组中任一个砝码的精确值,能否通过它来校准其他砝码?

4. 设计一个测量小粒状固体的密度的方案.

5. 将一物体用两根细线如图 1-3-4 所示吊起,两侧加上质量已知的砝码 m_1 和 m_2,此外有一杯水. 请设法用此装置测出被测物的密度.

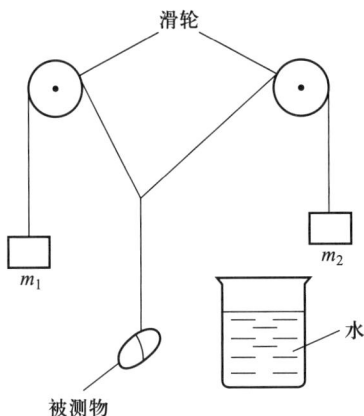

图 1-3-4　利用此装置测被测物的密度

6. 设计测一小滴液体的密度的方案.

[预习思考题]

1. 用物理天平称量物体时,可不可以把砝码放在左秤盘,而把物体放在右秤盘? 为什么?

2. 使用物理天平时,为了保护量具不受损伤,应遵守哪些注意事项?

实验 4　用光电控制法测量重力加速度

[实验目的]

1. 学会应用光电计时装置.
2. 掌握用自由落体测定重力加速度的方法.
3. 练习用最小二乘法进行数据处理.

[实验仪器]

ZL-B 型重力加速度测定仪,包括自由落体装置,光电计时装置,铁球.

[装置介绍]

重力加速度测定仪如图 1-4-1 所示.

重力加速度测试仪是力学教学实验的必备仪器.利用它可进行定性观测和定量研究物体在自由落体状态下的运动规律.本仪器装配方便,结构合理,操作简单,由刻制标尺的立柱、三脚支架、光电门、电磁吸球器或橡皮吸球器、接球架、数字毫秒计等组成.立柱下端固定在三脚支架上,三脚支架上的底座螺丝用于调节立柱与地面的垂直度.用重锤调光电门处在同一直线.立柱上端固定有电磁吸球器或橡皮吸球器.

1. 当电磁铁吸球器的线圈接通低压电源时,电磁铁可吸住小钢球;断开电源时,小钢球落下作自由落体运动.

2. 橡皮吸球器下端有一吸头,按住橡皮吸球,可将小球吸住.当空气进入吸球,使吸球内、外气压趋于一致时,小球开始自由下落.掌握按压橡皮吸球的方法,可控制释放小球的时间.

3. 立柱中间安装两个可上下移动的光电门,光电门在立柱上的位置由光电门支架上横线所对标尺的刻度决定.

图 1-4-1　重力加速度测定仪

[实验原理]

1. 初速度为零

在重力的作用下,物体的下落运动是匀加速直线运动.如果物体下落的初速度为零,即 $v_0 = 0$,则

$$h = \frac{1}{2}gt^2 \tag{1-4-1}$$

测出 h、t,就可以算出重力加速度 g.把小球放置在刚好不能挡光的位置,在小球开始下落的同时计时,则 t 是小球下落时间,h 是在时间 t 内小球下落的距离.

只要测出物体下落的时间 t_0 和 t 时间内物体下落的距离 h，就可以得到重力加速度 g.

方式一：联动计时方式

本仪器装有联动计时装置，即在切断电磁铁电源、小球落下的瞬间开始计时，到小球经过第一个光电门时停止计时，利用电磁铁吸球器到第一个光电门之间的距离 h 和电脑计时器上所计时间 t，运用（1-4-1）式即可求得重力加速度 g.

这种测量方式，所用公式简单，测算方便. 但测得的重力加速度 g 一般误差较大（约 1%～3%），原因如下：

（1）h 的精确测量有困难. 用（1-4-1）式测量时，要保证 $v_0 = 0$，这就要求将光电门调至刚刚不挡光的临界位置，这是十分困难的.

（2）t 的精确测量不易进行. 由于电磁铁有剩磁，所以电磁铁断电的瞬时，小球并不立刻下落，这就造成了时间测量上的误差.

方式二：双光电门计时方式

如图 1-4-2 所示，小球沿竖直方向从 0 点开始自由下落，设它到达 A 点的速度为 v_1，从 A 点起，经过时间 t_1 后小球到达 B 点. 令 A、B 两点间的距离为 h_1，则

$$h_1 = v_1 t_1 + \frac{g t_1^2}{2} \qquad (1\text{-}4\text{-}2)$$

若保持上述条件不变，从 A 点起，经过时间 t_2 后，小球到达 B 点，令 A、B 两点间的距离为 h_2，则

$$h_2 = v_1 t_2 + \frac{g t_2^2}{2} \qquad (1\text{-}4\text{-}3)$$

用（1-4-2）式乘 t_1，（1-4-3）式乘 t_2，然后两式相减得

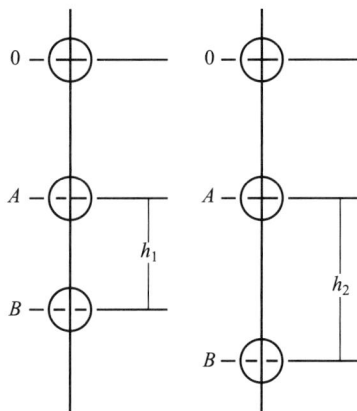

图 1-4-2　双光电门计时方式

$$h_2 t_1 - h_1 t_2 = \frac{g(t_2^2 t_1 - t_1^2 t_2)}{2} \qquad (1\text{-}4\text{-}4)$$

$$g = \frac{2(h_2/t_2 - h_1/t_1)}{t_2 - t_1} \qquad (1\text{-}4\text{-}5)$$

利用上述方法测量，将原来难以精确测定的距离 h_1 和 h_2 转化为测量其差值，即（$h_2 - h_1$），该值等于第二个光电门在两次实验中上下移动的距离，可由第二个光电门在移动前后标尺上的两次读数求得. 而且解决了剩磁所引起的时间测量误差. 测量结果要比方式一精确得多.

2. 初速度不为零

小球在竖直方向从 0 点开始自由下落，设它到达 A 点的速度为 v_1，从 A 点起，经过时间 t_1 后小球到达 B 点. 令 A、B 两点间的距离为 h_1，则

$$h_1 = v_1 t_1 + \frac{1}{2} g t_1^2 \qquad (1\text{-}4\text{-}6)$$

若保持上述条件不变，从 A 点起，经过时间 t_2 后，小球到达 B 点，令 A、B 两点间的距离为 h_2，则

$$h_2 = v_2 t_2 + \frac{1}{2} g t_2^2 \qquad (1\text{-}4\text{-}7)$$

由（1-4-6）式和（1-4-7）式可以得出

$$g = 2 \frac{\dfrac{h_2}{t_2} - \dfrac{h_1}{t_1}}{t_2 - t_1} \qquad\qquad (1-4-8)$$

3. 利用直线拟合的方法测量 g

在重力作用下,物体的下落运动是匀加速直线运动. 这种运动可以表示为

$$S = v_0 t + \frac{1}{2} g t^2 \qquad\qquad (1-4-9)$$

用 t 除 $(1-4-9)$ 式:

$$\frac{s}{t} = v_0 + \frac{1}{2} g t \qquad\qquad (1-4-10)$$

设 $x = t$, $y = \dfrac{s}{t}$, 则
$$y = v_0 + g \frac{x}{2}$$

这是一个直线方程,当测出若干不同的 s 对应的 t 值,用 x、y 进行直线拟合,所得斜率为 b,就可求出 $g = 2b$.

[实验内容]

1. 按 $(1-4-1)$ 式测定重力加速度(数据记录于表 1-4-1)

(1) 调节底座螺丝,利用重锤使立柱处于竖直状态.

(2) 将电磁铁接通电源,使它吸住小球. 将第一个光电门固定在小球下方恰好不挡光的地方,调整第二个光电门与第一个光电门的距离,然后测出这个距离.

(3) 使小球自由下落,记下数字毫秒计上显示的时间 t,共测 3 次.

(4) 改变第二个光电门的位置,重复上述步骤 3 次.

(5) 按 $(1-4-1)$ 式计算重力加速度的平均值和相对误差.

2. 按 $(1-4-8)$ 式测定重力加速度(数据记录于表 1-4-2)

(1) 调节好重力加速度测定仪.

(2) 将第一个光电门固定在立柱上部某一位置(如 10.00 cm 处),第二个光电门固定在立柱中间位置. 测出这个距离 s_1.

(3) 小球自由下落,记录时间 t,共测 3 次.

(4) 下调第二个光电门的位置,测出这个距离 s_2. 小球自由下落,记录时间 t,共测 3 次.

(5) 按 $(1-4-8)$ 式计算重力加速度和相对误差.

3. 按 $(1-4-10)$ 式测定重力加速度

(1) 调节底座螺丝,使立柱处于竖直状态.

(2) 将第一个光电门调节在 10.00 cm 的位置,第二个光电门调节在 50.00 cm 的位置,打开电磁铁吸球器,使它吸住小球.

(3) 使小球自由下落,记下数字毫秒计上显示的时间 t,重复测 3 次.

(4) 向下改变第二个光电门的位置,每增加 10.00 cm 测一次,一共测 8 次.

(5) 计算各组测量的平均值,用最小二乘法作直线拟合,求出斜率及拟合常量 r.

(6) 计算 g 的值及其标准不确定度.

[实验数据记录及处理]

数据测量

表 1-4-1　测量数据记录

	方法一测得的时间 t/s			方法二测得的时间 t/s	
h/cm					
1					
2					
3					
平均值					
$g/(m/s^2)$					

表 1-4-2　测量数据记录

s/cm		40.00	50.00	60.00	70.00	80.00	90.00	100.00	110.00
$x=t/ms$	1								
	2								
	3								
	平均								
$y=s/t(cm/ms)$									

[注意事项]

1. 调节仪器竖直放置,上下两光电门中心在同一条铅垂线上,使小球下落时的中心通过两个光电门的中心.

2. 对每一时间值都要进行多次测量.

3. 实验中立柱不应晃动,操作中不要碰撞实验装置.

[思考题]

1. 用自由落体测定重力加速度时,各方法的区别在哪里? 哪一种方法测量结果误差更小一些?

2. 设计只用一个光电门去完成此实验的方案.

实验 5　用单摆测重力加速度

物理模型是实际物体的抽象和概括,它反映了客观事物的主要因素与特征,是连接理论和应用的桥梁,我们把研究客观事物主要因素与特征进行抽象的方法称为模型方法,这种方法是物理学研究的重要方法之一. 摆动是常见的一种机械振动,单摆是研究这类运动的一个物理模型,也就是说,研究单摆的运动将为我们研究复杂摆动打下基础,同时,现实生活中的许多摆动可以近似看成单摆运动,研究单摆运动规律将有助于我们解决这类实际问题.

［实验目的］

1. 练习使用秒表、米尺、游标卡尺,测单摆的周期、摆长及刚球的直径.
2. 从摆动 n 次的时间和周期的数据关系,体会累计放大测量周期的优点.
3. 验证单摆振动周期的平方与摆长成正比,测定当地的重力加速度 g 的值.
4. 考察单摆的系统误差对测量重力加速度的影响.

［实验仪器］

单摆,秒表(或电子秒表),游标卡尺,米尺,钢球,木球(或乒乓球).

［实验原理］

单摆由一个不可伸长的细线和悬在此细线下端很小的钢球所构成,在摆长远大于球的直径、钢球质量远大于细线质量的条件下,将钢球自平衡位置拉开一个很小的距离,摆角 $\theta < 5°$,然后释放,钢球在重力作用下,在平衡位置左右往返作周期性摆动,如图 1-5-1 所示.

设小球(钢球)的质量为 m,其质心到单摆的悬点的距离(即摆长)为 l,单摆的摆动周期为 T. 由小球受力分析可知,作用在小球上重力的切向分力的大小为 $mg\sin\theta$,它的方向总指向平衡点,充当了回复力. 由牛顿第二定律推知,质点(小球)的运动方程为

$$ma_t = -mg\sin\theta$$

当 θ 很小时,则 $\sin\theta \approx \theta$,小球的运动方程可写为

$$ml\frac{\mathrm{d}^2\theta}{\mathrm{d}t^2} = -mg\theta$$

即

$$\frac{\mathrm{d}^2\theta}{\mathrm{d}t^2} = -\frac{g}{l}\theta \tag{1-5-1}$$

这是典型的简谐振动方程,故小球作简谐振动,其角频率为

$$\omega = \sqrt{\frac{g}{l}}$$

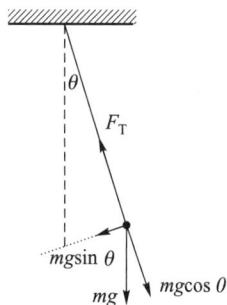

图 1-5-1　单摆

小球往返摆动一次所需的时间(即周期)为

$$T = \frac{2\pi}{\omega} = 2\pi\sqrt{\frac{l}{g}} \qquad (1-5-2)$$

可知,单摆的周期只与摆长和重力加速度有关. 如果测出单摆的周期和摆长,就可以计算出重力加速度:

$$g = 4\pi^2\frac{l}{T^2} \qquad (1-5-3)$$

也可以将此式改写为

$$T^2 = \frac{4\pi^2}{g}l$$

这表示 T^2 和 l 之间具有线性关系,$\dfrac{4\pi^2}{g}$ 为其斜率,若就各种摆长测出其对应周期,则可从 T^2-l 图线的斜率求出 g 的值.

实验时,测量一个周期的相对误差较大,一般是测量连续摆动 n 个周期的时间 t,则 $T = \dfrac{t}{n}$.

[实验内容]

1. 仪器的调整

调节单摆支架的底脚螺丝,使摆线、摆线在镜中的像与镜中的刻线重合.

2. 摆长的测量(数据记录于表 1-5-1)

用米尺测量摆线的长度 l_0(1 m 左右),用游标卡尺测量小球(钢球)的直径 D. 各量均测量 5 次,求出平均值,计算出摆长 l.

3. 摆动周期的测定(数据记录于表 1-5-2)

利用累计放大法,测出小球摆动 50 个周期的时间 t,注意:选单摆的平衡位置作为计数参考位置,摆角要小于 5°,重复测量 4 次,求出平均摆动周期.

4. 将摆长每次缩短约 10 cm,测其摆长及周期,直到摆长约为 50 cm 时为止. 根据数据作出 T^2-l 图线,并求直线的斜率和 g 的值.

5. 考查空气浮力对测重力加速度的影响

在上述实验中未考虑空气浮力的影响,实际上单摆的小球是钢质的,它的密度远大于空气的密度. 因此在上述测量中显示不出空气浮力的影响.

为了显示空气浮力的影响,就要选用平均密度很小的球,在此用细线悬挂木球(或乒乓球)作为单摆去测重力加速度,重复实验内容中 2、3(由于球较轻,取 $n = 20$),计算出重力加速度值并将结果与用钢球实验得到的结果相比较.

[实验数据记录及处理]

1. 摆长的测量

表 1-5-1　摆长测量数据记录表

	1	2	3	4	5	平均值
摆线的长度 l_0/m						
小球（钢球）的直径 D/mm						

2. 摆动周期的测定

表 1-5-2　摆长测量数据记录表

	1	2	3	4
小球摆动 50 个周期的时间 t/s				

[注意事项]

1. 摆长应是细线长加小球的半径且摆长不能小于 50 cm.

2. 摆角要小于 5°，即球的振幅小于摆长的 1/12，并且必须在垂直面内摆动，防止形成圆锥摆.

3. 当小球通过平衡位置时开始计时，引入的误差会小些.

4. 为了防止数错 n 值，应在计时开始时数 "0"，以后每过一个周期，数 $1, 2, 3, \cdots, n$.

5. 在做实验内容中的 5 时，除去空气浮力的作用，还有空气阻力使木球的摆动衰减较快，另外，空气流动也可能对测量有较大影响，因此测量时应很仔细.

[思考题]

1. 在摆动的哪一位置，摆球的速度最大？在哪一位置摆球的加速度最大？

2. 偶然误差的来源有哪些？系统误差的来源有哪些？

3. 为什么计算周期个数时应以摆球通过平衡位置时开始计时？为什么测量周期时不宜直接测量摆球往返一次摆动的周期？试从误差分析的角度来说明.

4. 根据间接测量误差传递公式，分析哪个物理量对 g 测量的影响最大.

5. 设单摆摆角 θ 接近 0°时的周期为 T_0，任意幅角 θ 时周期为 T，两周期间的关系近似为

$$T = T_0 \left(1 + \frac{1}{4} \sin^2 \frac{\theta}{2} \right)$$

若在 $\theta = 10°$的条件下测得 T 值，将给 g 值引入多大的相对误差？

6. 用秒表测量单摆摆动 1 个周期的时间 T 和摆动 50 个周期的时间 t，试分析二者的测量不确定度是否相近，相对不确定度是否相近. 从中有何启示？

7. 设计一个单摆，使测出的 g 值有明显的系统误差.

实验 6　复摆振动的研究

[实验目的]

1. 考察复摆振动时振动周期与质心到支点距离的关系.
2. 测出重力加速度,回转半径和转动惯量.

[实验仪器]

实验仪器一:复摆,米尺,停表,天平,测重心位置用支架.
实验仪器二:J-LD23 型复摆可倒摆.

[装置介绍]

J-LD23 型复摆可倒摆如图 1-6-1 所示.本套仪器的功能有:研究物理摆的摆动周期与摆动轴位置的关系;测物理摆的共轭点及等值单摆长;测定重力加速度,研究复摆周期的微调原理;组装成开特氏可倒摆;测试摆的撞击中心等.本仪器可做的实验内容丰富,包括了复摆的各种主要性能研究.

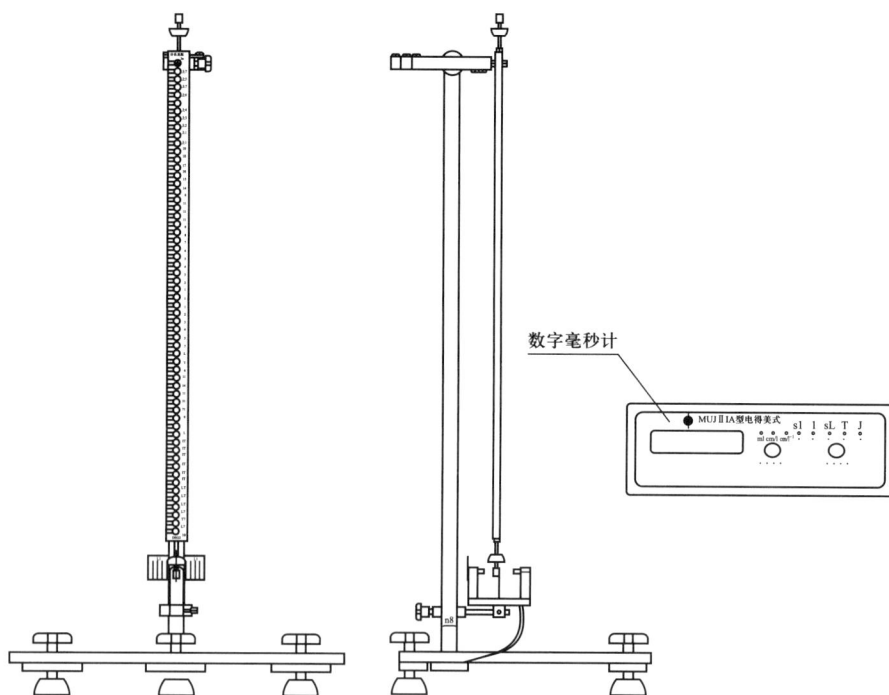

图 1-6-1　J-LD23 型复摆可倒摆

[实验原理]

在重力作用下,能绕通过自身某固定水平轴摆动的刚体叫复摆. 即复摆是一刚体绕固定的水平轴在重力的作用下作微小摆动的动力运动体系,又称物理摆,如图 1-6-2 所示.

摆动过程中,复摆只受重力和转轴的反作用力,而重力矩起着回复力矩的作用. 设质量为 m 的刚体绕转轴的转动惯量为 I,支点至质心的距离为 s,则复摆微幅振动的周期为(1-6-1)式,式中,g 为重力加速度. 它相当于摆长 $h=I/ms$ 的单摆作微幅振动的周期. 在 OC 的延长线上取 O' 点使 $|OO'|=l$(l 称为等价摆长),则此点称为复摆的摆动中心. 支点和摆动中心可互换位置而不改变复摆的周期. 已知 T 和 l,就可由周期公式求出重力加速度 g. 当复摆受到一个冲量作用时,会在支点上引起碰撞反力. 若转轴是刚体对支点的惯量主轴,外冲量垂直于支点和质心的连线 OC 且作用于摆动中心 O' 上,则支点上的碰撞反力为零. 因此,复摆的摆动中心又称撞击中心. 机器中有些必须经受碰撞的转动件,如离合器、冲击摆锤等,为防止巨大瞬时力对轴承造成的危害,应使碰撞冲击力的方向通过撞击中心.

一个围绕定轴摆动的刚体就是复摆,当摆动的振幅很小时,其振动周期 T 为

$$T=2\pi\sqrt{\frac{I}{mgh}} \tag{1-6-1}$$

式中,I 为复摆对回转轴 O 的转动惯量,m 为复摆的质量,g 为当地的重力加速度,h 为摆的支点到摆的质心的距离(图 1-6-3).

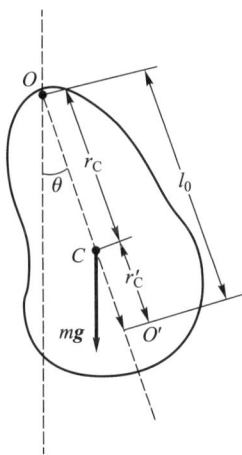

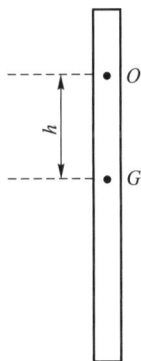

图 1-6-2　复摆　　　　图 1-6-3　原理

又设复摆对通过质心 G 平行于 O 轴的轴的转动惯量为 I_G,则

$$I=I_G+mh^2 \tag{1-6-2}$$

而 I_G 又可写成 $I_G=mk^2$,k 就是复摆对 G 轴的回转半径,由此又将(1-6-1)式改写为

$$T=2\pi\sqrt{\frac{k^2+h^2}{gh}} \tag{1-6-3}$$

[**实验内容**]

1. 用实验仪器一测量相应不同支点的周期

支点位置用从摆的一端 a 量度的距离 s 表示. 将支点由靠近 a 端开始, 逐渐移向 b 端并测周期 T, 摆角小于 5°. 改变支点 10~20 次(图 1-6-4).

要求测得的周期 T 的相对误差小于 0.5%.

2. 测定重心 G 的位置 s_G

将复摆水平放在支架的刀刃上(图 1-6-5), 利用杠杆原理寻找 G 点的位置, 要求 s_G 的误差在 1 mm 以内.

3. 求出各 s 值对应的 h 值(h 均取正值), 作 T-h 图线(图 1-6-6).

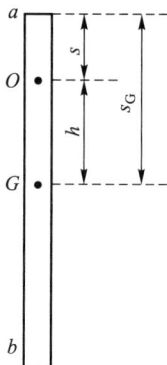

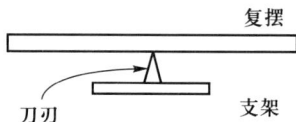

图 1-6-4　原理分析　　图 1-6-5　复摆放在支架的刀刃上　　图 1-6-6　T-h 图线

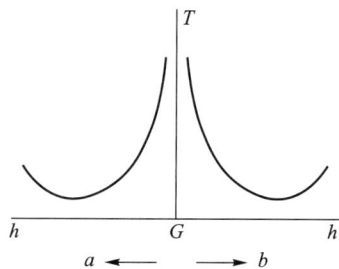

4. 将(1-6-3)式改写为

$$T^2 h = \frac{4\pi^2}{g}k^2 + \frac{4\pi^2}{g}h^2 \qquad (1\text{-}6\text{-}4)$$

令 $y = T^2 h, x = h^2$, 则上式又可写为

$$y = \frac{4\pi^2}{g}k^2 + \frac{4\pi^2}{g}x \qquad (1\text{-}6\text{-}5)$$

从测量可得出 n 组 (x, y) 值, 用最小二乘法求出拟合直线 $y = A + Bx$ 的 $A\left(=\dfrac{4\pi^2}{g}k^2\right)$ 和 $B\left(=\dfrac{4\pi^2}{g}\right)$, 再由 A、B 求出 g 和 k 的值, 并计算 g 的不确定度. 最后求出 I_G 的值.

5. 用实验仪器二研究物理摆的摆动周期与摆动轴位置的关系, 测物理摆的共轭点及等值单摆长, 测定重力加速度.

实验步骤:

(1) 将仪器三角形刀口转向前方, 用水准器调整调平手轮, 使仪器处于水平状态.

(2) 将复摆摆杆置于桌面上的刀口, 以摆杆中心 "0" 为基准点, 即复摆的重心位置调整微调螺母, 确定中心与桌面上刀口的平衡位置, 微调螺母调整好后位置保持不变.

(3) 摆杆上每个孔之间的位置为 10 mm.

(4) 将复摆摆杆的每个孔依次悬挂在三角形刀口上(正挂或倒挂), 调整好挡光杆与光电门的位置以确保计数准确,同时与参考摆杆位置参照刻尺,以小幅度摆动,用数字毫秒计对每一个孔的振动周期进行测定(此时毫秒计默认周期为 10 次).

(5)读出(或量出)每一孔(孔内径与刀口接触点)到复摆重心的距离.

(6)绘出振动周期与转动轴位置之间的关系图(见图 1-6-7),在横轴上标出转动轴与复摆重心的距离,纵轴为振动周期 T,G 点相对于摆的重心位置——距离 h 记在 G 点的左边或右边,由转轴在重心的左边或右边确定,均为正值.这两支曲线对于通过"0"点的纵坐标对称,若横坐标 $h=0$ 时周期 T 为无穷大,在曲线上有 A、B 两点,这两点的横坐标 $h=a$,$2h=L'$,这两点的纵坐标记出了摆的振动周期的最小值.取一周期为 T 处引一直线平行于 x 轴,交曲线于 C、D、E、F 四点,把这四点分成 C、E 和 D、F 二组,在摆杆上每一组中两点都位于重心 G 的两旁,并和重心处在同一直线上,它的长度如图 1-6-7 中所示:$|CE|=|DF|$,$|AB|$、$|CE|$、$|DF|$ 均为复摆在相应周期下的等值单摆长,我们称为 C 和 E、D 和 F 及 A 和 B 具有共轭性,重力加速度 g 即可由以下公式求得:

$$g = \frac{4\pi^2 L}{T^2}$$

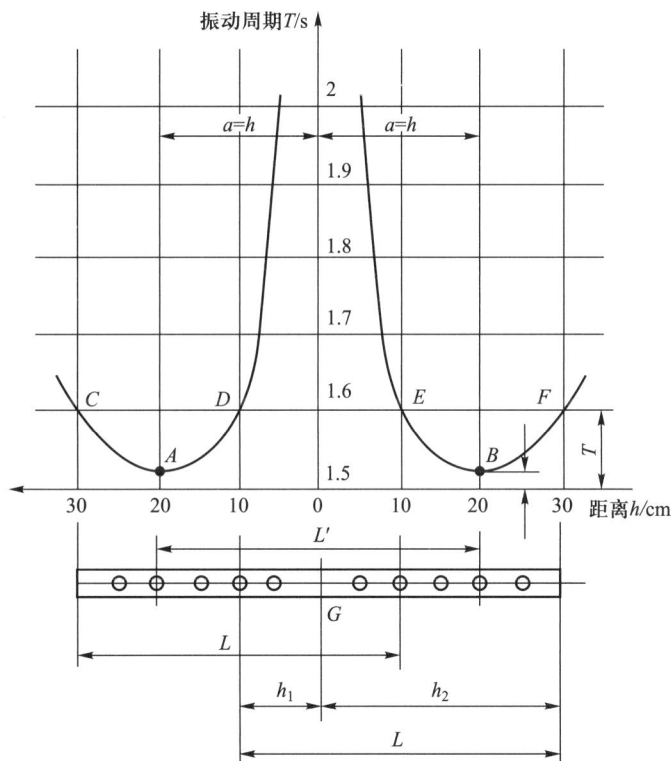

图 1-6-7 振动周期与转动轴位置之间的关系图

注意:这项实验的关键在于重心位置最好配合摆动周期确定,这样曲线的对称度较好.

6.用实验仪器二研究复摆周期的微调原理

(1)调节复摆两端的两个微调螺母,可在周期测定仪上读出周期的微小变化,以研究复摆周期的微调原理.

（2）以不同的加重及不同的加重点来研究复摆的微调：

实验（a）：在复摆实验的装配状态下，选定一个孔作转动轴，在摆杆上装上加重安装柱，再在柱上逐个增加加重片并测定周期，可以看到周期随增加重量的不同而变化.

实验（b）：在整条摆杆上分 4~5 点重复上述加重过程并测定周期，可以看到周期随加重位置不同而变化.

选做实验（c）：在同一个悬挂点上（例如选在摆杆的上面第一孔做悬挂点，或其他孔做悬挂点），以不同的加重位置（例如在摆杆上等距离地取 5 或 7 个点），各加上不同的质量后（如分别加上 4 g、8 g、12 g、16 g）将所测得的周期作 T-L-m（g）图像.

注意：每一点不加重时摆动周期为一个定值，当分别加重 4 g、8 g、12 g、16 g 时，周期改变.

[实验数据记录及处理]

1. 用实验仪器一测量相应不同支点的周期.

根据教师要求，自行设计实验数据表格，完成相应内容.

2. 测定重心 G 的位置 s_G.

根据教师要求，自行设计实验数据表格，完成相应内容.

[思考题]

1. 设想在复摆的某一位置上加一配重，其振动周期将如何变化？

2. 用一块均匀的平板，切割船形板，如图 1-6-8 所示，如何用实验的方法求出板在其重心（位置已知）周围的转动惯量（轴与板面垂直）？

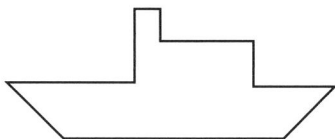

图 1-6-8　船形板

实验 7　可倒摆

[实验目的]

1. 研究质量分布的变化对复摆振动周期的影响.
2. 掌握用可倒摆测量重力加速度的方法.

[实验仪器]

实验仪器一:可倒摆,数字毫秒计,光电门,测高仪.
实验仪器二:J-LD23 型复摆可倒摆.

[装置介绍]

J-LD23 型复摆可倒摆如图 1-7-1 所示.本套仪器的功能在实验 6 中已介绍过,在此不再重复叙述.

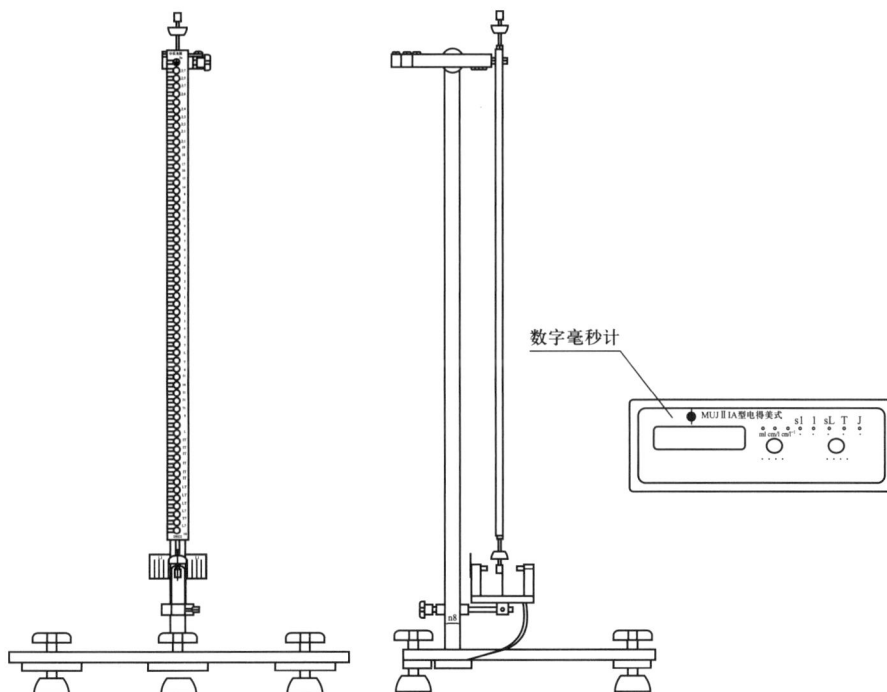

图 1-7-1　J-LD23 型复摆可倒摆

[实验原理]

可倒摆是用来精确测定各地域的重力加速度 g 值的一种特殊复摆,又称可逆摆,于 1818 年首先由英国物理学家开特创造,因而也被称为开特式摆.根据复摆周期公式,若测量出复摆

对转轴的转动惯量 I、重心到转轴的距离 h、复摆质量 m、周期 T,则可计算出重力加速度 g. 问题在于转动惯量 I 的计算很难精确,由此算出的 g 的精确度也就不高. 利用等价单摆的原理,只要测出 T 和等价摆长 $l(l=I/mh)$ 就可由精确地计算出 g,从而避免了 I 的计算.

可倒摆实际是复摆的一种特殊形式,装置如图 1-7-2 所示. 它是在一个长约 1 m 的直金属杆上装有两个完全相同且可以移动的刀口 E、F 及四个可以移动的重物 A、B、C、D. A 为木质圆柱体,B 为铜质圆柱体,二者形状完全相同(目的在于抵消实验时空气浮力的影响及减小阻力的影响);C 为铜质圆柱体,D 为大小和形状与 C 完全相同的木质圆柱体.

将可倒摆的刀口 O_1 放在刀架上(正挂),使之摆动,若摆角较小,其周期 T_1 为

$$T_1 = 2\pi \sqrt{\frac{I_1}{mgh_1}} \tag{1-7-1}$$

式中,I_1 是可倒摆以 O_1 为转轴时的转动惯量,m 为摆的质量,g 为当地的重力加速度,h_1 为支点 O_1 到摆的质心 G 的距离. 又当以刀口 O_2 为支点(倒挂)摆动时,其周期 T_2 为

$$T_2 = 2\pi \sqrt{\frac{I_2}{mgh_2}} \tag{1-7-2}$$

式中,I_2 是以 O_2 为转轴时的转动惯量,h_2 为 O_2 到 G 的距离.

设 I_G 为可倒摆对通过质心的水平轴的转动惯量,根据平行轴定理,$I_1 = I_G + mh_1^2$,$I_2 = I_G + mh_2^2$,所以(1-7-1)式和(1-7-2)式可改写成

$$T_1 = 2\pi \sqrt{\frac{I_G + mh_1^2}{mgh_1}}$$

$$T_2 = 2\pi \sqrt{\frac{I_G + mh_2^2}{mgh_2}}$$

从上述二式消去 I_G 和 m,可得

$$g = \frac{4\pi^2(h_1^2 - h_2^2)}{T_1^2 h_1 - T_2^2 h_2} \tag{1-7-3}$$

在适当调节重物 A、B 的位置之后,可使 $T_1 = T_2$,令此时的周期值为 T,则

$$g = \frac{4\pi^2}{T^2}(h_1 + h_2) \tag{1-7-4}$$

上式中 $h_1 + h_2$ 即 $O_1 O_2$ 间的距离,设为 L,因而有

$$g = \frac{4\pi^2 L}{T^2} \tag{1-7-5}$$

本实验就是测量 $O_1 O_2$ 间距离 L 和确定正挂与倒挂时相等的周期值 T,并用它们算出当地的重力加速度. 式中的 L 为二刀口间的距离,能测得很精确,所以可倒摆能使测量 g 值的准确度提高.

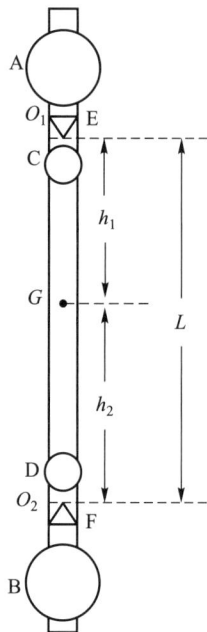

图 1-7-2 可倒摆

另外,由 $\dfrac{4\pi^2}{g}=\dfrac{h_1T_1^2-h_2T_2^2}{h_1^2-h_2^2}$ 分项得

$$\frac{4\pi^2}{g}=\frac{T_1^2+T_2^2}{2(h_1+h_2)}+\frac{T_1^2-T_2^2}{2(h_1-h_2)}=A+B$$

式中,$A=\dfrac{T_1^2+T_2^2}{2(h_1+h_2)}$,$B=\dfrac{T_1^2-T_2^2}{2(h_1-h_2)}$,而 h_1+h_2 恰为 O_1、O_2 之间的距离. 由此可见,式中的 A 项能够被精确测定,而 B 项不能够被精确测定. 因为质心不易确定,所以 h_1、h_2 不能够被精确测定. 但是,如果通过调整刀口及四个重物的位置,即令 $T_1\approx T_2$,又让重心偏在一边,增加 h_1 与 h_2 的差值,以减少不准项 B 的影响,则可以达到较精确测量 g 的目的.

[实验内容]

1. 观察质量分布的变化对可倒摆的振动周期的影响

(1) 在摆杆的两端分别固定一个档光片,将刀口及四个圆柱体对称地固定于摆杆上,再把刀口 E 挂于支架上,调节使它竖直;

(2) 调整光电计时系统,使其处于测周期状态,要求测得的周期值有四位有效数字;

(3) 使可倒摆作摆动角度较小($\theta<5°$)的摆动,测其周期 T.

(4) 悬挂点不动,改变 C、D 的位置,重复步骤(3)的测量,观察质量分布的变化对周期的影响.

2. 测当地重力加速度(图 1-7-3)

(1) 确定 B 的位置

为使 $T_1=T_2$,可作如下调整,将重物 A 固定在 O_1 附近,以 O_1 为支点,将摆锤正挂在刀口上,测定周期 T_1;再倒挂,测定周期 T_2. 若发现 $T_1<T_2$,应将 B 向外调;反之,若发现 $T_1>T_2$,应将 B 向里调. 反复调节直至 $T_1\approx T_2$,再微调 C、D,至 $T_1=T_2$($|T_1-T_2|<0.002$ s). 将其平均值 $(T_1+T_2)/2$ 代入公式计算 g.

(2) 测量二刀口间距离 l:用卷尺测量两个悬挂点的距离 $|O_1O_2|$ 即可得到.

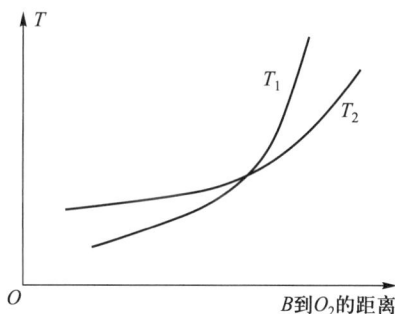

图 1-7-3　测当地重力加速度

(3) 计算 g 及其不确定度.

3. 用实验仪器二进行开特式摆实验

开特式摆的安装法见仪器说明书中的结构图右视图.

实验步骤:

(1) 将 U 形刀承及三角形刀口转动 180°,U 形刀承转换到前面.

(2) 按装配图右视图位置,在摆杆上安装四个摆锤,或按图 1-7-4 所示安装.

金属制的和塑料制的摆锤对称的安装在摆杆上. 目的是要抵消实验时的空气浮力的影响及减少阻力的影响. 然后将摆杆放入 U 形刀承缺口处,把已插入刀口的摆支承在刀承上.

(3) 按复摆实验的方式安装好光电门及支架、摆杆位置参照刻尺使其正对于挡光柱.开特式摆可在 U 形刀承上正挂,也能倒挂,各个摆锤和插入刀口均可在摆杆上移动,改变它们的位

置,便可以测出以刀口 1 和刀口 2 挂在支架上的摆动周期 T_1 和 T_2,而刀口 1 与刀口 2 之间的距离 $|OO'|$(见图 1-7-5)即等值单摆长 L,是可以较精确地测定的,测出周期 T 后,便可以根据公式 $T = 2\pi\sqrt{\dfrac{l}{g}}$ 求出重力加速度了.

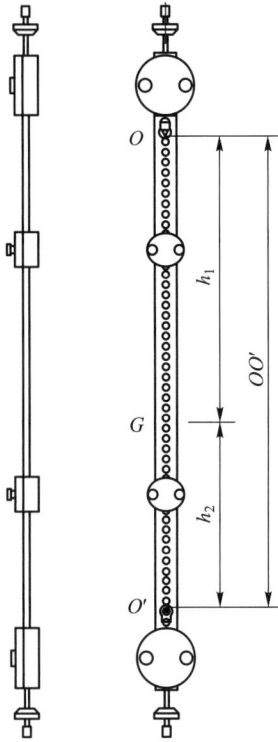

图 1-7-4　开特式摆的安装法　　　　　图 1-7-5　碰击试验机中的一匀质杆

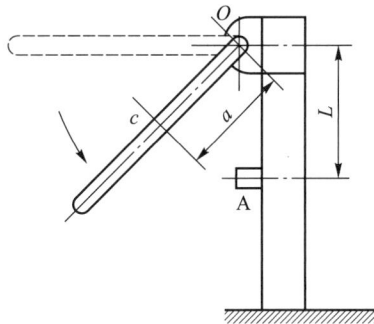

　　实际上要调节 O,O' 使摆的周期 T_1、T_2 数值完全一样是比较困难的,只要 $T_1 \approx T_2$ 即可,可利用桌上刀口(15)求出摆的重心 G,由 O 或 O' 到 G 的距离为 h_1、h_2. 则可由公式

$$\frac{4\pi^2}{g} = \frac{T_1^2 + T_2^2}{2(h_1 + h_2)} + \frac{T_1^2 - T_2^2}{2(h_1 - h_2)}$$

较精确地计算出重力加速度 g.

　　注意:可用大塑料制摆锤和小金属制摆锤在摆杆上,移动两摆锤,也可移动插入刀口,选定位置可找到 T_1 与 T_2 基本相同的位置,就可用公式 $T = 2\pi\sqrt{\dfrac{l}{g}}$ 求出重力加速度了.

　　4. 求杆的撞击重心

　　如图 1-7-5 所示为一匀质杆,它是一个碰击试验机的活动部分,当它位于水平位置时被无初速地释放,转动到竖直位置时与 A 块相撞,杆受到外碰撞冲量 I 的作用,轴与轴承 O 将同时发生碰撞,为不使轴与轴承产生碰撞冲量,则撞击中心应位于 $L = I/ma$ 处.

　　上式中 L 为转轴 O 到撞击中心的距离,I 为杆对转轴 O 的转动惯量,m 为杆的质量,a 为

杆的质心到转轴 O 的距离.

上例可以用图 1-7-5 所示的方式来验证:设杆竖直地悬挂不动,在杆侧面的适当高度上加一个碰撞冲量 I,来看转轴 O 处是否同时产生横向力而发生碰撞.

用本仪器实验时,把摆杆的上端第二孔装上一个插入刀口,再用卡板固定.把摆杆以刀口搁置于 U 形刀承上,由转轴 O 到质心 C 的距离为 a(见图 1-7-6),用敲击槌在摆左右侧面的不同高度敲击,当敲击点在 K 点以上时,因转轴 O 同时受到碰撞冲量 I 的作用,刀口将在刀承平面上向敲击的相同方向移动;若敲击点在 K 点以下,则刀口将沿敲击的相反方向移动;若敲击点刚好在 K 点,则刀口不移动,说明此时刀口未受到碰撞冲量的作用,此点即撞击中心 K. 上例中 $a=\dfrac{3}{4}L$.

可在摆杆的任意高度上加一摆锤以改变摆的质心位置 C 再做实验,可求出不同情况下的撞击中心.

注意:

(1)整个摆杆要轻拿轻放以避免微调螺杆折断,微调部分微调螺母配重也已经配好,三角刀口出厂已经配好,尽量不要弄混.

(2)水准器为粗调底座时使用,做实验时可参考摆杆孔及三角刀口位置而调节调平手轮.

(3)摆杆摆动时一定要用小角度摆动摆杆,避免磕碰三角刀口.

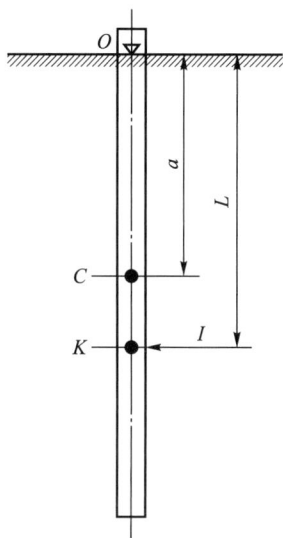

图 1-7-6　验证图

[实验数据记录及处理]

根据教师要求,自行设计实验数据表格,完成相应内容.

[思考题]

1. 在结构上可倒摆和复摆有什么不同?可倒摆是应用了复摆的什么性质来实现精确测量重力加速度的?

2. 用公式求 g 应注意保证哪些条件?如何从安装和测量中给予满足?

3. 根据本实验所给仪器及测量结果,分析误差产生的主要原因,在不更换仪器的前提下,应如何减少各个被测量的误差?

实验 8　刚体转动的研究

[实验目的]

1. 研究刚体转动时合外力矩与刚体转动角加速度的关系.
2. 考察刚体的质量分布改变对转动的影响.

[实验仪器]

刚体转动实验仪,秒表,游标卡尺,天平,砝码,开关.

[装置介绍]

刚体转动实验仪示意图如图 1-8-1 所示.横杆、重物和塔轮构成一个转动系统,在砝码重力作用下可作匀角加速度运动.

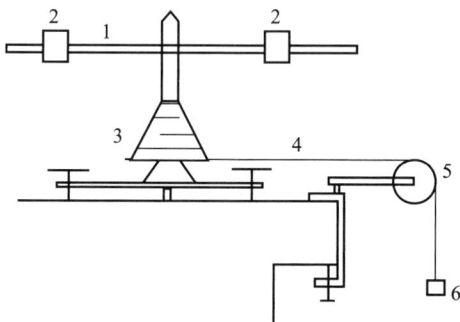

1—均匀的横杆;2—可移动的圆柱形重物;3—塔轮;
4—引线;5—滑轮;6—砝码
图 1-8-1　刚体转动实验仪示意图

[实验原理]

1. 刚体转动时合外力矩与刚体转动角加速度的关系

根据刚体转动定律,转动系统所受合外力矩 $M_{合}$ 与角加速度 α 的关系为

$$M_{合} = I\alpha \tag{1-8-1}$$

式中,I 为该系统对转轴的转动惯量.合外力矩 $M_{合}$ 主要由引线的张力矩 M 和轴承的摩擦力矩 $M_{阻}$ 构成,则

$$M - M_{阻} = I\alpha$$

摩擦力矩 $M_{阻}$ 是未知的,但是它主要来源于接触摩擦,可以认为是恒定的.

可将上式改为

$$M = M_{阻} + I\alpha \tag{1-8-2}$$

在此实验中,若要研究引线的张力矩 M 与角加速度 α 之间是否满足(1-8-2)式的关系,

就要测出不同 M 时的 α 值.

（1）关于引线张力矩 M

如图 1-8-2 所示，设引线的张力为 F_T，绕线轴半径为 R，则

$$M = F_T R$$

又设滑轮半径为 r，其转动惯量为 $I_{轮}$，转动时砝码下落加速度为 a，参照图 1-8-2 可以写出

$$mg - F_{T1} = ma$$

$$F_{T1} r - F_T r = I_{轮} \frac{a}{r}$$

从上述两式中消去 F_{T1}，同时取 $I_{轮} = \frac{1}{2} m' r^2$（$m'$ 为滑轮质量），

可以得出

$$F_T = m \left[g - \left(a + \frac{1}{2} \frac{m'}{m} a \right) \right]$$

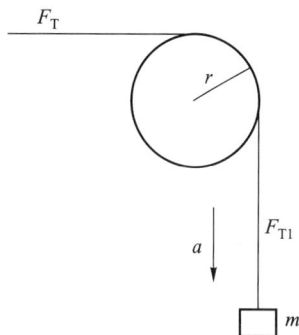

图 1-8-2　原理图

在此实验中，$\left(a + \frac{1}{2} \frac{m'}{m} a \right)$ 不超过 g 的 0.3%，如果要求低一些，可取 $F_T \approx mg$. 这时有

$$M \approx mgR \tag{1-8-3}$$

实验中是通过改变塔轮的 R 来改变 M 的.

（2）角加速度 α 的测量

测出砝码从静止开始下落到地板上的时间为 t，路程为 s，则平均速度 $\bar{v} = \frac{s}{t}$，落到地板前瞬

间的速度 $v = 2\bar{v}$，下落加速度 $a = \frac{v}{t}$，角加速度 $\alpha = \frac{a}{R}$，即

$$\alpha = \frac{2s}{Rt^2} \tag{1-8-4}$$

（3）外力矩与角加速度的关系

使用不同半径的塔轮，改变外力矩 M，测量各 M 的角加速度 α，作 M-α 图. 这将是一条直线，其截距为阻力矩 $M_{阻}$，斜率为转动系统对转轴的转动惯量.

2. 考察刚体的质量分布对转动的影响

设两重物的位置为 x_1 和 x_2 时的转动惯量分别为 I_1 和 I_2，如图 1-8-3 所示，则有

$$I_1 = I_0 + 2m_0 x_1^2$$
$$I_2 = I_0 + 2m_0 x_2^2 \tag{1-8-5}$$

其中，I_0 为 $x=0$ 时的转动惯量. 当两次测量 $M_{合}$ 不变时，则根据（1-8-1）式，综合（1-8-5）式，得出

$$\frac{\alpha_1}{\alpha_2} = 1 + \frac{2m_0 (x_2^2 - x_1^2)}{I_1} \tag{1-8-6}$$

它反映出重物位置 x_1 改变时对转动的影响，也是对平行轴定理的检验.

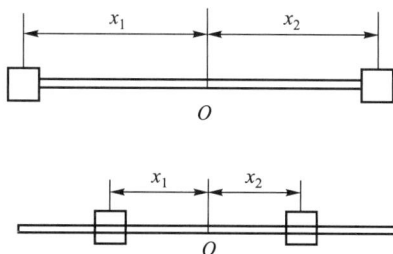

图 1-8-3　原理图

[实验内容]

1. 考察张力矩 M 与角加速度 α 的关系

用水平器将回转台调成水平,测出塔轮上各轮的直径. 并在引线下端加一质量为 m 的砝码,横杆上重物移动到最外侧.

将引线分别绕在塔轮的各轮上,测出角加速度 α.

作 M-α 直线. 求出纵轴截距 a(即 $M_{阻}$)和斜率 b(即 I).

2. 考察质量分布对转动的影响

测出横杆上重物在最外侧时,其中心轴到转轴的距离,设为 x_2,将引线绕在直径最小的轮上,悬挂砝码不变.

改变重物的位置(两侧对称,测其中心轴到转轴的距离 x 及角加速度 α(改变几次 x). 根据(1-8-5)式,应有

$$\frac{\alpha}{\alpha_2} = 1 + \frac{2m_0(x_2^2 - x^2)}{I}$$

作 $\dfrac{\alpha}{\alpha_2}$ 对 $(x_2^2 - x^2)$ 的图线,并进行分析.

[实验数据记录及处理]

根据教师要求,自行设计实验数据表格,完成相应内容.

[思考题]

如果重物对转轴的分布不是对称的,这对实验是否有影响?

实验 9　用三线摆法测刚体的转动惯量

转动惯量是刚体转动惯性大小的量度,是表征刚体特性的一个物理量. 转动惯量的大小除与物体的质量有关外,还与转轴的位置和质量分布(即形状、大小和密度)有关. 如果刚体形状简单,且质量分布均匀,可以通过数学方法计算出它绕特定轴的转动惯量. 但在工程实践中,我们常碰到大量形状复杂且质量分布不均匀的刚体,理论计算将极为复杂,所以,通常采用实验方法来测定其转动惯量. 测量刚体转动惯量的方法有多种,三线摆法是具有较好物理思想的实验方法,它具有设备简单、直观、测试方便等优点.

[实验目的]

1. 加深对转动惯量概念的理解.
2. 掌握用三线摆测量刚体转动惯量的原理和方法.
3. 验证转动惯量的平行轴定理.

[实验仪器]

实验仪器一:三线摆,秒表(或数字毫秒计),游标卡尺,米尺,物理天平,水准仪,待测圆环,外形尺寸及质量相同的两个圆柱体.

实验仪器二:智能刚体转动惯量实验仪.

[实验原理]

1. 测量转动惯量

智能刚体转动惯量实验仪主要具备以下功能:测定刚体的转动惯量;测定刚体上的外力矩与刚体角速度的关系;验证刚体转动定理、平行轴定理.

图 1-9-1 是三线摆实验装置的示意图. 三线摆是将一个匀质圆盘以等长的三条细线对称地悬挂在一个水平的固定小圆盘下面构成的. 每个圆盘的三个悬点构成一个等边三角形. 当下圆盘调成水平,三线等长时,下圆盘可绕垂直于它并通过两盘中心的轴 OO' 作扭转运动,扭转的周期与下圆盘(包括其上物体)的转动惯量有关. 当圆盘转动角度很小且略去空气阻力时,扭摆的运动可近似看成简谐运动. 根据机械能守恒定律和刚体转动定律均可以导出物体绕中心轴 OO' 的转动惯量.

设下圆盘的质量为 m_0,当以小角度摆动时,它沿轴线上升的高度为 h,增加的重力势能为

$$E_1 = m_0 gh$$

当圆盘回到平衡位置时,它所具有的动能为

$$E_2 = \frac{1}{2} I_0 \omega_0^2$$

式中,I_0 是下圆盘对于通过其质心且垂直于盘面 OO' 轴的转动惯量,

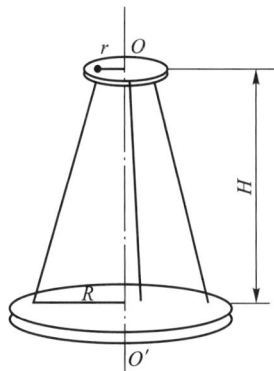

图 1-9-1　三线摆实验
装置示意图

ω_0 是圆盘回到平衡位置时刻的角速度. 若不计摩擦力和空气阻力,则根据机械能守恒定律可得

$$\frac{1}{2}I_0\omega_0^2 = m_0gh \tag{1-9-1}$$

当下圆盘扭转运动,其转角 θ 很小时,其扭动是一个简谐运动,其运动方程为

$$\theta = \theta_0\sin\frac{2\pi}{T_0}t \tag{1-9-2}$$

式中,θ 是下圆盘在时刻 t 的角位移,θ_0 是角振幅,T_0 为下圆盘作简谐运动的周期,初位相可认为是零. 于是角速度为

$$\omega = \frac{\mathrm{d}\theta}{\mathrm{d}t} = \frac{2\pi\theta_0}{T_0}\cos\frac{2\pi}{T_0}t$$

在通过平衡位置时,ω 的最大值是

$$\omega_0 = \frac{2\pi\theta_0}{T_0}$$

将其代入(1-9-1)式得

$$I_0 = \frac{m_0ghT_0^2}{2\pi^2\theta_0^2} \tag{1-9-3}$$

设悬线长为 L,上、下圆盘的悬点至圆心的距离分别为 r、R,上、下圆盘间的垂直距离为 H,从图1-9-2三线摆原理图中的几何关系可得

$$|AB_1|^2 = |AC_1|^2 + |B_1C_1|^2$$
$$|AB|^2 = |AC|^2 + |BC|^2$$

即

$$L^2 = (H-h)^2 + R^2 + r^2 - 2Rr\cos\theta_0 \tag{1-9-4}$$
$$L^2 = H^2 + (R-r)^2 \tag{1-9-5}$$

由(1-9-4)式及(1-9-5)式得

$$Hh - \frac{h^2}{2} = Rr(1-\cos\theta_0)$$

略去 $\dfrac{h^2}{2}$,且取 $1-\cos\theta_0 \approx \theta_0^2/2$,则有

$$h = \frac{Rr\theta_0^2}{2H}$$

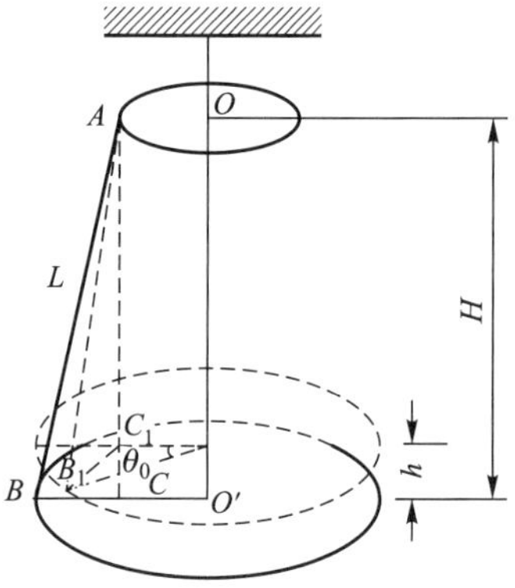

图1-9-2　三线摆原理图

代入(1-9-3)式可得

$$I_0 = \frac{m_0gRr}{4\pi^2H}T_0^2$$

式中各物理量的意义如下:m_0 为下圆盘的质量;r、R 分别为上、下悬点到各自圆盘中心的距离;H 为平衡时上、下圆盘间的垂直距离;T_0 为下圆盘作简谐运动的周期,g 为重力加速度.

将质量为 m 的待测物体放在下圆盘上,并使待测刚体的转轴与 OO' 轴重合. 测出此时下

圆盘运动周期 T_1 和上、下圆盘间的垂直距离 H. 同理可求得待测物体和下圆盘对中心转轴 OO' 轴的总转动惯量为

$$I_1 = \frac{(m_0+m)gRr}{4\pi^2 H}T_1^2 \tag{1-9-6}$$

如果不计因重量变化而引起的悬线伸长,那么,待测物体绕中心轴 OO' 的转动惯量为

$$I = I_1 - I_0 = \frac{(m+m_0)gRr}{4\pi^2 H}T_1^2 - I_0 = \frac{gRr}{4\pi^2 H}\left[(m+m_0)T_1^2 - m_0 T_0^2\right] \tag{1-9-7}$$

因此,通过长度、质量和时间的测量,便可求出刚体绕某个轴的转动惯量.

2. 验证转动惯量的平行轴定理

若质量为 m 的物体绕过其质心轴的转动惯量为 I_C,当转轴平行移动距离 d 时,则此物体对新转轴 OO' 的转动惯量为 $I_{OO'} = I_C + md^2$,这一结论称为转动惯量的平行轴定理.

将两个质量均为 m_c 且形状完全相同的圆柱体对称地置于下圆盘上,两圆柱中心轴线到下盘中心的距离均为 d,可测得两圆柱体绕圆盘中心轴的转动惯量:

$$2I_c = \frac{(2m_c+m_0)gRr}{4\pi^2 H}T_c^2 - I_0 \tag{1-9-8}$$

式中,I_c 为一个圆柱体绕圆盘中心轴的转动惯量,T_c 为下圆盘 m_0 与两个圆柱体共同摆动的周期.

按照平行轴定理,从理论上可得

$$I_c' = \frac{1}{2}m_c\left(\frac{D_c}{2}\right)^2 + m_c d^2 \tag{1-9-9}$$

式中,D_c 为圆柱体的直径,$\frac{1}{2}m_c\left(\frac{D_c}{2}\right)^2$ 为圆柱体通过其自身中心轴的转动惯量. 将实验所得的 I_c 与理论值 I_c' 进行比较,即可验证刚体转动惯量的平行轴定理.

[实验内容]

1. 仪器调节

(1)调节上圆盘水平:将水准仪放在悬挂上圆盘的支架上,调节底座的螺钉,使上圆盘水平.

(2)调节下圆盘水平:将水准仪放置于下圆盘中心,调节摆线锁紧螺钉和摆线调节旋钮,使下圆盘水平.

2. 几何参量和质量的测量

(1)用天平分别测出圆环质量 m 和两个圆柱体质量 m_c(下圆盘质量 m_0 已标明在其表面上).

(2)用米尺测出上、下两圆盘间垂直距离 H,用游标卡尺测出下圆盘直径 D,圆环的内、外直径 $D_内$、$D_外$,圆柱体直径 D_c.

(3)分别测出上、下圆盘的三个悬点之间的距离 a 和 b,各取其平均值,算出悬点到中心的距离 r 和 R(r 和 R 分别为以 a 和 b 为边长的等边三角形外接圆的半径).

3. 测量各刚体扭转摆动的周期

（1）扭动上圆盘,带动下圆盘转动(注意:扭转的角度应控制在 5°以内),测量转动周期.周期的测量常用累计放大法,即用计时工具测量累计多个周期的时间,然后求出其运动周期 T_0. 想一想,为什么不直接测量一个周期?

（2）将待测圆环放在下圆盘上,使其质心通过下圆盘中心,按同样的方法测出圆环与下圆盘共同转动的周期 $\overline{T_1}$.

（3）把质量相同、形状相同的圆柱体对称地置于下圆盘上,测出两个圆柱体的间距 d 以及摆动周期 $\overline{T_c}$.

[实验数据记录及处理]

1. 相关长度测量数据(见表 1-9-1)

表 1-9-1 相关长度的测量

次数	上、下圆盘间距 H/cm	上圆盘悬点间距 a/cm	下圆盘悬点间距 b/cm	待测圆环		圆柱体直径 D_c/cm	两圆柱体间距 $2d/cm$
				圆环内径 $R_内/cm$	圆环外径 $R_外/cm$		
1							
2							
3							
平均值							

2. 振动周期测量数据(见表 1-9-2)

表 1-9-2 振动周期的测量

	下圆盘		下圆盘加圆环		下圆盘加两圆柱体	
摆动 50 次所需时间 t/s	1		1		1	
	2		2		2	
	3		3		3	
	平均值		平均值		平均值	
平均周期	$\overline{T_0}=$		$\overline{T_1}=$		$\overline{T_c}=$	

下圆盘质量 $m_0=$

圆环质量 $m=$

圆柱体质量 $m_c=$

3. 用智能刚体转动惯量实验仪进行以下实验内容操作

调节三个调平螺钉,将载物台调水平.

如图 1-9-3 所示：

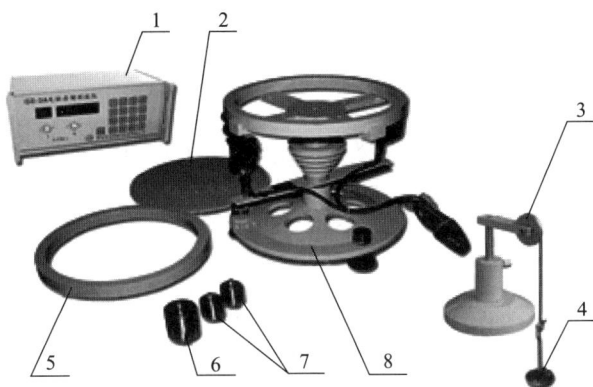

1—电脑存储测试仪;2—平盘;3—滑轮;4—砝码托盘;5—铁环;

6—300g 重锤砝码;7—100g 重锤砝码;8—转动惯量仪主体

图 1-9-3　智能刚体转动惯量实验仪

（1）滑轮支架固定在实验台边沿调整滑轮槽与选取绕线塔轮槽等高,且方位相互垂直.

（2）将电脑与数字式毫秒计连接好并按其使用说明操作.操作中光电门一直工作.

（3）向实验台施加力矩产生加（减）速转动,测定相应的角位移及时间.

1）验证平行轴定理,将待测砝码插入载物台相应的圆孔中,并测定圆孔中心到中心转轴的距离.

2）置相应选定的重锤砝码于砝码托盘上,将细线沿塔轮上开的细缝塞入并密绕于塔轮上,线不可重叠,释放托盘,由数字毫秒计记录相应的角位移和时间.

3）在砝码接触地面前,细线释放完毕,自然从塔轮上脱落,此时塔轮作减速运动,此时所记录的角位移和时间可用以计算阻力矩,因而可计算出加速时的合力矩.

4）可以改变塔轮半径和重锤砝码质量组合,形成相同和不同的力矩在不同状态下测定同一被测物体的转动惯量,可做 16 组的组合.也可以塔轮和重锤一定的情况,改变测件重锤的质量或轴距,测得多种组合的转动惯量.

注意：

（1）仪器安装时应注意载物台水平,塔轮槽和滑轮槽应等高且方位垂直,以减少测量误差.

（2）细线长度不得超过滑轮的顶部到地面的距离,以免重锤着地失去张力后细线仍缠绕在塔轮上,影响空转时摩擦阻力矩的测定.

同一次测量中,数据处理和计算时必须分段进行,因为释放点很难找准,所以选取的第一段终点时间 t_{10} 和第二段起点时间 t_{20} 可以远离释放点,一般可从每两次计数之间的时间间隔来判断.若后面两次计数时间小于前面两次计数时间间隔,则为加速运动,否则相反.且不可将第一段时间 t_{10} 与第二段时间（如 t_{20}）混在一起代入公式计算.

[注意事项]

1. 转动惯量实验测量公式成立的条件是三根悬线等长,线上张力相等,上、下圆盘水平,下圆盘绕中心轴线作扭摆,且扭动的角度 $\theta \leqslant 5°$.

2. 要正确启动上圆盘,不允许下圆盘在扭动的同时出现晃动.

[思考题]

1. 将待测物体放到下圆盘上测量转动惯量,其周期 T 是否一定比空盘时大? 为什么?

2. 用三线摆测刚体转动惯量时,为什么必须保持下圆盘水平且摆角要小?

3. 测量圆环的转动惯量时,若圆环的质心与下圆盘质心不重合,测量的结果是偏大还是偏小? 为什么?

4. 在测量过程中,若下圆盘出现晃动,对周期测量有影响吗? 如有影响,应如何避免?

5. 如何利用三线摆测定任意形状的物体绕特定轴的转动惯量?

6. 本实验能否用图解法来验证平行轴定理? 若能,应怎样安排实验?

7. 三线摆在摆动中受到空气阻尼,振幅越来越小,它的周期是否会变化? 为什么?

实验 10　用扭摆法测刚体的转动惯量

当研究的问题涉及物体的转动时,必须考虑物体的大小和形状,不能再将物体视为质点. 但如果物体的大小和形状的改变可以忽略,则实际物体可以抽象为具有不同的大小和形状的刚体.

转动惯量是刚体转动惯性大小的量度,是表征刚体特性的一个物理量. 转动惯量的大小除与物体质量有关外,还与转轴的位置和质量分布有关. 如果刚体形状简单,且质量分布均匀,可以通过数学方法计算出它绕特定轴的转动惯量. 但在工程实践中,我们常碰到大量形状复杂且质量分布不均匀的刚体,理论计算将极为复杂,所以通常采用实验方法来测定,如机械部件、电动机转子.

实验上测定刚体的转动惯量,一般都是使刚体以某一形式运动,通过描述这种运动特征的物理量与转动惯量的关系来测定其转动惯量. 测定刚体转动惯量的方法较多,有三线摆法、拉伸法、扭摆法,本实验采用扭摆法测定刚体的转动惯量.

[实验目的]

1. 熟悉扭摆的构造及使用方法.
2. 测定扭摆弹簧的扭转系数及几种不同形状刚体的转动惯量,并与理论值进行比较.
3. 验证转动惯量的平行轴定理.

[实验仪器]

扭摆装置及附件,数字式计时仪,游标卡尺,物理天平.

[实验原理]

扭摆的结构如图 1-10-1 所示,在垂直轴 1 上装有一个薄片状的螺旋弹簧 2,用以产生恢复力矩. 在轴 1 上可以安装各种待测物体. 为减少摩擦,垂直轴和支座间装有轴承.

将轴 1 上的物体在水平面内旋转一个角度 θ,弹簧发生形变将产生一个恢复力矩 M,则物体开始绕垂直轴往返扭转摆动. 根据胡克定律,弹簧受扭转而产生的恢复力矩 M 与所转过的角度 θ 成正比,即

$$M = -K\theta \qquad (1-10-1)$$

式中,K 为弹簧的扭转系数. 根据转动定律有

$$M = I\alpha \qquad (1-10-2)$$

式中,I 为物体绕转轴的转动惯量,α 为角加速度,由(1-10-1)式和(1-10-2)式得

$$\alpha = -\frac{K}{I}\theta \qquad (1-10-3)$$

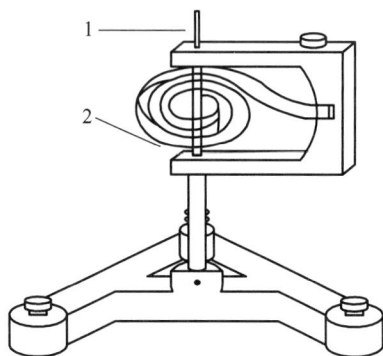

图 1-10-1　扭摆

又因为

$$\alpha = \frac{\mathrm{d}^2\theta}{\mathrm{d}t^2} \qquad (1-10-4)$$

另 $\omega^2 = \dfrac{K}{I}$, 忽略轴承的摩擦阻力矩, 由 (1-10-3) 式和 (1-10-4) 式得

$$\frac{\mathrm{d}^2\theta}{\mathrm{d}t^2} = -\omega^2\theta$$

可知扭摆运动具有简谐振动的特性, 简谐振动的周期为

$$T = \frac{2\pi}{\omega} = 2\pi\sqrt{\frac{I}{K}} \qquad (1-10-5)$$

利用 (1-10-5) 式测得扭摆的周期后, 在 I 和 K 中任何一个量已知时, 即可计算出另一个量.

在实验中, 弹簧的扭转系数可以用下述方法测量. 设金属载物圆盘绕转轴的转动惯量为 I_0, 测出其摆动周期为 T_0, 另一物体对质心轴的转动惯量为 I_1, 将该物体置于圆盘中并使其质心轴与转轴重合, 测其组合体的摆动周期 T_1, 由 (1-10-5) 式知

$$T_0^2 = 4\pi^2\frac{I_0}{K} \qquad (1-10-6)$$

$$T_1^2 = 4\pi^2\frac{(I_0+I_1)}{K} \qquad (1-10-7)$$

由 (1-10-6) 式和 (1-10-7) 式可得到

$$K = 4\pi^2\frac{I_1}{T_1^2-T_0^2} \qquad (1-10-8)$$

实验中另一物体可选用质量为 m_1、外径为 D_1 的匀质圆柱体, 其对质心轴的转动惯量为 $I_1 = \dfrac{1}{8}m_1 D_1^2$, 由此可以求出弹簧的扭转系数.

如要测定其他形状物体的转动惯量, 只要测其摆动周期 T, 利用已知的 K 值, 由 (1-10-5) 式可得

$$I = \frac{K}{4\pi^2}T^2 \qquad (1-10-9)$$

根据刚体力学理论, 若质量为 m 的物体通过质心轴的转动惯量为 I_C, 当转轴平行移动距离 x 时, 则此物体对新转轴的转动惯量为 $I = I_C + mx^2$, 这称为转动惯量的平行轴定理.

[实验内容]

1. 熟悉扭摆的结构, 掌握扭摆及计时仪的使用方法.
2. 调整扭摆基座底部螺钉, 使水准仪中的气泡居中.
3. 用游标卡尺测量各待测物体的几何尺寸.
4. 用天平测量所有待测物体的质量.
5. 装上金属载物盘, 测量摆动 10 个周期所需的时间, 共测 3 次.
6. 将塑料圆柱体、金属圆筒分别同轴地放置于载物盘上, 测量摆动 10 个周期所需的时间,

共测 3 次.

7. 取下载物盘,分别装上实心球及金属细杆,测量它们摆动 10 个周期所需的时间,共测 3 次.

8. 将两滑块对称地放置在细杆两边的凹槽内,滑块质心离转轴的距离分别为 5.0 cm, 10.0 cm,15.0 cm,20.0 cm,25.0 cm. 分别测量细杆摆动 10 个周期所需的时间,验证平行轴定理.

[实验数据记录及处理]

1. 弹簧扭转系数的测定数据(见表 1-10-1)

表 1-10-1　弹簧扭转系数的测定

物体名称	质量/kg	几何尺寸/cm		周期 T/s		扭转系数/(N·m)
金属 载物盘				$10T_0$		$K = 4\pi^2 \dfrac{I_1'}{T_1^2 - T_0^2}$ $\left(I_1' = \dfrac{1}{8} m_1 \overline{D}_1^2\right)$
				$\overline{T}_0$		
塑料圆柱		D_1		$10T_1$		
		$\overline{D}_1$		$\overline{T}_1$		

2. 物体转动惯量的测定数据(见表 1-10-2)

表 1-10-2　物体转动惯量的测定

物体 名称	质量/kg	几何尺寸/cm		周期 T/s		转动惯量理论值/ (10^{-4} kg·m^2)	转动惯量实验值/ (10^{-4} kg·m^2)	百分 误差
金属 圆筒		$D_内$		$10T_2$		$I_2' = \dfrac{1}{8} m_2 (\overline{D}_内^2 + \overline{D}_外^2)$		
		$\overline{D}_内$						
		$D_外$						
		$\overline{D}_外$		$\overline{T}_2$				

续表

物体名称	质量/kg	几何尺寸/cm		周期 T/s		转动惯量理论值/ （10^{-4} kg・m^2）	转动惯量实验值/ （10^{-4} kg・m^2）	百分误差
实心球		D_3		$10T_3$		$I_3' = \dfrac{1}{10}m_3\overline{D}_3^2$		
		$\overline{D}_3$		$\overline{T}_3$				
金属细杆		l		$10T_4$		$I_4' = \dfrac{1}{12}m_4\overline{l}^2$		
		$\overline{l}$		$\overline{T}_4$				

3. 验证平行轴定理数据（见表 1-10-3）

表 1-10-3　验证平行轴定理

x/cm	摆动 10 个周期 所需时间/s	摆动周期 T/s	转动惯量实验值/ （10^{-4} kg・m^2）	转动惯量理论值/ （10^{-4} kg・m^2）	百分误差
5.00					
10.00					
15.00					
20.00					
25.00					

细杆夹具及球支座转动惯量实验参考值：

细杆夹具转动惯量实验参考值 $I = 0.230\times10^{-4}$ kg・m^2.

球支座转动惯量实验参考值 $I = 0.178\times10^{-4}$ kg・m^2.

[注意事项]

1. 由于弹簧的扭转系数 K 不是固定常量，它与摆动的角度有关，但摆角在 40°～90° 间基本相同，因此，为了降低系统误差，在测量时摆角应取在 40°～90°，且各次测量的摆角应基本相同.

2. 在实验过程中基座应保持水平状态.

3. 光电探头宜放置在挡光杆的平衡位置处，且不能相互接触，以免增加摩擦力矩.

4. 载物盘必须插入转轴，并将止动螺钉旋紧，使它与弹簧组成固定的系统. 若发现摆动时有响声或摆动数次后摆角明显减小或停下，应将止动螺钉旋紧.

5. 在称衡实心球及金属细杆的质量时，必须将安装夹取下，否则会带来极大的误差.

[思考题]

1. 用扭摆测转动惯量的基本原理是什么？

2. 扭摆的摆动周期是否会随振幅的减小而变化？

3. 如果物体的质心轴和转轴不重合,这对测量结果会有什么影响？

4. 在验证平行轴定理时,若两个滑块不对称放置,应采用什么样的方法验证此定理？

实验 11 用拉伸法测金属丝的杨氏模量

[实验目的]

1. 用拉伸法测定金属丝的杨氏模量.
2. 学习光杠杆原理并掌握使用方法.
3. 练习用逐差法、最小二乘法处理数据.

[实验仪器]

杨氏模量测定仪,光杠杆,尺读望远镜,螺旋测微器,游标卡尺,砝码,米尺.

[装置介绍]

杨氏模量测定仪实物图如图 1-11-1 所示,结构图如图 1-11-2 所示.通过该仪器可以测定金属线材的杨氏模量.

图 1-11-1 杨氏模量测定仪实物图

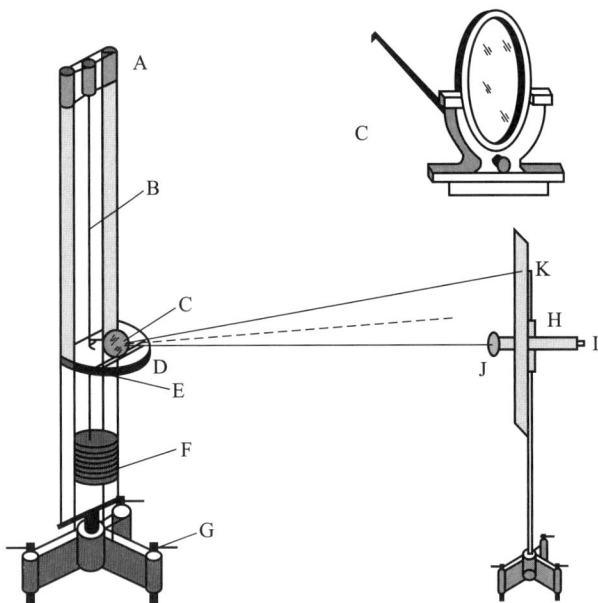

A—钢丝悬挂端;B—钢丝;C—光杠杆;D—凹槽;E—钢丝夹紧端;F—砝码;
G—支架底脚螺丝;H—尺读望远镜;I—目镜;J—物镜;K—标尺

图 1-11-2 杨氏模量测定仪结构图

[实验原理]

1. 胡克定律及杨氏模量

杨氏模量是由拉伸物体时的应力和应变的关系求得的常量.1808 年由物理学家 T. Young 提出,因而得名杨氏模量.

在材料的产品目录中,杨氏模量常以纵向弹性模量或纵向弹性系数的形式出现.不过由于树脂材料中绝大部分材料的应力和应变都不成比例关系,一般是指在应力应变曲线中的非常初期阶段(应变值非常小的部分)的应力与应变的比例常量.

纵向弹性模量在拉伸状态下进行测试时被称作拉伸弹性模量,在弯曲状态下进行测试时被称作弯曲弹性模量.

固体在外力作用下将发生形变,如果外力撤去后相应的形变消失,这种形变称为弹性形变.如果外力撤去后仍有残余形变,这种形变称为范性形变.

协强:单位面积上所受到的力(F/S).

协变:是指在外力作用下的相对形变(相对伸长 $\Delta L/L$),它反映了物体形变的大小.

胡克定律:在物体的弹性限度内,胁强与胁变成正比,其比例系数称为杨氏模量(记为 E).用公式表达为

$$E = \frac{F}{S} \cdot \frac{L}{\Delta L} \tag{1-11-1}$$

E 在数值上等于产生单位胁变时的胁强.它的单位与胁强的单位相同.杨氏模量是材料的属性,与外力及物体的形状无关.本实验主要测量的是钢丝的杨氏模量.

2. 光杠杆镜尺法测量微小长度的变化

在(1-11-1)式中,在外力的 F 的拉伸下,钢丝的伸长量 ΔL 是很小的量.用一般的长度测量仪器无法测量.在本实验中采用光杠杆镜尺法.

光杠杆是一块平面镜直立地装在一个三足底板上.三个足尖 f_1,f_2,f_3 构成一个等腰三角形,f_1,f_2 位于等腰三角形的底边.f_3 到底边的垂直距离(即距离三角形底边上的高)为光杠杆常量,记为 b.如果 f_1,f_2 在一个平台上,而 f_3 下降 ΔL,那么平面镜将绕 f_1,f_2 转动 θ.

初始时,平面镜处于垂直状态.标尺通过平面镜反射后,在望远镜中成像,则望远镜可以通过平面镜观察到标尺的像.望远镜中十字叉丝在标尺上的刻度为 n_0.当 f_3 下降 ΔL 时,平面镜将绕 f_1,f_2 连线转 θ 角.则望远镜中标尺的像也发生移动,十字叉丝落在标尺的刻度 n_1 处.由于平面镜转动 θ 角,进入望远镜的光线旋转 2θ 角.从图 1-11-3 中看出望远镜中标尺刻度的变化 $\Delta n = n_i - n_0$.

$$\frac{\Delta n}{D} = \tan 2\theta \approx 2\theta$$

又因

$$\frac{\Delta L}{b} = \tan \theta \approx \theta$$

由此可得到

$$\frac{\Delta n}{D} = \frac{2\Delta L}{b}$$

即

$$\Delta L = \frac{b}{2D} \Delta n \tag{1-11-2}$$

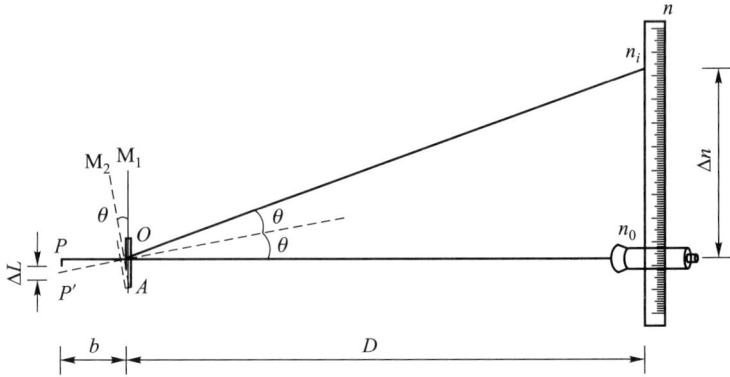

图 1-11-3 光杠杆镜尺法原理

所以望远镜中标尺读数的变化 Δx 比钢丝伸长量 ΔL 大得多,放大了 $2D/b$ 倍. $2D/b$ 就称为光杠杆常量. 钢丝的截面积为

$$S = \frac{\pi}{4}d^2$$

d 为钢丝的直径.

将(1-11-2)式代入(1-11-1)式中,最后得到:

$$E = \frac{8FLD}{\pi d^2 b \Delta n} \tag{1-11-3}$$

[实验内容]

1. 选取适当的仪器,测量 L、D、d 和 b 的值

测量 d 时,可将光杠杆轻轻在纸上压下三个足痕,用游标卡尺去测 d 的值. 数据记入表 1-11-1 和表 1-11-2.

2. 调节杨氏模量测定仪和尺读望远镜

(1) 用实验室准备的水平仪放置在平台上,调节支架底脚螺丝,确保平台水平. 调节平台的上下位置,使管制器顶部与平台的上表面共面.

(2) 测量钢丝长度,应注意两个端点的位置,上端起于夹钢丝的两个半圆柱的下表面,下端止于管制器的下表面.

(3) 将光杠杆放置于平台上,旋松固定螺丝移动杠杆使其前两锥形足尖(或刀口)放入平台的沟槽内,后锥形足尖放在管制器的槽内,再旋紧螺丝. 之后再调节平面镜的仰角使镜面垂直于平台,即光杠杆镜面法线与望远镜轴线大体重合,按先粗调后细调的原则,使其能将标尺上的刻度反射到望远镜视野里,利用望远镜上的准星瞄准光杠杆平面镜中的标尺像.

(4) 调节望远镜目镜看清十字叉丝,再调聚焦旋钮可以找到标尺,如果没找到标尺请不要急于调聚焦旋钮,重新瞄准光杠杆平面镜中的标尺像,重复以上调试. 要注意:应使标尺的像消除视差(即眼睛上下移动时,所看到的标尺刻度像和十字叉丝之间应没有相对变动).

(5) 光杠杆、望远镜、标尺调整好以后,整个实验中应防止位置变动. 加减砝码要轻放轻取避免仪器晃动、倾斜,或使钢丝与管制器之间发生摩擦,待钢丝静止后(约 2 min)再读数.

（6）观测标尺时眼睛应正对望远镜，不得忽高忽低以免引起视差.

3. 关于 E 的测量

（1）挂好钢丝后，加上砝码托及 1~2 kg 的砝码，将钢丝拉直.

（2）安装尺读望远镜并调节好，从望远镜中的水平叉丝，读出标尺的数值为 n_0.

（3）逐次增加一定质量的砝码，相应的望远镜读数为 n_1、n_2、n_3、$\cdots$，至少加 6 次砝码（加砝码后再一一减去，重复两次）.将数据记入表 1-11-3.

（4）E 值的计算（用逐差法）.

4. 计算 E 的相对误差、绝对误差.

［实验数据记录及处理］

表 1-11-1　数据测量记录

$L =$	$\Delta L =$
$D =$	$\Delta D =$
$b =$	$\Delta b =$

表 1-11-2　测钢丝直径数据表

序号 i	1	2	3	4	5	平均值
d/mm						

表 1-11-3　测加外力后标尺的读数

序号 i	0	1	2	3	4	5	6	7
m/kg	0.00	1.00	2.00	3.00	4.00	5.00	6.00	7.00
加砝码时 n_i/cm								
减砝码时 n'_i/cm								
$\overline{n_i}$/cm								
$\Delta \overline{n}$/cm	$\Delta n_4 = \overline{n}_4 - \overline{n}_0 =$		$\Delta n_1 = \overline{n}_5 - \overline{n}_1 =$		$\Delta n_2 = \overline{n}_6 - \overline{n}_2 =$		$\Delta n_3 = \overline{n}_7 - \overline{n}_3 =$	

式中，n_i 是第 i 次加上 1.0 kg 砝码时标尺上的读数，$\overline{n_i} = \dfrac{1}{2}(n_i + n'_i)$.（加、减砝码过程中的两个值的平均值.）

求出每次加上 1.0 kg 砝码时标尺上的读数的平均值为

$$\Delta \overline{n} = \frac{1}{16}(\Delta n_1 + \Delta n_2 + \Delta n_3 + \Delta n_4)$$

［注意事项］

1. 光杠杆、望远镜和标尺所构成的光学系统一经调好后，在实验过程中就不可再移动. 否则,数据无效,实验应从头做起.

2. 在钢丝上测直径,容易使其折弯,最好在备用线上测量.

[思考题]

1. 仪器调节的步骤很重要,为在望远镜中找到直尺的像,事先应做好哪些准备?试说明操作程序.

2. 材料相同,但粗细、长度不同的两根钢丝,它们的杨氏模量是否相同?

3. 是否可以用作图法求杨氏模量?如果以协强为横轴,协变为纵轴作图,图线应是什么形状?

4. 利用光杠杆把测微小长度 ΔL 变成测 D 等量,光杠杆放大率为 $2D/b$,根据此式能否以增加 D 减少 b 来提高放大率?这样做有无好处?有无限度?应怎样考虑这个问题?

5. 试试加砝码后立即读数和过一会读数,读数值有无区别,从而判断弹性滞后对测量有无影响. 由此可得出什么结论?

实验 12　杨氏模量的测定（梁弯曲法）

［实验目的］

1. 用梁的弯曲法测定金属的杨氏模量.
2. 熟悉用读数显微镜测量微小长度变化的方法.

［实验仪器］

攸英（Ewing）装置，光杠杆，尺度望远镜，螺旋测微器，游标卡尺，米尺.

［装置介绍］

攸英装置如图 1-12-1 所示，在两个支架上放置互相平行的钢制刀刃，其上放置待测棒和辅助棒，在待测棒上两刀刃间的中点处，挂上有刀刃的挂钩和砝码托盘，往托盘上加砝码时待测棒将被压弯，通过在待测棒和辅助棒上放置的光杠杆测量出棒弯曲的情况，从而求出待测棒的弹性模量.

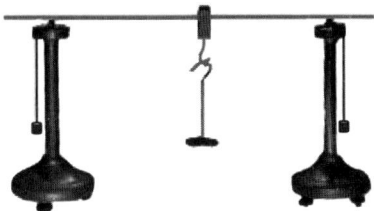

图 1-12-1　攸英装置

［实验原理］

将厚为 δ、宽为 b 的金属棒放在相距为 l 的两刀刃上（图 1-12-2），在棒上两刀刃的中点处挂上质量为 m 的砝码，棒被压弯，设挂砝码处下降 λ，称此为弛垂度，这时棒的杨氏模量 E 为

$$E = \frac{mgl^3}{4\delta^3 b\lambda} \tag{1-12-1}$$

下面推导（1-12-1）式. 图 1-12-3 为沿棒方向的纵断面的一部分. 在相距 $\mathrm{d}x$ 的 O_1O_2 两点上的横断面，在棒弯曲前互相平行，弯曲后则成一小角度 $\mathrm{d}\varphi$. 显然在棒弯曲后，棒的下半部呈现拉伸状态，上半部为压缩状态，而在棒的中间有一薄层虽然弯曲但长度不变，称之为中间层.

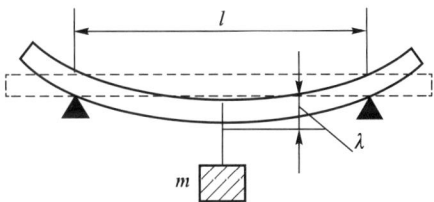

图 1-12-2　原理分析

如图 1-12-4 所示，计算与中间层相距为 y、厚为 $\mathrm{d}y$、形变前长为 $\mathrm{d}x$ 的一段，弯曲后伸长了 $y\mathrm{d}\varphi$，它受到的拉力为 $\mathrm{d}F$，根据胡克定律有

$$\frac{\mathrm{d}F}{\mathrm{d}S} = E \frac{y\mathrm{d}\varphi}{\mathrm{d}x}$$

式中，$\mathrm{d}S$ 表示形变层的横截面积，即 $\mathrm{d}S = b\mathrm{d}y$. 于是

$$\mathrm{d}F = Eb \frac{\mathrm{d}\varphi}{\mathrm{d}x} y\mathrm{d}y$$

此力对中间层的转矩为 $\mathrm{d}M$，即

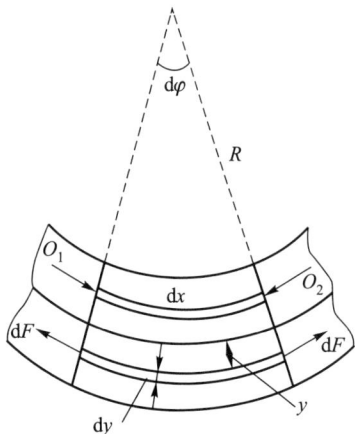

图 1-12-3　沿棒方向的纵断面

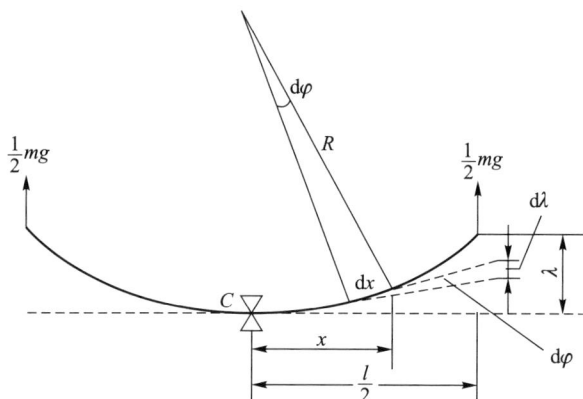

图 1-12-4　中间层拉力分析

$$\mathrm{d}M = Eb\frac{\mathrm{d}\varphi}{\mathrm{d}x}y^2\mathrm{d}y$$

而整个横断面的转矩 M 应是

$$M = 2Eb\frac{\mathrm{d}\varphi}{\mathrm{d}x}\int_0^{\frac{l}{2}}y^2\mathrm{d}y = \frac{1}{12}E\delta^3 b\frac{\mathrm{d}\varphi}{\mathrm{d}x} \qquad (1-12-2)$$

棒上距中点 C 为 x、长为 $\mathrm{d}x$ 的一段,由于弯曲产生的下降距离 $\mathrm{d}\lambda$ 为

$$\mathrm{d}\lambda = \left(\frac{l}{2}-x\right)\mathrm{d}\varphi \qquad (1-12-3)$$

当棒平衡时,由外力 $\frac{1}{2}mg$ 对该处产生的力矩 $\frac{1}{2}mg\left(\frac{l}{2}-x\right)$ 应当等于由(1-11-2)式求出的转矩 M,即

$$\frac{1}{2}mg\left(\frac{l}{2}-x\right) = \frac{1}{12}E\delta^3 b\frac{\mathrm{d}\varphi}{\mathrm{d}x}$$

由此式求出 $\mathrm{d}\varphi$ 代入(1-12-3)式中并积分,可求出弛垂度:

$$\lambda = \frac{6mg}{E\delta^3 b}\int_0^{\frac{l}{2}}\left(\frac{l}{2}-x\right)^2\mathrm{d}x = \frac{mgl^3}{4E\delta^3 b} \qquad (1-12-4)$$

即

$$E = \frac{mgl^3}{4\delta^3 b\lambda}$$

在用光杠杆测 λ 时:

$$\lambda = \frac{(A_m - A_0)d_1}{2d_2} \qquad (1-12-5)$$

其中,d_2 为光杠杆平面镜到望远镜的标尺的距离,d_1 为光杠杆前足尖到两后足尖的垂直距离. A_0、A_m 为加砝码 m 前后,望远镜的两次读数.将(1-12-5)式代入(1-12-1)式得

$$E = \frac{mgl^3 d_2}{2\delta^3 b(A_m - A_0)d_1} \qquad (1-12-6)$$

又设 $K=(A_m-A_0)/m$，则上式为

$$E=\frac{gl^3d_2}{2\delta^3bKd_1}\tag{1-12-7}$$

$$u(E)=E\left\{\left[3\frac{u(l)}{l}\right]^2+\left[\frac{u(d_2)}{d_2}\right]^2+\left[3\frac{u(\delta)}{\delta}\right]^2+\left[\frac{u(b)}{b}\right]^2+\left[\frac{u(K)}{K}\right]^2+\left[\frac{u(d_1)}{d_1}\right]^2\right\}^{1/2}$$

K 为砝码改变单位质量时，望远镜中所见标尺数值的变化值.

[实验内容]

对 l、d_2、δ、b、d_1 的测量比较简单，只要仪器选取正确、操作合适，测量次数适宜，不测错、不读错数即可.

对 d_1 的测量要注意的是，直接用仪器去测可能测不准，可将光杠杆在平的纸上轻轻压出三个足尖痕，再用游标卡尺去测.

这里着重说明对 m 和 A_0 的测量.

1. 将待测棒和辅助棒并排放在两刀刃上，间隔要适应光杠杆的 d_1 值，检查刀刃与棒的接触情况，如有接触不佳就移动一下棒.

2. 确定两刀刃的中点，放上挂钩、砝码托（挂钩及砝码托质量不计入 m 中）以及光杠杆（见图 1-12-1）.

3. 安置尺读望远镜，调整好仪器，并测出第一个值 A_0，此时 $m=0$.

4. 逐次增加砝码（每个质量相同），测出对应值为 A_1、A_2、A_3、…，至少加 6 个砝码，然后再逐个减去砝码测量. 要做三次反复测量.

K 的计算：取 $x_i=m_i$，$y_i=A_i$，按 $y=a+Bx$ 进行直线拟合，用最小二乘法求斜率 B 及 s_B，此处的 B 值就是 K 值.

最后求出待测棒的杨氏模量 E、标准不确定度 $u(E)$.

[实验数据记录及处理]

1. 对 l、d_2、δ、b、d_1 的测量（数据记入表 1-12-1）

表 1-12-1　数据记录表

次数	1	2	3	4	5
l 的测量					
d_2 的测量					
δ 的测量					
b 的测量					
d_1 的测量					

2. m 和 A_0 的测量

自行设计实验数据记录表格，完成实验内容.

[**思考题**]

1. 根据自己的测量,说明光杠杆测量的精密度如何. 若改用读数显微镜直接去测 A,哪个效果好些?

2. 如果待测棒为一圆棒,参照前述原理,推导出其测量公式,主要区别在于对圆棒,截面为圆形,b 值是变量.

3. 采用光杠杆和望远镜等组成的测量系统测量 λ,应如何安装仪器? 简要写出实验步骤.

4. 本实验测定 E 的公式要保证哪些实验条件?

5. 以下情况是随机误差还是系统误差?

(1) 砝码不在梁的中间.

(2) 两刀刃不平行.

(3) 砝码不准.

(4) 梁的厚度和宽窄不均匀.

实验 13　倾斜气垫导轨上滑块的运动研究

［实验目的］

1. 用倾斜气垫导轨测定重力加速度.
2. 掌握光电计时原理,学习使用气垫导轨和电脑通用计数器.
3. 分析和校正实验中的系统误差.

［实验仪器］

气垫导轨,滑块,气泵,光电门,电脑通用计数器.

［装置介绍］

力学实验遇到的最大难题是运动物体与支承面的直接接触产生的摩擦力,它严重地限制了力学实验的准确度,为了避免运动物体与支承面的直接接触,人们使它们之间产生一层薄薄的空气膜(气垫导轨的气垫厚度为 $10\sim200~\mu m$),这就是气垫技术(用气体把运动物体"垫"起来). 其最大特点就是低摩擦. 这一技术在实际中已得到广泛应用,如气垫船、气垫轴承等.

在力学实验中,它可用于平均速度、瞬时速度、加速度、力的测定,还可用于验证牛顿运动定律、动量守恒定律、机械能守恒定律以及重力加速度、弹簧振子的振动、阻尼系数、磁力能的测定等.

气垫导轨是一种阻力极小的力学实验装置. 它利用气源将压缩空气打入导轨型腔,再由导轨表面上的小孔喷出气流,在导轨与滑行器之间形成很薄的气膜,将滑行器浮起,使滑行器能在导轨上作近似无阻力的直线运动,极大地减小了以往在力学实验中由于摩擦力而出现的较大误差,使实验结果更接近理论值,实验现象更加真实、直观、易为学生接受.

利用气垫导轨可以观察和研究在近似无阻力的情况下物体的各种运动规律.

实验装置主要包括气垫导轨、滑块、砝码、质量块、光电计时系统等. 气垫导轨是在能作相对运动的物体之间充一层薄薄的空气层,让运动物体悬在空气层上,消除接触摩擦,使运动近似为无摩擦运动的一种装置. 气垫导轨的整体结构如图 1-13-1 所示. 气垫导轨由导轨、滑块、光电转换系统和气源等部分组成.

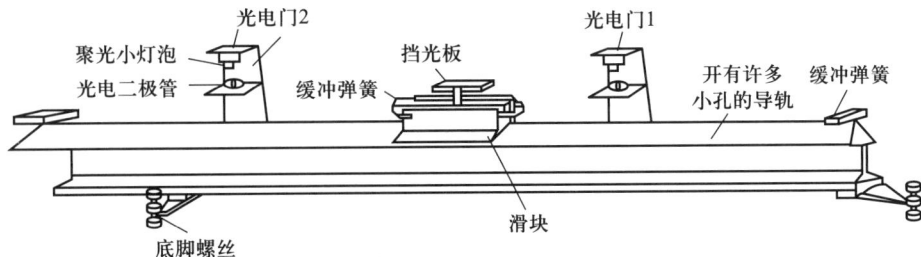

图 1-13-1　气垫导轨装置图

1. 导轨是用一根平直、光滑的三角形铝合金制成. 固定在一根刚性较强的工字钢梁上. 导轨长为 2.0 m. 轨面上均匀分布着孔径为 0.6 mm 的两排喷气小孔. 导轨一端封闭,另一端装有进气嘴. 压缩空气进入管腔后,从小气孔喷出,托起滑块. 在导轨两端还装有缓冲弹簧. 在导轨底脚有用来调节水平的螺丝. 导轨的一端还装有气垫滑轮.

2. 滑块是导轨上运动的物体,长度分别为 12 cm 和 24 cm,也是用铝合金制成的,其下表面与导轨的两个侧面精密吻合. 根据实验需要,滑块上可以加装挡光片、挡光杆、加重块、尼龙扣、缓冲弹簧等附件.

3. 光电转换系统是气垫实验中的计数装置. 电脑通用计数器采用单片微处理器,进行程序化控制. 可用于各种计时、计频、计数等. 单边式结构的光电门固定在导轨带刻度尺的一侧,光敏管和聚光灯泡呈上下安装. 灯泡点亮时,正好照在光敏管上. 光敏管在光照时电阻约为几千欧;挡光时电阻约为兆欧级别. 利用光敏管两种状态下的电阻变化,可获得信号电压,用来控制计数器,可使其计数或停止.

4. 测量滑块运动的瞬时速度 v

物体作直线运动时,其瞬时速度定义为

$$v = \lim_{\Delta t \to 0} \frac{\Delta d}{\Delta t} \tag{1-13-1}$$

根据这个定义,瞬时速度实际上是不可能测量的. 因为当 $\Delta t \to 0$ 时,同时有 $\Delta d \to 0$,测量上有实际困难. 我们只能取很小的 Δt 及相应的 Δd,用其平均速度来代替瞬时速度 v,即

$$\bar{v} = \frac{\Delta d}{\Delta t} \tag{1-13-2}$$

其中,Δd 为挡光片两个挡光沿的宽度,见图 1-13-2,Δt 为挡光片第一次挡光开始计时,第二次挡光停止计时的时间间隔,即滑块移动 Δd 距离所用时间.

5. 测量滑块运动的加速度 a

如图 1-13-3 所示,如果将气垫导轨的一端垫高,形成斜面,滑块下滑时将作匀加速直线运动,可用以下方法测定加速度:

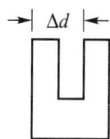

图 1-13-2 挡光板

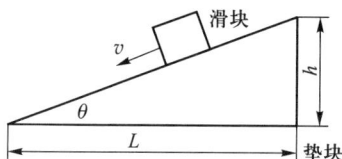

图 1-13-3 滑块下滑示意图

（1）根据匀变速直线运动公式:

$$a = \frac{v_i - v_0}{t} \tag{1-13-3}$$

其中,v_i 及 v_0 为导轨倾斜情况下滑块通过 S_i、S_0 两点的瞬时速度,可用(1-13-2)式中方法测量;通过 S_i、S_0 之间的时间间隔 t,可用下面方法测得,把挡光片缺口挡住,挡光片通过 S_0 开始计时,通过 S_i 停止计时.

也可以用作图法处理数据求 a,方法是使滑块由同一位置 P 从静止开始滑下,测得于不同位

置 S_0,S_1,S_2,S_3,S_4,S_5 处的速度 v_0,v_1,v_2,v_3,v_4,v_5 及相应的时间间隔 t_1,t_2,t_3,t_4,t_5,如图 1-13-4 所示,以 t 为横坐标,v 为纵坐标作 v-t 图.如果图像是一条直线,说明物体作匀加速直线运动,且直线斜率为 a.

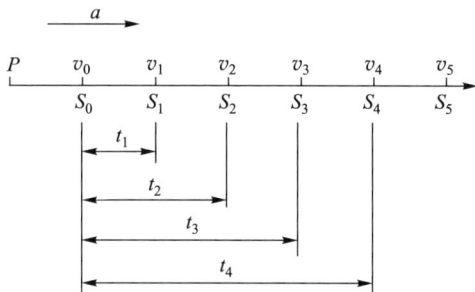

图 1-13-4　作图法求加速度

（2）根据公式:

$$a = \frac{v_i^2 - v_0^2}{2(S_i - S_0)} \tag{1-13-4}$$

也可以用作图法处理数据求 a,方法是使滑块由同一位置 P 从静止开始滑下,测得一组数据 $(S_1,v_1),(S_2,v_2),(S_3,v_3),(S_4,v_4),(S_5,v_5)$,以 $(S-S_0)$ 为横坐标,v^2 为纵坐标,作 v^2-$(S-S_0)$ 图,如果是直线,说明物体作匀加速运动,且直线斜率为 $2a$.

[实验原理]

1. 倾斜气轨上的加速度 a 与重力加速度 g 的关系

设导轨倾斜角为 θ,滑块质量为 m,则有

$$ma = mg\sin\theta \tag{1-13-5}$$

上式是在滑块运动时,不存在阻力才成立.实际上滑块在气轨上运动虽然没有接触摩擦,但是有空气层的内摩擦,其阻力 $F_{阻}$ 和平均速度成正比,即

$$F_{阻} = b\bar{v} \tag{1-13-6}$$

上式中的比例系数 b,称为黏性阻尼常量.考虑该阻力后,(1-14-5)式可写为

$$ma = mg\sin\theta - b\bar{v}$$

整理后,重力加速度 g 为

$$g = \frac{a + \dfrac{b\bar{v}}{m}}{\sin\theta} \tag{1-13-7}$$

此实验将依据(1-13-7)式去求重力加速度.

2. 气垫导轨的水平调节

调平导轨本应是将平直的导轨调成水平方向,但是实验室现有的导轨都存在一定的弯曲,因此"调平"的意义是指将光电门 A 和 B 所在的两点调到同一水平线上.

假设导轨上 A、B 所在两点已在同一水平线上,则在 A、B 间运动的滑块,因导轨弯曲对它

运动的影响可以抵消,但是滑块与导轨间存在少许阻力,所以以速度 v_A 通过 A 光电门的滑块,到达 B 光电门时的速度 v_B,将有 $v_B < v_A$. 由于阻力产生的速度损失 Δv 为

$$\Delta v = \frac{bs}{m} \qquad (1-13-8)$$

式中,b 为黏性阻尼常量,s 为光电门 A 和 B 的距离,m 为滑块的质量.

（1）粗调. 把滑块放在气垫导轨中央静止释放,观察滑块是否停在原处不动. 若总往一处滑动,则气轨是倾斜的,应调节一边底脚螺丝. 顺时针旋转为升高,逆时针旋转为降低.

（2）细调. 理论上要求做到向左的加速度等于向右的加速度,则气轨完全水平. 实验中采用如下方法:轻推滑块,使其经过两个光电门作往复运动,按先后次序记下滑块往返一次经过两个光电门的速度 Δv_1、Δv_2、Δv_3 和 Δv_4. 由于空气阻力和黏性力的作用,滑块经过第一个光电门的速度要比经过第二个光电门的速度要大一些. 如果 $\Delta v_2 - \Delta v_1$ 和 $\Delta v_4 - \Delta v_3$ 的均差值小于 0,且基本相等,则可保证向左和向右的加速度同数量级,气垫导轨可近似视为水平.

3. 求黏性阻尼常量 b

调平导轨后,测量两个方向的速度损失 Δv_{AB} 和 Δv_{BA}(二者要很接近),则从(1-13-8)式可得

$$b = \frac{m}{s} \frac{\Delta v_{AB} + \Delta v_{BA}}{2} \qquad (1-13-9)$$

测量 Δv 时,滑块速度要小些,并且在推动时应使之运动平稳(最好在滑块后尾轻轻向前平推).

4. 加速度 a 的测量

测量加速度 a 可参照下面两个公式之一进行测量:

$$a = \frac{d^2}{2s} \left(\frac{1}{t_B^2} - \frac{1}{t_A^2} \right) \qquad (1-13-10)$$

$$a = \frac{d}{t_{AB} - \frac{t_A}{2} + \frac{t_B}{2}} \left(\frac{1}{t_B} - \frac{1}{t_A} \right) \qquad (1-13-11)$$

式中,t_A、t_B 为滑块挡光片通过 A、B 两光电门的时间长度,t_{AB} 为挡光片第一前沿由 A 光电门到 B 光电门的时间. (1-13-10)式的依据是 $a = (v_B - v_A)/2s$,由于用平均速度 d/t 代替瞬时速度 v 存在系统误差,系统误差的大小和滑块初始位置到 A 光电门的距离 s_0 及 d 有关,d/s_0 越小,误差也越小. (1-13-11)式的依据是 $a = (v_B - v_A)/t_{AB}$,它也是用平均速度代替瞬时速度,但是分母项中的附加项 $-\frac{t_A}{2} + \frac{t_B}{2}$ 就是针对此时的系统误差而加入的修正项,即用(1-13-11)式计算加速度 a 时,不存在由于 $\bar{v}$ 代替 v 造成的系统误差.

[实验内容]

1. 气垫导轨调平

（1）首先检查计时装置是否正常. 将计时装置与光电门连接好,要注意的是套管插头和插孔要正确插入. 将两个光电门放在导轨上,双挡光片第一次挡光开始计时,第二次挡光停止计时,就说明光电计时装置能正常工作.

（2）给导轨通气,并检查气流是否均匀.

（3）选择合适的挡光片放在滑块上,再把滑块置于导轨上.

（4）调节导轨底脚螺丝,使其水平.

注意:电脑通用计数器使用前要选择挡光片的宽度,该宽度要与实际使用的挡光片宽度一致.

2. 测定黏性阻尼常量 b

调平导轨后,测量两个方向的速度损失 Δv_{AB} 和 Δv_{BA}（二者要很接近）,利用（1-13-8）式求得黏性阻尼常量 b. 测量 Δv 时,滑块速度要小些,并且在推动时应使之运动平稳（最好在滑块尾部轻轻向前平推）. 多次测量,并记录数据,其中 s 是两个光电门之间的距离,求出黏性阻尼常量 b 的平均值.

3. 测定匀加速运动的加速度 a

（1）将导轨一端垫高 h,如图 1-13-2 所示. 测出两支点间距离 L,则 $\sin\theta = h/l$.

（2）让滑块从导轨较高一端滑下,在电脑通用计数器上读出滑块经过 A、B 光电门时的速度或时间并记录.

（3）用几个不同高度的垫块 h,改变倾斜角 θ,分别测定 a 的值.

4. 计算当地重力加速度 g 的值及标准不确定度.

[实验数据记录及处理]

1. 测定黏性阻尼常量 b（表 1-13-1）

挡光片宽度 $d = $ _____ cm.

表 1-13-1　测定黏性阻尼常量

m/g	s/m	$\Delta v_{AB}/(\text{cm/s})$	$\Delta v_{BA}/(\text{cm/s})$	$b/(\text{N}\cdot\text{s/m})$	$\overline{b}/(\text{N}\cdot\text{s/m})$

2. 测定匀加速运动的加速度 a 和重力加速度 g（表 1-13-2）

表 1-13-2　测定匀加速运动的加速度和重力加速度

l/m	h/m	$v_A/(\text{cm/s})$	$v_B/(\text{cm/s})$	$a/(\text{m}^2/\text{s})$	$g/(\text{m}^2/\text{s})$	$\overline{g}/(\text{m}^2/\text{s})$

[注意事项]

1. 气垫导轨的导轨面不允许用其他东西敲、碰,否则会破坏导轨面精度,甚至使仪器损坏而不能使用. 如果导轨面有灰尘污物,可用棉球蘸少许酒精擦净.

2. 滑块内表面光洁度很高. 严防划伤、碰坏,更不能将滑块掉在地上. 气轨不喷气时,不要将滑块在轨道上来回滑动. 调换挡光片时,要将滑块取下. 换好后,再轻轻放在导轨上. 实验完毕,要把滑块从导轨上取下来,以免导轨变形. 需要拿起滑块时要轻拿轻放.

3. 实验过程中,不用导轨时,应先将滑块取下,随后关闭气源.

4. 导轨表面使用吹尘器作气源,工作 30 min 左右,即需暂停冷却,否则电机会因过热烧毁.

5. 不准随意旋转导轨台的底脚螺丝,以免改变水平度,使测量发生偏差.

6. 做碰撞时应控制滑块碰前速度在 22~30 cm/s 之间,即频率计计时显示为 0.3~0.45 s 之间,速度太大弹簧容易变形,速度太小则碰后滑块运动速度太小,会影响测量精度.

7. 气垫导轨是一套精密的实验仪器,它的几何精度直接影响着实验效果,在搬运、存放及使用过程中,切忌剧烈震动撞击、重压以致变形,尤其是导轨和滑块的工作面不要让硬物碰伤.

8. 导轨工作面和滑块内表面有较好的表面粗糙度且二者配合良好,使用前用酒精擦拭干净,不要用手抚摸涂拭. 使用时要先通气,再把滑块放在导轨上,严禁在通气前就将滑块放在导轨工作面上滑动,以免擦伤导轨表面,使用完毕后,先取下滑块再关掉气源.

9. 导轨表面上喷气孔径很小,如果小孔被堵塞则会影响实验效果,实验前应先通气检查气孔,若小孔被堵塞可用直径 0.6 mm 的钢丝通一下.

10. 如果采用空气压缩机作气源,一定要把进入导轨的空气滤清,以除去水汽和油滴,防止堵塞喷气孔.

11. 实验完毕将导轨擦净,罩上防尘罩,导轨工作面上不宜涂油,长期不用时应将两脚间用木块垫起,以防变形. 严禁将导轨放在潮湿或有腐蚀性气体的地方,将导轨挂起存放最佳.

12. 使用方法:

调整导轨水平状态是实验前的重要准备工作,要耐心地反复调整,可按下列任一种方法调平导轨.

其一:静态调平

将导轨通气,把滑块放置于导轨上,调节底脚螺丝,直至滑块在实验段内保持不动或稍有滑动但不总是向一个方向滑动,即可认为已基本调平.

其二:动态调平

把两个光电门装在导轨底座的梯形槽上,接通计时器,电源给导轨通气,使滑块从导轨一端向另一端运动,先后通过两个光电门,在计时器上记下通过两个光电门所用的时间 Δt_1 和 Δt_2,调节底脚螺丝使 $\Delta t_1 = \Delta t_2$,此时可视为导轨调平.

[思考题]

1. 如果气垫导轨没有调水平,会给加速度的测量带来什么影响?

2. 测加速度时滑块释放点能不能随意变动? 释放滑块时能否用力推一下?

实验 14　碰撞实验

［实验目的］

1. 在非完全弹性碰撞和完全非弹性碰撞的两种情形下,验证动量守恒定律.
2. 了解非完全弹性碰撞和完全非弹性碰撞的特点.

［实验仪器］

气垫导轨,电脑通用计数器,天平.

［实验原理］

如果系统不受外力或所受外力的矢量和为零,则系统的总动量(包括方向和大小)保持不变,这一结论称为动量守恒定律. 显然,在系统只包括两个物体,且这两个物体在沿一条直线发生碰撞的简单情形下,只要系统所受的各外力在此直线方向上的分量的矢量和为零,则在该方向上,系统的总动量就保持不变.

本实验研究两个滑块在水平气垫导轨上沿直线发生的碰撞. 由于气垫的漂浮作用,滑块受到的摩擦力可忽略不计. 这样,当碰撞发生时,系统(即两个滑块)仅受内力的相互作用,而在水平方向上不受外力,故系统的动量守恒.

设两个滑块的质量分别为 m_1 和 m_2,它们在碰撞前的速度分别 $\boldsymbol{v}_{10}$ 和 $\boldsymbol{v}_{20}$,碰撞后的速度分别为 $\boldsymbol{v}_1$ 和 $\boldsymbol{v}_2$,则按动量守恒定律有

$$m_1\boldsymbol{v}_{10}+m_2\boldsymbol{v}_{20}=m_1\boldsymbol{v}_1+m_2\boldsymbol{v}_2$$

在给定速度的正方向后,上述的矢量式可写成下面的标量式:

$$m_1 v_{10}+m_2 v_{20}=m_1 v_1+m_2 v_2 \tag{1-14-1}$$

牛顿曾提出"弹性回复系数"的概念. 其定义为碰撞后的相对速度与碰撞前的相对速度的比值,用 e 表示,即

$$e=\frac{v_2-v_1}{v_{20}-v_{10}}$$

当 $e=1$ 时,为完全弹性碰撞,$e=0$ 时为完全非弹性碰撞,一般情况下,$0<e<1$,为非完全弹性碰撞. 气垫导轨滑块上的碰撞弹簧是钢制的,e 的值在 $0.95\sim0.98$ 之间,它虽然接近 1,但是其差异也是明显的,因此在气垫导轨上不能实现完全弹性碰撞.

下面分两种情况讨论:

1. 非完全弹性碰撞

非完全弹性碰撞的特点是碰撞前后系统的动量守恒,机械能不守恒. 取大小两个滑块($m_1>m_2$),将滑块 2 置于 A、B 光电门之间,使 $v_{20}=0$. 推动滑块 1 以速度 v_{10} 去撞滑块 2,碰撞后速度分别为 v_1 和 v_2,则

$$m_1\boldsymbol{v}_{10}=m_1\boldsymbol{v}_1+m_2\boldsymbol{v}_2$$

碰撞前后动能变化为

$$\Delta E_{\mathrm{k}} = \frac{1}{2} m_1 v_1^2 + \frac{1}{2} m_2 v_2^2 - \frac{1}{2} m_1 v_{10}^2$$

2. 完全非弹性碰撞

在上述相同的条件下,如果两个滑块碰撞后,以同一速度运动而不分开,就称为完全非弹性碰撞. 其特点是,碰撞前后系统的动量守恒,但机械能不守恒,此时 $e = 0$.

设完全非弹性碰撞后两个滑块一起运动的速度为 $\boldsymbol{v}_2$,由(1-14-1)式可得

$$m_1 \boldsymbol{v}_{10} = (m_1 + m_2) \boldsymbol{v}_2$$

动能变化为

$$\Delta E_{\mathrm{k}} = \frac{1}{2} (m_1 + m_2) v_2^2 - \frac{1}{2} m_1 v_{10}^2$$

[实验内容]

1. 将气垫导轨调成水平,并使电脑通用计数器处于正常工作状态.

调平导轨的两种方法:

(1) 静态调平:将导轨通气,把滑块放置于导轨上,调节底脚螺丝,直至滑块在实验段内保持不动或在某一位置附近来回滑动,但不总是向一个方向滑动,即可认为已基本调平.

(2) 动态调平:把两个光电门装在导轨底座的梯形槽上,接通电脑通用计数器电源,给气垫导轨通气,使滑块从气垫导轨一端向另一端运动,先后通过两个光电门,在计数器上记下通过两个光电门的速度 v_1 和 v_2,调节底脚螺丝使 $v_1 = v_2$,此时可视为导轨调平.

切记一定要根据挡光片的宽度选择计数器上所需的挡光片宽度,两者必须要一致. 因为计数器直接记录的是挡光片通过光电门的时间,通过计数器的转换键使测量值在时间和速度之间转换,才可得到挡光片通过光电门的速度.

2. 在非完全弹性碰撞情形下验证动量守恒定律

(1) 在质量相等(即 $m_1 \approx m_2$)的两个滑块上,分别装上弹性碰撞器(即金属圈).

(2) 接通气源后,将滑块 m_2 置于两个光电门之间,令其初速度等于零(即 $v_{20} = 0$). 将滑块 m_1 放在气垫导轨任一端,令其运动,经过第一个光电门记录碰前速度为 v_{10}. 两滑块相碰后,滑块 m_2 以速度 v_2 向前运动,滑块 m_1 的速度为 v_1,分别经过第二个光电门时记录速度.

(3) 利用电脑通用计数器读取 v_{10}、v_1 和 v_2,并记录在表 1-14-1 中.

(4) 重复(2)(3)步骤,进行多次测量.

(5) 在滑块 m_1 上加配重,使 $m_1 > m_2$,按照(1)(2)(3)(4)步骤进行.

注意:当滑块 m_2 已经过第二个光电门,而 m_1 还未经过第二个光电门时,应使 m_2 静止,这是为避免 m_2 与气垫导轨一端相撞后又反弹,影响测量 v_1.

3. 在完全非弹性碰撞情形下验证动量守恒定律

(1) 在质量相等(即 $m_1 \approx m_2$)的两个滑块上,分别装上完全非弹性碰撞器(即尼龙塔).

(2) 接通气源后,将滑块 m_2 置于两个光电门之间,令其初速度等于零(即 $v_{20} = 0$). 将滑块 m_1 放在气垫导轨任一端,令其运动,经过第一个光电门记录碰前速度为 v_{10}. 两滑块相碰后,滑块 m_2 和滑块 m_1 以相同的速度 v 向前运动,当 m_2 经过第二个光电门时记录的速度就是两滑块相撞后的速度 v.

（3）利用电脑通用计数器读取 v_{10} 和 v，并记录在表 1-14-1 中.

（4）重复（2）（3）步骤，进行多次测量.

（5）在滑块 m_1 上加配重，使 $m_1 > m_2$，按照（1）（2）（3）（4）步骤进行.

[实验数据记录及处理]

数据记录：

表 1-14-1 数据记录表

弹性碰撞					完全非弹性碰撞			
$m_1 \approx m_2$		$m_1 > m_2$			$m_1 \approx m_2$		$m_1 > m_2$	
（$m_1 =$ ___ g, $m_2 =$ ___ g）		（$m_1 =$ ___ g, $m_2 =$ ___ g）			（$m_1 =$ ___ g, $m_2 =$ ___ g）		（$m_1 =$ ___ g, $m_2 =$ ___ g）	
$v_{10}/(\text{cm/s})$	$v_2/(\text{cm/s})$	$v_{10}/(\text{cm/s})$	$v_2/(\text{cm/s})$	$v_1/(\text{cm/s})$	$v_{10}/(\text{cm/s})$	$v/(\text{cm/s})$	$v_{10}/(\text{cm/s})$	$v/(\text{cm/s})$

[注意事项]

1. 气垫导轨的导轨面不允许用其他东西敲、碰，否则将会破坏导轨面精度，其至使仪器损坏而不能使用. 如果导轨面有灰尘污物，可用棉球蘸少许酒精擦净.

2. 滑块内表面光洁度很高. 严防划伤、碰坏，更不能将滑块掉在地上. 气轨不喷气时，不要将滑块在轨道上来回滑动. 调换挡光片时，要将滑块取下. 换好后，再轻轻放在导轨上. 实验完毕，要把滑块从导轨上取下来，以免导轨变形. 要拿起滑块时要轻拿轻放.

3. 实验过程中，不用导轨时，应先将滑块取下，随后关闭气源.

4. 导轨表面使用吹尘器作气源，工作 30 min 左右，即需暂停冷却，否则电机会因过热烧段.

5. 不准随意旋转导轨台的底脚螺丝，以免改变水平度，使测量发生偏差.

6. 做碰撞时应控制滑块碰前速度在 22～30 cm/s 之间，即频率计计时显示为 0.3～0.45 s 之间，速度太大弹簧容易变形，速度太小则碰后滑块运动速度太小，会影响测量精度.

[思考题]

1. 如果气轨调平不好，试分析对测量结果的影响.

2. 气流的阻力和导轨的摩擦阻力不可能完全消除，它们对测量结果有何影响？

3. 在弹性碰撞情形下，当 $m_1 \neq m_2$，$v_{20} = 0$ 时，两个滑块碰撞前、后的总动能是否相等？ 如果不完全相等，试分析产生误差的原因.

实验 15　验证牛顿第二定律

[实验目的]

1. 熟悉气垫导轨的构造和性能,掌握气垫导轨的调节及操作方法.
2. 学习在气垫导轨上验证牛顿第二定律.

[实验仪器]

气垫导轨,滑块,气泵,光电门,电脑通用计数器.

[实验原理]

牛顿第二定律所描述的内容,就是一个物体的加速度与它所受合外力成正比,与它本身质量成反比,且加速度的方向与合外力方向相同,即

$$F = ma \qquad\qquad (1-15-1)$$

此实验就是测量在不同的外力作用下运动系统的加速度,并检验二者之间是否符合上述关系.

为了研究牛顿第二定律,考虑这样一个系统:①由 m_1 和 m_2 组成;②忽略空气阻力及气垫对滑块的黏性力,不计滑轮和细线的质量等.

调节气垫导轨水平后测出黏性阻尼常量 b,将一定质量的砝码盘通过细线经气垫导轨滑轮与滑块相连. 设砝码的质量为 m_0,此时合外力(将滑块、滑轮和砝码作为运动系统)

$$F = m_0 g - b\bar{v} - m_0 \cdot (g-a)c \qquad\qquad (1-15-2)$$

式中,平均速度 $\bar{v}$ 与黏性阻尼常量 b 之积为滑块与导轨间的黏性力,$m_0(g-a)c$ 为滑轮的摩擦阻力,阻力系数 c 可由实验室技术人员预先测出.

在此方法中,运动系统的质量 m 应是滑块的质量为 m_1、全部砝码质量(包括砝码盘)m_Σ 以及滑轮转动惯量的换算质量 I/r^2(I 为滑轮的转动惯量,r 为滑轮的半径)之和,即

$$m = m_1 + m_\Sigma + \frac{I}{r^2} \qquad\qquad (1-15-3)$$

其中,I/r^2 可由实验室预先求出标在仪器使用说明书上. 值得注意的是,在实验室中应将未挂在线上的砝码放在滑块上,以保证运动系统的质量不变.

用测量的 F 和 a 验证(1-15-1)式时,应检验:

1. F 和 a 之间是否存在线性关系?

当 a、F 的测量组数 $n>5$,关联系数 $r(a、F)>0.88$ 时,就可认为 a、F 间存在线性关系.

2. 如果 F、a 间存在 $F = \alpha + \beta a$ 的线性关系,斜率 β 和运动系统质量 m 在测量误差范围内是否相等? 只有对上述检验得出肯定答复,才可以认为(1-15-1)式的关系在实验条件下是成立的.

[实验内容]

1. 用纱布沾少许酒精擦拭导轨面(在供气时)和滑块内表面,用薄纸片细条检查气孔有否堵塞.
2. 调节气垫导轨水平及光电计时系统正常,并测出黏性阻尼常量 b,数据记入表 1-15-1.

3. 测量加不同砝码 m_0 时的加速度 a，并计算加各种砝码时的加速度 a 及 F 的值，数据记入表 1-15-2.

4. 用最小二乘法求直线拟合式 $F = \alpha + \beta a$ 的 α、S_α、β、S_β 的值.

5. 分析实验结果.

[实验数据记录及处理]

1. 黏性阻尼常量 b 的测量

表 1-15-1　黏性阻尼常量的测量数据记录表

	1	2	3	4	5
黏性阻尼常量 b					

2. 测量加不同砝码 m_0 时的加速度 a

表 1-15-2　加不同砝码 m_0 时的加速度的测量数据记录表

	1	2	3	4	5
砝码 m_0					
加速度 a					

[注意事项]

1. 气垫导轨是较精密的仪器，实验中必须避免导轨受碰撞、摩擦而变形、损伤，没有给气轨通气时，不准在导轨上强行推动滑块.

2. 实验时滑块的速度不能太大，以免在与导轨两端缓冲弹簧碰撞后跌落而使滑块受损.

3. 实验中滑块由静止释放，应防止砝码盘摆动且滑块最好在同一位置处释放，这样便于检查数据的正确性.

4. 每次实验中要保证细绳在滑轮上，细绳长度要合适，太长则砝码可能在通过第二个光电门之前就落地了.

5. 整理仪器时，要注意附件如钉子、螺母、砝码等不能丢.

[思考题]

1. 在验证当质量不变，物体的加速度与合外力成正比时，这个不变的质量指的是什么？

2. 如何判断气垫导轨真正达到水平？怎样算近似地达到水平？

3. 试分析：如果气垫导轨没有真正达到水平，这对实验结果将会造成什么样的影响？

4. 从本实验求瞬时速度方法中，如何体会瞬时速度是平均速度的极限值？

5. 在实验中，如果砝码盘在不断晃动，对实验是否会有影响？为什么？

6. 本实验有哪些可能存在的误差来源？

7. 用平均速度代替瞬时速度对本实验有何影响？

实验 16　金属线胀系数的测定

[实验目的]

学习利用光杠杆测定线胀系数的方法.

[实验仪器]

线胀系数测量装置,光杠杆,尺读望远镜,温度计(50~100 ℃,准确到 0.1 ℃),钢卷尺,待测金属棒,游标卡尺.

[装置介绍]

如图 1-16-1 所示,待测金属棒直立在仪器的大圆筒中,光杠杆的后脚置于金属棒的上顶端,两个前脚置于固定平台的凹槽内.

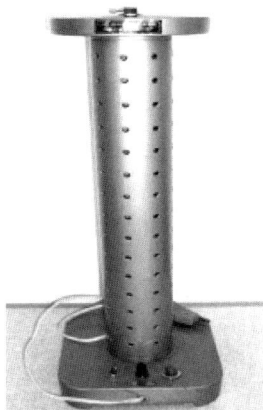

图 1-16-1　金属线胀系数测量装置

[实验原理]

固体的长度一般是温度的函数,在常温下,固体的长度 L 与温度 t 有如下关系:

$$L = L_0(1+\alpha t) \tag{1-16-1}$$

式中,L_0 为固体在 $t=0$ ℃时的长度;α 称为线胀系数,其数值与材料性质有关,单位为 ℃$^{-1}$.

设物体在温度 t_1 时的长度为 L,温度升到 t_2 时增加了 ΔL. 根据(1-16-1)式可以写出

$$L = L_0(1+\alpha t_1) \tag{1-16-2}$$

$$L+\Delta L = L_0(1+\alpha t_2) \tag{1-16-3}$$

从(1-16-2)式、(1-16-3)式中消去 L_0 后,再经简单运算得

$$\alpha = \frac{\Delta L}{L(t_2-t_1)-\Delta L t_1} \tag{1-16-4}$$

由于 $\Delta L \ll L$，故(1-16-4)式可以近似写成

$$\alpha = \frac{\Delta L}{L(t_2 - t_1)} \qquad (1-16-5)$$

显然，固体线胀系数的物理意义是当温度变化 1 ℃时，固体长度的相对变化值．在(1-16-5)式中，L、t_1、t_2 都比较容易测量，但 ΔL 很小，使用一般长度仪器不易测准，本实验中用光杠杆和望远镜标尺组来对其进行测量．关于光杠杆和望远镜标尺组测量微小长度变化的原理可以根据图 1-16-2 进行推导．

由图 1-16-2 可知，$\tan\theta = \dfrac{\Delta L}{h}$，反射线偏转了 2θ，

$\tan 2\theta = \dfrac{\Delta d}{D}$，当 θ 角度很小时，$\tan 2\theta \approx 2\theta$，$\tan\theta \approx \theta$，故有

$\dfrac{2\Delta L}{h} = \dfrac{\Delta d}{D}$，即

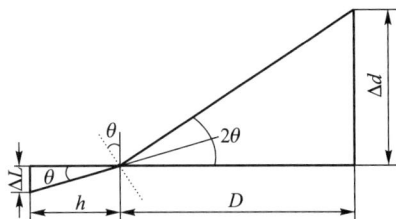

图 1-16-2

$$\Delta L = \frac{h\Delta d}{2D} \text{ 或者 } \Delta L = \frac{(d_2 - d_1)h}{2D} \qquad (1-16-6)$$

代入(1-16-5)式得

$$\alpha = \frac{(d_2 - d_1)h}{2D(t_2 - t_1)} \qquad (1-16-7)$$

[实验内容]

1. 在室温下，用钢卷尺测量待测金属棒的长度 L，然后将其插入仪器的大圆筒中．注意：棒的下端点要和基座紧密接触．

2. 插入温度计，应小心轻放，以免损坏．

3. 将光杠杆放置到仪器平台上，其后脚置于到金属棒顶端，前两脚置于凹槽内．平面镜要调到竖直方向．望远镜和标尺组要置于光杠杆前约 1 m 处，标尺调到垂直方向．调节望远镜的目镜，使标尺的像最清晰并且与十字叉丝间无视差．记下标尺的读数 d_1．

4. 记下初温 t_1 后，给仪器通电加热，待温度计的读数稳定后，记下温度 t_2 以及望远镜中标尺的相应读数 d_2．

5. 停止加热．测出距离 D．取下光杠杆放在白纸上轻轻压出三个脚尖痕迹，用铅笔通过前两脚的痕迹连成一直线，再由后脚的痕迹引到此直线的垂线，用标尺测出垂线的距离 h．

6. 将数据记入表 1-16-1 并计算不确定度．

[实验数据记录及处理]

表 1-16-1

L/cm	t_1/℃	d_1/cm	t_2/℃	d_2/cm	h/cm	D/cm

[**思考题**]

1. 调节光杠杆的程序是什么？在调节中要特别注意哪些问题？

2. 分析本实验中各物理量的测量结果，并指出哪一个对实验误差影响较大.

3. 根据实验室条件，你还能设计一种测量 ΔL 的方案吗？

实验 17　用落球法测液体的黏度

在稳定流动的液体中,由于各层流体的流速不同,相互接触的两层液体之间存在力的作用. 流速较慢与流速较快的两层相邻液层间的作用力,既使流速较快的流层减速,又使流速较慢的流层加速,两相邻流层间的这一作用力称为黏性力,液体的这种性质称为黏性.

黏度是反映流体特性的一个重要参量,对液体黏度的研究和测量与人们生活、工农业生产及科学研究密切相关,特别是在流体力学、材料科学、化学化工、水利工程等领域有着重要的意义和广泛的应用. 测定液体的黏度方法很多,如落球法、扭摆法、毛细管法、转筒法. 实验室中,对于黏度较小的液体,常用毛细管法测量;对于黏度较大的液体,常用落球法或转筒法测量.

［实验目的］

1. 观察液体的内摩擦现象,学习用落球法测定液体的黏度.
2. 掌握基本测量仪器(如游标卡尺、读数显微镜、秒表)的使用方法.
3. 学习用作图外推法处理实验数据.

［实验仪器］

黏度仪,游标卡尺,读数显微镜,秒表,钢球若干,温度计,镊子.

［实验原理］

小球在液体中运动时,将受到与运动方向相反的摩擦阻力作用即黏性力,是由黏附在小球表面的液体与邻近液层的摩擦产生的,它不是小球与液体之间的摩擦力. 如果液体是无限广延的,小球半径很小,液体的黏性大,小球的下落速度很小且在运动中不产生漩涡,由斯托克斯定理,小球受到的黏性力为

$$F = 3\pi\eta vd \tag{1-17-1}$$

式中,η 为液体的黏度,d 为小球直径,v 为小球下落的速度. 由于黏性力与小球速度 v 成正比,小球在下落一段距离后,所受重力、浮力、黏性力 3 力达到平衡,小球将开始以 v_0 匀速下落,v_0 称为收尾速度,此时有

$$3\pi\eta v_0 d = \rho Vg - \rho_0 Vg \tag{1-17-2}$$

故

$$3\pi\eta v_0 d = \frac{1}{6}\pi d^3(\rho - \rho_0)g \tag{1-17-3}$$

式中,ρ 为小球密度,ρ_0 为液体密度. 由(1-17-3)式可解出黏度 η 的表达式:

$$\eta = \frac{gd^2(\rho - \rho_0)}{18v_0} \tag{1-17-4}$$

注意:收尾速度 v_0 是在无限广延液体中匀速下落时的速度.

要测定液体的黏度 η,关键是如何测得 v_0,因为装在容器内的液体不满足无限广延条件. 本实验用作图外推法来确定 v_0.

如图 1-17-1 所示,一组直径不同的圆管,垂直安装在同一水平底板上,在每个圆管上刻有间距为 L 的 A、B 两刻线,上刻线 A 与液面应有适当的距离,以致当小球由静止下落经 A 刻线时,已经处于匀速运动状态.

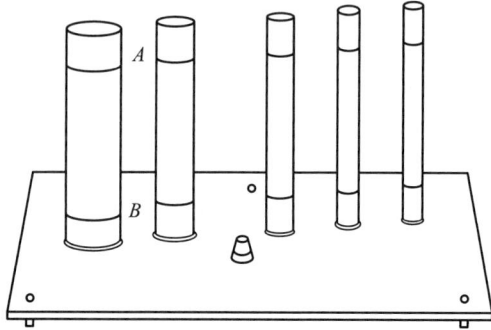

图 1-17-1　黏度仪

受管壁影响,小球在不同直径的管中匀速下落的速度不同,所以经过距离 L 的时间也不同. 依次测出小球通过各圆管两刻线间所需的时间 t,若各圆管的直径用一组 D 值表示,大量的实验数据分析表明,t 与 $\dfrac{d}{D}$ 为线性关系. 以 t 为纵轴,$\dfrac{d}{D}$ 为横轴,将测得的各实验点连成直线,延长该直线与纵轴相交,其截距为 t_0. t_0 就是当 $D \to \infty$ 时,即在无限广延的液体中,小球匀速通过距离 L 所需的时间.

这样我们通过 t-$\dfrac{d}{D}$ 直线的线性外推,用线性外延扩展法,得到了当 $D \to \infty$ 时,小球通过距离 L 所需要的时间,故小球下落的收尾速度为

$$v_0 = \frac{L}{t_0} \tag{1-17-5}$$

将(1-17-5)式代入(1-17-4)式,就能测出液体的黏度 η.

在国际单位制中,η 的单位是 Pa·s(帕斯卡秒),在厘米克秒制中,为 P(泊)或 cP(厘泊),它们之间的换算关系为

$$1 \text{ Pa·s} = 10 \text{ P} = 1\ 000 \text{ cP}$$

黏度的大小取决于液体的性质与温度,温度升高,黏度将迅速减小. 例如对于蓖麻油,在室温附近温度改变 1 ℃,黏度值改变约 10%. 因此,测定液体在不同温度的黏度有很大的实际意义,欲准确测量其数值,必须精确控制液体的温度.

[实验内容]

1. 调节安装在圆管底板下的螺钉,用气泡水准仪观察,使底板水平,以保证圆管中心轴线处于竖直状态.

2. 用游标卡尺分别测量各圆管内直径 D,用米尺量出圆管上刻线 A、B 间的距离 L.

3. 用读数显微镜测量小钢球的直径 d,在不同位置测量三次,取平均值,共测 5 个小球,记录测量的结果,编号待用.

4. 记录实验开始时液体的温度 T_1.

5. 用镊子夹起已知直径的小钢球,在所测液体中浸润一下,然后缓慢地放入最细圆管中心处的液面之下,使小钢球沿圆管中心轴线下落,观测者眼睛正对圆管上部的刻线,观察小钢球经过此刻线时启动计时,记录小钢球通过刻线 A、B 所用的时间.

6. 重复步骤 5,依次测出其他小球在其他各圆管中作落体运动通过 A、B 刻线间距所需的时间.

7. 记录实验结束时液体的温度 T_2,将两次温度取平均值作为液体的温度.

8. 记录实验室给出的小钢球密度和液体密度的数值.

[实验数据记录及处理]

1. 数据表格

表 1-17-1　小钢球直径

次数	1#小球直径 d/mm	2#小球直径 d/mm	3#小球直径 d/mm	4#小球直径 d/mm	5#小球直径 d/mm
1					
2					
3					
平均					

表 1-17-2　各圆管直径、小球下落时间及其他

圆管直径 D/mm					
$\dfrac{1}{D}$					
t/s					
其他量	$\rho_0 =$	$\rho =$	$L =$	$T_1 =$	$T_2 =$

2. 用作图法处理数据,作出 $t-\dfrac{d}{D}$ 图线,作线性外推求出 t_0.

3. 根据 $v_0 = \dfrac{L}{t_0}$,求出小钢球的收尾速度,计算出液体的黏度.

[注意事项]

1. 圆管调垂直后,在整个实验中要保持不变,以保证小钢球沿轴线下落.

2. 投放小钢球要尽量靠近中心,以免小钢球碰到管壁.

3. 实验用的小钢球应事先揩拭干净,保持干燥并无油污.

4. 油的黏度随温度的改变发生显著的变化,因此在实验中不要用手接触圆管.

5. 选定刻线 A 的位置时,应保证小球在通过 A 之前已达到它的收尾速度.

6. 测温时应从管外观察,不得提起或转动温度计,以避免扰动液体,产生气泡,影响小球下落.

[**思考题**]

1. 多管落球法测黏度是如何实现无限广延条件的?

2. 用同一直径的小球,在同一台仪器上多次测量,发现 η 值都较接近,但与公认值偏低较多,试分析原因.

3. 小球在液体中的下落时间为什么不从液面开始计时,而要距液面一定的距离开始计时?

4. 若实验中未调节圆管轴线竖直,对实验结果有何影响?

5. 观察小球通过刻线 A、B 时,应如何避免视差?

实验 18　声速的测量（超声波）

声波是一种在弹性介质中传播的机械波，它是纵波，其振动方向与传播方向一致. 声速是描述声波在介质中传播特性的一个基本物理量，它与介质的特性及状态因素有关，因而通过介质中声速的测定，可以了解介质的特性或状态变化，这种方法在现代检测中应用非常广泛.

频率低于 20 kHz 的声波称为次声波；频率在 20 Hz~20 kHz 的声波可以被人听到，称为可闻声波；频率在 20 kHz 以上的声波称为超声波. 超声波的传播速度就是声波的速度. 由于超声波具有波长短、易发射、能定向传播等优点，在超声波段进行声速测量是比较方便的. 实验中通常利用压电换能器来进行超声波的发射和接收.

［实验目的］

1. 学习共振干涉法和相位比较法测定声速的原理及方法. 加深对驻波及振动合成等理论知识的理解.

2. 了解压电换能器的工作原理和功能，进一步熟悉信号发生器、示波器的使用.

3. 练习使用逐差法处理数据.

［实验仪器］

声速测定仪，低频信号发生器，示波器，温度计.

［实验原理］

在波动过程中波速 v、波长 λ 和频率 f 之间存着下列关系：

$$v = f\lambda$$

实验中可通过测定声波的波长 λ 和频率 f 求得声速. 本实验用低频信号发生器驱动换能器，故信号发生器的输出频率就是声波的频率. 而声波的波长可以用驻波法（共振干涉法）及行波法（相位比较法）进行测量.

1. 用共振干涉法（驻波法）测波长

如图 1-18-1 所示，S_1，S_2 为压电换能器，两者相互平行. S_1 作为超声波源，信号发生器发出的信号接入压电换能器后，换能器发出一平面超声波. S_2 作为超声波的接收器，将接收的声压转换成电信号后，输入示波器进行观测. S_2 在接收超声波的同时还反射一部分超声波，于是由 S_1 发出的超声波和 S_2 反射的超声波在 S_1、S_2 之间相互干涉形成驻波. 移动接收器 S_2，改变接收器 S_2 与波源 S_1 之间的距离 x，在一些特定的距离时，空气中出现稳定的驻波共振现象. 此时 x 等于半波长的整数倍，驻波的幅度达到极大；在接收器上的声压波腹也相应地达到极大值. 通过压电转换，产生的电信号的电压值也最大（示波器显示波形的波腹值最大）. 相邻两次接收信号极大值之间的距离为 $\lambda/2$，因此若保持频率不变，通过

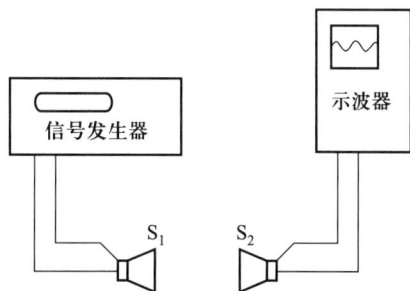

图 1-18-1　共振干涉法测量声速原理图

测量相邻两次接收信号达到极大值时接收面之间的距离 Δx，即可求出波长 $\lambda = 2\Delta x$，从而计算出声速.

在实际测量中，为了提高测量精度，可以连续多次测量并用逐差法处理数据.

2. 用相位比较法(行波法)测波长

声波是振动状态的传播，在声波传播方向上任何一点和波源之间都存在相位差，相位差 ϕ 和声波频率 f、波速 v 和传播距离 L 之间的关系为

$$\phi = \omega t = 2\pi f L / v = 2\pi L / \lambda \qquad (1\text{-}18\text{-}1)$$

如图 1-18-2 所示，将 S_1 和 S_2 的正弦电压信号分别输入示波器的 X 信道和 Y 信道，在示波器上可以观察到两个相互垂直的同频率简谐振动合成的李萨如图形. 改变 S_1，S_2 之间的距离时，相位差发生变化，李萨如图形的形状也随着改变. S_1、S_2 之间的距离 L 每改变一个波长 λ，相位差就改变 2π，相同的李萨如图形就会重复出现(见图 1-18-3). 由此可以测定 λ，算出声速.

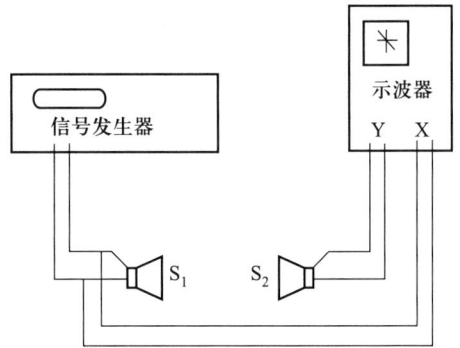

图 1-18-2　相位法测量声速原理图

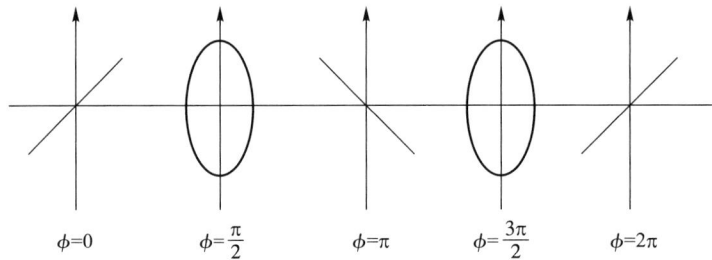

图 1-18-3　李萨如图

[仪器说明]

超声波的发射和接收都需要换能器，换能器的作用是将其他形式的能量转化成超声波的能量(发射换能器)或将超声波的能量转化为其他可以检测的能量(接收换能器). 最常用的是压电换能器. 压电晶体或压电陶瓷等压电材料受到应力的作用时会在材料内产生电场，这种现象称为压电效应. 压电换能器接收超声波信号，使之转换为电信号，从而将机械能转化为电能，就是利用压电效应的原理. 当超声波频率与系统固有频率一致时，电信号最强. 压电材料在交变电场的作用下会周期性地压缩和伸长，当外加电场的频率和压电体固有频率相同时振幅最大. 发射换能器利用逆压电效应就可以将电能转化成超声振动能，在周围介质中激发超声波. 压电换能器在声、电转换过程中信号频率保持不变.

[实验内容]

1. 连接及调试声速测量系统

按图 1-18-2 连接信号源、声速测定仪及示波器，接通仪器电源，使仪器预热 15 min 左右.

观察 S_1 和 S_2 是否平行.

2. 谐振频率的调节

根据测量要求初步调节好示波器. 将信号源输出的正弦信号频率调节到换能器的谐振频率,以使换能器发射出较强的超声波,能较好地进行声能与电能的相互转化,方法如下:

(1) 将测试方式设置到连续方式,按下 CH1 开关,调节示波器,能清楚地观察到同步的正弦信号.

(2) 调节信号源上的"发射强度"旋钮,使其输出电压在 20 V_{p-p} 左右,将 S_1 和 S_2 靠近,按下 CH2 开关,调整信号频率,观察接收波的电压幅度变化,在某一频率处(34.5~39.5 kHz 之间,因不同的换能器或介质而异)电压幅度最大,改变 S_1、S_2 的距离,使示波器的正弦波振幅最大,再次调节正弦信号频率,直至示波器显示的正弦波振幅达到最大值,此频率即压电换能器 S_1、S_2 相匹配的频率点,记录此频率 f.

3. 共振干涉法测声速

调节 S_2 靠近 S_1 但不能接触. 由近而远改变 S_2 的位置,同时观察示波器,记录相继出现 12 个振幅极大值所对应的各接收面的位置 $x_i(i=0,1,2,\cdots,11)$,用逐差法处理数据,求出波长 λ.

4. 相位比较法测声速

(1) 在共振干涉法实验的基础上,将示波器打到 X-Y 显示方式,适当调节示波器,显示屏上出现李萨如图形.

(2) 移动 S_2 并观察示波器上李萨如图形的变化,选择图形为某一方向的斜线时的位置为测量的起点,连续记录 12 组图形为相同方向斜线时 S_2 的位置 $x_i'(i=0,1,2,\cdots,11)$. 同样用逐差法处理数据,求出波长 λ.

(3) 记录实验室温度 T.

[实验数据记录及处理]

1. 自拟表格记录所有的实验数据,表格的设计要便于用逐差法求相应位置的差值和计算 λ.

2. 计算出通过两种方法测量的声速 v,并写出测量结果.

3. 按 $v_s = v_0\sqrt{\dfrac{T}{T_0}}$ 计算声速的理论值 v_s,其中 $T_0 = 273.15$ K,$v_0 = 331.45$ m/s. 将测量值与其比较,得出百分误差.

[注意事项]

1. 示波器电源打开后可连续使用,不要时开时关,以免对仪器造成损害,暂时不用时可将辉度调暗. 辉度过大时对荧光屏寿命会有影响.

2. S_1、S_2 两端面应平行;信号源电源打开后,S_1 与 S_2 不准接触.

3. 换能器系统的谐振频率的调节,应先粗调后细调,调好后不可再改变,否则就必须重新测量数据.

4. 测量波长时,需要注意的是应在振幅最大或李萨如图直线状态下进行测读;读数时应预先估测波形最大或重合的位置,然后进行精细调节,不可来回旋转鼓轮,以避免回程误差.

5. 由于声波在传播过程中有能量损失,因而随着接收端面 S_2 逐渐远离发射端面 S_1,驻波的振幅也是逐渐衰减的,但波腹、波节的位置并不会改变,因而,不影响对波长的测量. 只是需要注意的是每次移动接收器时,一定要移到各个幅度为相对最大处,停止移动后再读数.

[思考题]

1. 为什么发射换能器的发射面与接收换能器的接收面要保持互相平行?

2. 本实验为什么要在谐振频率条件下进行声速测量? 如何调节和判断系统是否处于谐振状态?

3. 本实验中的驻波是怎样形成的?

4. 若固定两换能器之间的距离,改变频率,能否测出声速? 为什么?

5. 在相位比较法中,调节哪些旋钮可改变直线的斜率? 调节哪些旋钮可改变李萨如图形的形状?

6. 采用逐差法处理数据的优点是什么?

实验 19　固体比热容的测量(混合法)

[实验目的]

1. 掌握基本的量热方法——混合法.
2. 测定金属的比热容.
3. 学习一种修正散热的方法.

[实验仪器]

量热器,温度计(0.1 ℃),物理天平,秒表,加热器,小量筒,待测物(金属块).

[装置介绍]

量热器如图 1-19-1 所示,它由将导体做成的内筒置于一个较大的外筒中组成,通常在内筒中放水、温度计及搅拌器. 内筒、水、温度计和搅拌器的热容可以计算出或实验测得. 量热器内筒置于一绝热架上,外筒用绝热盖盖住,因此空气与外界对流很小,又因空气是不良导体,所以内、外筒间由热传导方式传递的热量便可以减至很小. 同时由于内筒的外壁及外筒的内壁都镀得十分光亮,使得发射或吸收的热辐射变得很小,所以实验的系统和环境之间因辐射而产生的热量传递也可以减小. 因此,该实验系统可近似认为是一个孤立系统.

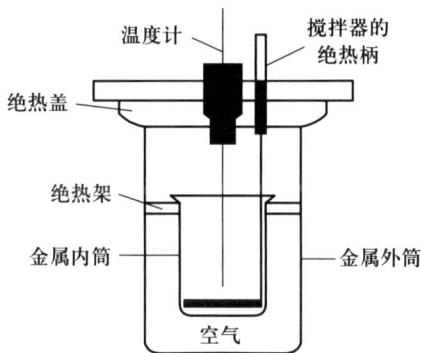

图 1-19-1　量热器

[实验原理]

混合法测比热容

温度不同的物体混合之后,热量从高温物体传递给低温物体. 若在混合过程中,物体与外界无热量交换,最后将达到一个稳定的平衡温度. 这期间,高温物体放出的热量等于低温物体吸收的热量,这种现象称为热平衡原理. 将质量为 m_x 温度为 T_1,比热容为 c_x 的金属块,投入量热器内筒中(设其与搅拌器的热容量为 C_1). 量热器的内筒装入水的质量为 m_0,其比热容为 c_0,初温为 T_2,与金属块混合后的温度为 T_3,温度计插入水中部分的热容量设为 C_2. 根据热平

衡原理,列出平衡方程:

$$m_x c_x (T_3 - T_1) = (m_0 c_0 + C_1 + C_2)(T_2 - T_3) \tag{1-19-1}$$

由此可得金属块的比热容:

$$c_x = \frac{(m_0 c_0 + C_1 + C_2)(T_2 - T_3)}{m_x(T_3 - T_1)} \tag{1-19-2}$$

量热器和搅拌器多由相同物质制成,查表可求得其比热容 c_1,并算出 $C_1 = m_1 c_1$,m_1 是量热器的内筒和搅拌器的总质量;而 $C_2 = 1.9\ V(\mathrm{J \cdot ℃^{-1}})$,$V$ 是温度计插入水中的体积,单位是 cm^3. 只要测出 m_0、m、T_1、T_2、T_3 的值,则可由(1-19-2)式求得待测金属块的比热容 c_x.

在上述混合过程中,实际上系统总要与外界交换热量,这就破坏了(1-19-1)式的成立条件. 为消除热量交换的影响,需要采用散热修正. 本实验中热量散失的途径主要有三个方面. 第一,若用先加热金属块投入量热器的混合法,则投入前有热量损失,且这部分热量不易修正,只能用尽量缩短投放时间的方法来解决. 第二,将室温的金属块投入盛有热水的量热器中,混合过程中量热器向外界散失热量,由此造成了混合前水的温度与混合后水的温度不易测准. 为此,绘制水的 $T\text{-}t$ 曲线,根据牛顿冷却定律来修正温度,方法如下:若在实验中作出水的 $T\text{-}t$ 曲线如图 1-19-2 所示,AB 段表示混合前量热器及水的冷却过程,BC 段表示混合过程,CD 段表示混合后的冷却过程. 通过 G 点作与时间轴垂直的一条直线交 AB、CD 的延长线于 E 点和 F 点,使面积 BEG 与面积 CFG 相等,这样,E 和 F 两点对应的温度就是热交换进行无限快的温度,也就是没有热量散失时,混合前后的初温就是热交换进行无限快的温度,即没有热量散失时混合前后的温度. 第三,量热器表面若有水滴附着,会使其蒸发而散失较多的热量,这可在实验前使用干燥毛巾擦净量热器而避免.

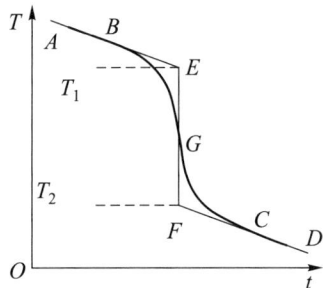

图 1-19-2　温度和时间的关系曲线

[实验内容]

待测金属块与水混合可有多种方法,本实验采用将室温的金属块投入盛有温水的量热器中的混合方法,其散热修正采用上述修正的方法.

1. 测出室温 T_1,测量待测金属块的质量 m_x.

2. 擦净量热器的内筒,称量它和搅拌器的质量 m_1,然后倒入高出室温 $20 \sim 30\ ℃$ 的水,迅速将绝热盖盖好,插入温度计和搅拌器,不断搅动搅拌器,并启动秒表,每隔 1 min 读一次温度数值,在混合前可测量读取数值 8 次(8 min).

3. 把系有细线的金属块迅速投入量热器内,使其悬挂浸没在水中,盖好绝热盖,继续搅动搅拌器,开始每隔 15 s 记录一次温度,2 min 后,每隔 1 min 记录一次,共记录 8 次.

4. 取出量热器的内筒,称其总质量并减去 $m + m_1$,即可得出水的质量 m_0.

5. 小量筒测出温度计浸入水中的体积 V_0.

6. 使用坐标纸,绘制 $T\text{-}t$ 曲线,进行散热修正,确定 T_2、T_3 的数值.

7. 将各个测量数值代入(1-19-2)式,求得 c_x,再根据重复测量的实验值取平均值.

8. 从附表中查出所用金属块的比热容作为标准值,按公式求出实验的相对误差.

[实验数据记录及处理]

前 8 分钟		中间 2 分钟		后 8 分钟	
次	$T/℃$	次	$T/℃$	次	$T/℃$
1		1		1	
2		2		2	
3		3		3	
4		4		4	
5		5		5	
6		6		6	
7		7		7	
8		8		8	

m_0/kg	m/kg	m_1/kg	$C_0/(\text{J}\cdot\text{k}^{-1}\cdot℃^{-1})$	$C_1/(\text{J}\cdot\text{k}^{-1}\cdot℃^{-1})$	V/cm^3

[注意事项]

1. 本实验的误差主要来自温度的测量,因此在测量温度时要特别注意,读数应迅速且要准确(精确到 0.1 ℃).

2. 倒入量热器中的温水不要太少,必须使投入的金属块悬挂浸没在其中.

3. 搅拌时不要过快,以防止有水溅出.

[思考题]

1. 混合量热法的原理是什么? 它的基本实验条件是什么? 如何保证条件的实现?

2. 实验中质量称衡采用了精度较低的物理天平,为什么测量温度却采用了分度值为 0.1 ℃ 的精密水银温度计?

3. 为了提高量热精度,实验中采取了哪些措施?

4. 试分析你在实验中对各参量(如温度、水的质量等)的选取是否得当.

5. 若采用预先加热金属块投入低于室温的水中混合的方法,本实验应怎样设计和进行操作?

实验 20 冰的熔化热的测定

[实验目的]

1. 测定冰的熔化热.
2. 了解粗略修正散热的方法.
3. 学习进行合理的实验安排和参量选择的方法.

[实验仪器]

量热器,温度计,物理天平,秒表,量筒,水杯,冰.

[实验原理]

一定压强下晶体物质熔化时的温度,也就是该物质的固体和液体可以平衡共存的温度,称为该晶体物质在此压强下的熔点. 单位质量的晶体物质在熔点时从固态全部变成液态所吸收的热量,叫做该晶体物质的熔化热.

本实验用混合量热法测定冰的熔化热,把冰与一个热容量为已知的系统混合起来,并达到热平衡,在与外界没有热交换的条件下,冰吸收的热量就等于已知热容量为 C 的系统在实验过程中所传递的热量 Q,因为已知热容量的系统在实验过程中所传递的热量可由温度的变化和热容量 C 计算出来,因而冰的熔化热可据此测定.

把质量为 m,0 ℃的冰和质量为 m,温度为 T_1 的水在量热器内筒里混合,使冰全部熔化为水,平衡时的温度为 T_2,在这个过程中冰吸收热量,全部熔化为水,并在熔化成水后,温度由 0 ℃上升到 T_2;同时,量热器和它所装的水放出热量,温度由 T_1 下降到 T_2. 假定这个过程是在与外界绝热的孤立系统中进行,根据热平衡原理及能量守恒定律知,冰熔化并上升到温度 T_2 所吸收的热量应等于量热器和它所装的水放出的热量. 设冰的熔化热为 l,水的比热容为 c,量热器的内筒与搅拌器的质量为 m_1,比热容为 c_1,则冰吸收的热量为

$$Q_1 = m'l + m'cT_2 \qquad (1-20-1)$$

量热器内筒、搅拌器和水放出的热量为

$$Q_2 = (m_1c_1 + mc)(T_1 - T_2) \qquad (1-20-2)$$

忽略温度计的影响,由热平衡方程 $Q_1 = Q_2$ 得

$$m'l + m'cT_2 = (m_1c_1 + mc)(T_1 - T_2) \qquad (1-20-3)$$

所以

$$l = \frac{(m_1c_1 + mc)(T_1 - T_2)}{m'} - cT_2 \qquad (1-20-4)$$

混合量热法要求实验系统与周围环境之间没有热交换,这在实验中很难做到,除非系统与外界环境的温度在实验过程中时刻保持相同,否则就不可能完全达到绝热要求,因此,在做精密测量时,就需要采用一些方法对系统进行散热修正. 在此,我们介绍一种以控制系统初温和终温以弥补散热影响的方法,该方法是根据牛顿冷却定律来制定的.

在系统与环境的温度差不大时(不超过 $10 \sim 15$ ℃)散热速率与温度差成正比,根据牛顿冷却定律有

$$\frac{\mathrm{d}Q}{\mathrm{d}t} = K(T - T_\theta) \qquad (1\text{-}20\text{-}5)$$

式中,$\mathrm{d}Q$ 是系统散失的热量,$\mathrm{d}t$ 是时间间隔,K 称为散热常量,与系统的表面积成正比并随表面的吸收或辐射热量的本领而变,T 和 T_θ 分别是我们所考虑的系统及环境的温度,$\frac{\mathrm{d}Q}{\mathrm{d}t}$ 称为散热速率,表示单位时间内系统散失的热量.

根据牛顿冷却定律知,当 $T > T_\theta$ 时,$\frac{\mathrm{d}Q}{\mathrm{d}t} > 0$,系统向外散热;当 $T < T_\theta$ 时,$\frac{\mathrm{d}Q}{\mathrm{d}t} < 0$,系统从环境吸热. 我们可以取系统的初温 $T_1 > T_\theta$,终温 $T_2 < T_\theta$,以使整个实验过程中系统与环境间的热量传递前后抵消.

在实验中,冰块刚投入时,水的温度高,冰的有效面积大,熔化快,量热器中水温下降快. 随着冰块的不断熔化,水温逐渐降低,冰熔化就慢了,水温的降低也就慢了. 图 1-20-1 是量热器中水温随时间变化的曲线,系统向外界散失的热量与图中面积 S_A 成正比,系统由外界吸收的热量与面积 S_B 成正比,因此只要 $S_A \approx S_B$,系统对外界的吸热和散热就可以相互抵消. 至于如何控制系统的初温 T_1 和终温 T_2,要依据实验中的具体情况和多次实践确定.

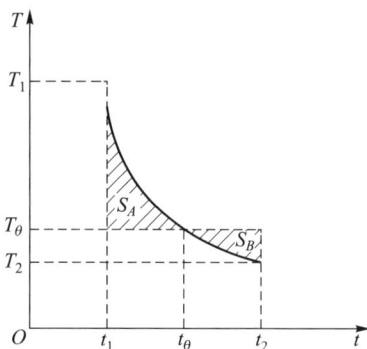

图 1-20-1　补偿法粗略修正散热示意图

[实验内容]

1. 称出量热器内筒和搅拌器的质量 m_1.

2. 内筒中注入适量的热水,水温高出室温一定的温度,并称出内筒、搅拌器和水共同的质量 $m_1 + m$,这个值减去 m_1,即水的质量 m.

3. 将内筒置于外筒内,插好温度计和搅拌器,记下初温 T_1.

4. 取一块冰用吸水纸擦干,小心地将冰迅速投入量筒,不断搅拌,观察温度计示数变化,记录系统的最低温度 T_2.

5. 取出内筒,称衡其质量,把这个质量减去内筒、搅拌器及水的质量,就可得到冰的质量 m'.

6. 将测得的数据代入(1-20-4)式,求出冰的熔化热.

[注意事项]

1. 实验前应先认清温度计的刻度分布,读数要迅速准确. 使用温度计要小心,勿折断.

2. 投放冰前要将冰上的水擦干,投放时既要迅速又要仔细,不要将水溅出.

3. 冰投入水后要不断轻轻搅拌,并仔细观察最低温度,因为环境温度比最低温度高,所以温度在降到最低点后,又会慢慢升高.

[**思考题**]

1. 量筒内装水量的多少如何考虑？过多或过少会对实验有什么影响？

2. 水的初温选得太高或太低有什么不好，为什么？

3. 系统的终温由什么决定？

4. 测量温度时为什么要用搅拌器不断地轻轻搅拌？

实验 21 表面张力系数的测定（拉脱法）

［实验目的］

1. 用拉脱法测量室温下水的表面张力系数.
2. 学习约利秤的使用方法.

［实验仪器］

约利秤, 金属框及线, 砝码, 玻璃皿, 温度计, 游标卡尺, 蒸馏水.

［装置介绍］

约利秤如图 1-21-1 所示, 是弹簧秤的一种, 也称焦利秤. 它的主要部分是立柱 A 和有毫米刻度的圆柱 B. 在 A 柱的上端固定一游标 V, B 上挂一弹簧 D. 转动旋钮 E 可以使 B 和 D 升降. G 为带有平面镜的挂钩, 镜面上有一标线. P 为标有横线的玻璃管. 实验时, 使玻璃管 P 的横线及其在平面镜中的像以及镜面标线三者始终重合, 这样可保持 G 的位置不变. H 为平台, 放有玻璃皿, 它可由螺旋 S 升降, 在升降时平台不转动. I_1、I_2 为秤盘.

普通弹簧秤是上端固定, 在下端加负载后则弹簧向下伸长. 约利秤则与之相反, 它是控制弹簧下端 (G) 的位置保持一定, 加负载后, 则向上拉伸弹簧. 设在力 F 作用下弹簧伸长量为 L, 则根据胡克定律, 可知

$$F = kL$$

式中, k 为弹簧的弹性系数, 它表示弹簧伸长单位长度时作用力的大小, 单位为 $N \cdot m^{-1}$.

约利秤上常附有几个 k 值不同的弹簧, 可根据实验时所测力的最大值及测量精密度的要求而选用弹性系数恰当的弹簧. 在测量固体或液体密度、表面张力的实验中常使用约利秤. 弹簧下设两个秤盘就是测量密度用的.

使用时先调底脚螺丝 J_1、J_2 使弹簧下的吊线正好通过 P 的孔的中间.

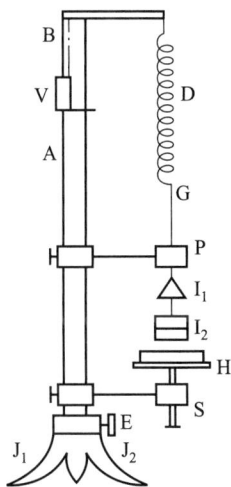

图 1-21-1 实验装置图

［实验原理］

液体的表面有如张紧的弹性薄膜, 都有收缩的趋势, 所以液滴总是趋于球形, 图 1-21-2 中的肥皂薄膜, 如果从中心将膜刺破, 由于膜的收缩, 线会被拉成圆形. 这说明液体表面有如紧张的弹性薄膜, 在表面内存在一种张力. 这种液体表面的张力作用, 从性质上看, 类似固体内部的拉伸胁强, 只不过这种胁强存在于极薄的表面层内, 而且不是由弹性形变引起的, 被称为表面张力.

设想在液面上作一长为 l 的线段, 则张力的作用表现在线段两侧液面以一定的力 F 相互

作用,而且力的方向恒与线段垂直,其大小与线段长度 l 成正比,即

$$F = \gamma l \tag{1-21-1}$$

比例系数 γ 称为液体的表面张力系数,它表示单位长度线段两侧液体的相互作用力. 表面张力系数的单位为 $N \cdot m^{-1}$.

如图 1-21-3 所示,在一金属框 P 中间拉一金属细线 ab,将框及细线浸入水中后慢慢地将其拉出水面,在细线下面将带起一张水膜,当水膜将被拉直时,有

$$F = W + 2\gamma l + ldh\rho g \tag{1-21-2}$$

式中,F 为向上的拉力,W 是框和细线所受重力和浮力之差,l 为金属细线的长度,d 为细线的直径即水膜的厚度,h 为水膜被拉断前的高度,ρ 为水的密度,g 为重力加速度. $ldh\rho g$ 为水膜的重量,由于细线的直径 d 很小,所以这一项不大. 水膜有前后两面,所以此式中表面张力为 $2\gamma l$. 从(1-21-2)式可得

$$\gamma = \frac{(F-W) - ldh\rho g}{2l} \tag{1-21-3}$$

本实验用约利秤测量 $(F-W)$ 之值,用上式计算表面张力系数 γ 之值.

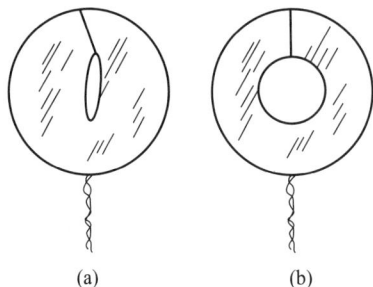

图 1-21-2 肥皂薄膜

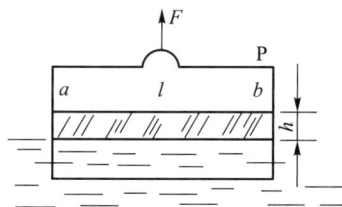

图 1-21-3 拉起水膜的金属框

[实验内容]

1. 测量弹簧的弹性系数 k

如图 1-21-1 所示,弹性系数为 $0.2 \sim 0.3 \ N \cdot m^{-1}$ 的弹簧挂在约利秤上,调节支架的底脚螺丝,使十字线的竖直线穿过平面镜支架上小圆孔的中心,这时弹簧将与 A 柱平行.

在秤盘上加 0.5 g 砝码,旋转 E 使弹簧上升,当 G 的横线、横线的像及镜面标线三者相重时停止旋转(以下称三者相重合时 G 的位置为零点). 用游标读出标尺的值 L,以后每增加 0.50 g 砝码测一次 L,直至加到 3.50 g 后再逐次减下来,将数据按所加砝码的多少分成两组,用分组求差法,求出弹性系数 k 的值.

2. 测量 $(F-W)$ 和 h

(1)旋转 E 使金属框 P 下降,P 上的金属细线 ab 刚要和玻璃皿 H 中的水面接触,从主柱上的游标 V 读出 B 柱上的刻度值为 L_0,旋转 S 使 H 中水面上升到金属细线 ab 处(ab 和水面刚好相平). 再旋转 E,轻轻向上拉起弹簧直到水膜破坏为止,再读游标 V 处 B 柱的值为 L,则两次读数的差值 $(L-L_0)$,等于拉起水膜时弹簧的伸长加上水膜的高度,即

$$F - W = [(L - L_0) - h]k \tag{1-21-4}$$

重复若干次,求出($L-L_0$)的平均值.

（2）用一细长金属杆代替弹簧,同上述步骤去做拉断水膜的操作,这时的两次读数 L' 和 L'_0 之差等于水膜高度 h,即

$$h = L'-L'_0 \tag{1-21-5}$$

重复测量,求出($L'-L'_0$)的平均值.

3. 测量金属细线 ab 的长度 l 及直径 d.

4. 计算水的表面张力系数 γ 及标准不确定度. 注明实验时的水温.

5. 用拉平法测量 γ.

拉平法就是在细线 ab 浸入水中后,提升弹簧到细线 ab 的下面刚好与水面相平（即通过平面镜成像原理,细线 ab、细线 ab 在水面上方的像和水面三者重合）时为止,从主柱上的游标 V 读出 B 柱上的刻度值为 L_0,再旋转 E,轻轻向上拉起弹簧直到水膜破坏为止,再读游标 V 处 B 柱之值为 L. 再用一细长金属杆代替弹簧,同上述步骤去做拉断水膜的操作.

［实验数据记录及处理］

1. 测量弹簧的弹性系数 k

m/g	0.5	1.0	1.5	2.0	2.5	3.0	3.5	3.0	2.5	2.0	1.5	1.0	0.5
L/cm													

2. 测量($L-L_0$)

测量次数	1	2	3	4	5
L_0/cm					
L/cm					

3. 测量($L'-L'_0$)

测量次数	1	2	3	4	5
L'_0/cm					
L'/cm					

4. 测量细线 ab 的长度 l 及直径 d.

$l = $ _____ mm, $d = $ _____ mm.

［注意事项］

1. 水的表面若有少许污染,其表面张力系数将有明显的变化,因此,玻璃皿中的水及金属细线必须保持洁净,不许用手触摸玻璃皿的内侧和金属框,也不要用手触及水面. 每次实验前要用酒精擦拭玻璃皿和金属框,并用蒸馏水冲洗.

2. 测表面张力时,动作要慢,又要防止仪器受震动,特别是水膜要破裂时.

[**思考题**]

1. 为使测出的表面张力系数 γ 能有三位有效数字,对所用弹簧的弹性系数应有何要求?

2. 针对实验过程中所使用的金属框,试分析两种测量表面张力系数 γ 的方法中,哪一种方法误差更小,并说明原因.

实验 22　导体导热系数的测定

[实验目的]

1. 用稳定流动法测定导体的导热系数.
2. 学习用温差电偶测量温度的方法.

[实验仪器]

导热系数测定仪,热电偶(铜-康铜),多量程数字电压表,导体样品,杜瓦瓶,游标卡尺,螺旋测微器.

[装置介绍]

导热系数测定仪是用稳态法测不良导体、金属、空气等多种材料导热系数的实验仪器.本仪器主要由三个部分组成:热源(电热管和加热铜板)、样品架(样品支架和样品板)、测温部分(铜-康铜热电偶和数字电压表).在使用中,样品架的三个螺旋测微头是用来调节散热盘和圆筒加热盘之间的距离和平整度的.除测量金属样品时不用圆筒前固定轴固定外,其他如测橡皮和空气的导热系数时,均将圆筒前的固定轴对准样品支架上的圆孔插入,并用螺母旋紧.具体步骤是:先旋下螺母,将加热圆筒放下,使固定轴穿过圆孔,再将螺母旋上并拧紧,最后固定圆筒后的紧固螺钉,从而由三个螺旋测微头来调节平面和待测样品厚度.电热管电源输入端接在调压开关上,轴流风扇电源电压220 V,可直接插入市电插座.数字电压表一般选用20 mV挡.

本实验装置如图 1-22-1 所示,固定于底上的三个螺旋测微头支撑着一个铜散热盘 P,在散热盘 P 上,安放一个待测的样品圆盘 B,B 上再安放一个圆筒发热体,圆筒发热体由电热管提供热源,实验时一方面发热体底盘 A(发热盘)直接将热量通过样品圆盘上平面传入样品,另一方面散热盘 P 通过冷却电扇有效稳定地散热,使传入样品圆盘的热量不断往样品圆盘的下平面散出,当传入的热量等于散出的热量时,样品处于稳定导热状态,这时发热盘 A 与散热盘 P 的温度为一定的数值.

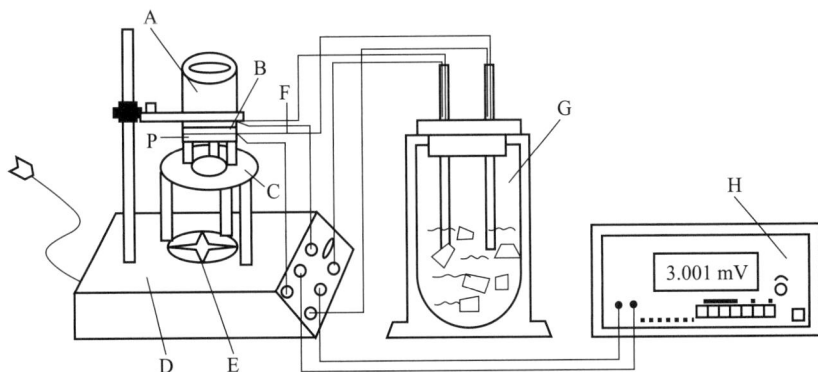

图 1-22-1　稳态法测定导热系数实验装置图

121

当待测样品为空气层时,可利用测片调节三个螺旋测微头使散热盘与加热盘相距一定的距离 h,此即待测空气层的厚度.

［实验原理］

有一厚薄均匀的导体样品圆盘,上平面与发热盘接触(温度高),下平面与散热盘接触(温度低),则热量将从高温面流向低温面. 在加热一段时间后,若样品圆盘上各处的温度不变(但不同横截面的温度不同,存在温度差),而且向样品圆盘侧面散失的热量可以忽略,则在相等的时间内,通过样品圆盘各横截面的热量应该相等. 当样品圆盘各截面有热量通过,但各处温度保持不变时,就称为达到了传热稳态. 在稳定流动状态下,样品圆盘与外界的热交换为零,即上平面从发热盘吸收的热量等于下平面向散热盘放出的热量.

法国数学家、物理学家约瑟夫·傅里叶推导出了测定导热系数的导热方程. 该方程指出,在物体内部垂直于导热方向上,两个相距为 h,面积为 A,温度分别为 θ_1、θ_2 的平行平面,在时间 Δt 内,从一个平面传到另一个平面的热量 ΔQ 满足下述表达式:

$$\frac{\Delta Q}{\Delta t} = \lambda \cdot A \cdot \frac{\theta_1 - \theta_2}{h} \qquad (1-22-1)$$

式中,λ 定义为该物质的导热系数,亦称热导率. 由此可知,导热系数——表示物质热传导性能的物理量,其数值等于两相距单位长度的平行平面上,当温度相差一个单位时,在单位时间内,垂直通过单位面积所流过的热量.

对于样品圆盘,上平面传入的热量与由散热盘向周围环境散热的速率相等(即 $\frac{\Delta Q}{\Delta t} = \frac{\Delta Q'}{\Delta t}$),而 $\frac{\Delta Q'}{\Delta t} = mc\frac{\Delta\theta}{\Delta t}$,$A = \pi R^2$,所以

$$\lambda = mc\frac{\Delta\theta}{\Delta t}\bigg|_{\theta=\theta_2} \cdot \frac{1}{\pi R^2} \cdot \frac{h}{\theta_1 - \theta_2} \qquad (1-22-2)$$

导热系数的 SI 单位(瓦特每米开尔文)的符号为 W/(m·K).

导热系数的量纲为

$$[\lambda] = \frac{[Q][h]}{[A][t][\Delta\theta]} = \frac{L^2 MT^{-2} \cdot L}{L^2 \cdot T \cdot \theta} = LMT^3\theta^{-1}$$

导热系数过去常用的非 SI 单位是国际蒸汽表卡每秒厘米开(尔文):cal/(s·cm·K),它与 SI 单位的换算是:1 cal/(s·cm·K) = 418.68 W/(m·K).

材料的结构变化与杂质多寡对导热系数都有明显的影响. 同时,导热系数一般随温度而变化,所以实验时对材料成分、温度等都要一并记录.

［实验内容］

1. 按图 1-22-1 连接线路. 注意:连线路时,各仪器均需断开电源;数字电压表的极性要与所连线路中温差电偶的极性对应;接地线必须接地.

2. 将数字电压表调零,并调节旋钮使发热盘、导体样品和散热盘完全重合并紧密接触,但切勿使样品圆盘变形.

3. 测量传热稳态时导体样品上下平面的温度 θ_1、θ_2.

（1）为缩短加热时间,可先将电热管电压打在 220 V 挡.

（2）待 θ_1 对应电压示数为 4.00 mV 时即可将电压开关拨至 110 挡.

（3）待 θ_1 降至电压示数为 3.50 mV 左右时,通过手动调节电热管电压 220 V、110 V 和 0 V 挡,使 θ_1 对应电压读数在 ±0.03 mV 范围内,同时每隔 2 min 记下样品上下平面的温度 θ_1 和 θ_2 的数值.（注意:由于发热盘和散热盘都是铜制的导体,所以样品上下平面的温度 θ_1 和 θ_2 可利用温差电偶间接测量得到.）

（4）待 θ_2 的数值在 10 min 内不变,即可认为已达到传热稳定状态,记下此时的 θ_1 和 θ_2 的数值.

4. 测量散热速率 $mc\dfrac{\Delta\theta}{\Delta t}\Big|_{\theta=\theta_2}$.

将样品抽去,让发热盘的底面与散热盘直接接触,使散热盘温度上升到比稳态 θ_2 时电压示数高出 1 mV 左右时,再将发热盘移开,覆上样品,让散热盘冷却电扇处于工作状态,每隔 30 s 读一下散热盘温度所对应的电压表示数. 取邻近 θ_2 的温度数据所对应的电压表示数,求出散热盘在 θ_2 的冷却速率 $\dfrac{\Delta\theta}{\Delta t}\Big|_{\theta=\theta_2}$,则 $mc\dfrac{\Delta\theta}{\Delta t}\Big|_{\theta=\theta_2}=\dfrac{\Delta Q}{\Delta t}$ 就是散热盘在 θ_2 时的散热速率 $mc\dfrac{\Delta\theta}{\Delta t}\Big|_{\theta=\theta_2}$. m 为散热盘的质量,c 为铜的比热容.

5. 测量样品圆盘的直径 D 和厚度 h.

6. 将各测量数值代入（1-22-2）式计算,得到不良导体橡皮圆盘的导热系数,并确定其标准不确定度.

[注意事项]

1. 使用前将加热盘与散热盘表面擦干净,样品圆盘两端面擦净后涂上少量硅油. 发热盘侧面和散热盘侧面都有供安插热电偶的小孔,安放发热盘时这两个小孔都应与杜瓦瓶在同侧,以免线路错乱. 热电偶插入小孔时,要抹上些硅油,并插到小孔底部,保证接触良好. 热电偶冷端插入浸于冰水中的细玻璃管内,玻璃管内也要适当涂抹硅油.

2. 在实验过程中,若要移开电热管,就先关闭电源,移开圆筒发热体时,手应拿住固定轴转动,以免烫伤手.

3. 实验结束后,切断电源,保管好测量样品,不要使样品两端面划伤,以致影响实验的精度.

4. 数字电压表示数不稳定时先检查热电偶及各个环节的接触是否良好,并及时加以修理,再检查电压表是否良好.

5. 样品圆盘和散热盘的几何尺寸,可用游标卡尺多次测量取平均值. 散热盘的质量 m,可用物理天平称量.

本实验选用铜-康铜热电偶,温差为 100 ℃ 时,温差电动势约 4.2 mV. 故应配用量程 0～10 mV 的数字电压表,并能测到 0.01 mV 的电压（也可用灵敏电流计串联一电阻箱来替代）.

[思考题]

根据导热系数测定仪的结构简图,分析哪些因素会引入系统误差. 应如何减小系统误差?

实验 23 空气比热容比的测量

[实验目的]

1. 学习用绝热膨胀法测量空气的比热容比 γ.
2. 观察和分析热力学系统的状态和过程特征,掌握实现等值过程的方法.
3. 了解硅压力传感器和电流型集成温度传感器的工作原理,掌握其使用方法.

[实验仪器]

FD-TX-NCD 空气比热容比测定仪,直流稳压电源,电阻箱,数字气压计等.

[实验原理]

1. 测量比热容比的原理

气体受热过程不同,比热容也不同. 气体等容及等压过程的比热容分别称为比定容热容 c_V 和比定压热容 c_p. 定容比热容是将 1 kg 气体在保持体积不变的情况下加热,当其温度升高 1 ℃ 时所需的热量;而定压比热容则是将 1 kg 气体在保持压强不变的情况下加热,当其温度升高 1 ℃ 时所需的热量. 显然,后者由于要对外做功而大于前者,即 $c_p > c_V$.

气体的比热容比 γ 定义为比定压热容 c_p 和比定容热容 c_V 之比,即

$$\gamma = \frac{c_p}{c_V} \tag{1-23-1}$$

测量 γ 的实验装置如图 1-23-1 所示. 我们以贮气瓶内空气作为研究的热力学系统,进行如下实验过程.

(1)首先打开放气活塞 2,贮气瓶与大气相通,再关闭放气活塞 2,瓶内充满与周围空气同温同压的气体.

(2)打开进气活塞 1,用充气球向瓶内打气,充入一定量的气体,然后关闭进气活塞 1. 此时瓶内空气被压缩,压强增大,温度升高. 等待内部气体温度稳定,即达到与周围温度(室温)相同,此时的气体处于状态 I (p_1, V_1, T_0).

(3)迅速打开放气活塞 2,使瓶内气体与大气相通,当瓶内气体压强降到 p_0 时,立即关闭放气活塞 2,有体积为 ΔV 的气体喷泻出贮气瓶. 由于放气过程较快,瓶内保留的气体来不及与外界进行热交换,可以认为是一个绝热膨胀的过程. 在此过程后瓶中保留的气体由状态 I (p_1, V_1, T_0) 转变为状态 II (p_0, V_2, T_1). V_2 为贮气瓶体积,V_1 为保留在瓶中这部分气体在状态 I (p_1, T_0) 时的体积.

(4)由于瓶内气体温度 T_1 低于室温 T_0,所以瓶内气体将慢慢从外界吸热,直至达到室温 T_0,此时瓶内气体压强也随之增大为 p_2,则稳定后的气体状态为 III (p_2, V_2, T_0). 从状态 II →状态 III 的过程可以看成一个等容吸热过程.

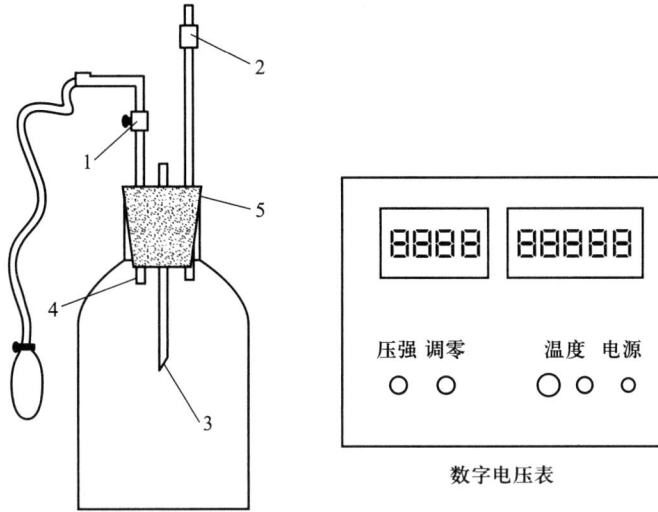

1—进气活塞；2—放气活塞；3—AD590；4—气体压力传感器；5—704胶粘剂

图 1-23-1　实验装置简图

由状态 Ⅰ →状态 Ⅱ →状态 Ⅲ 的过程如图 1-23-2 所示. 状态 Ⅰ →状态 Ⅱ 是绝热过程,由绝热过程方程得

$$p_1 V_1^{\gamma} = p_0 V_2^{\gamma} \tag{1-23-2}$$

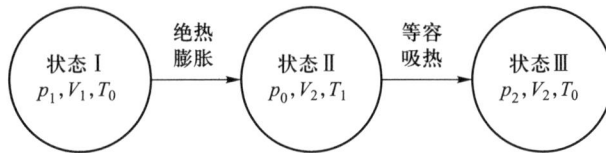

(a)

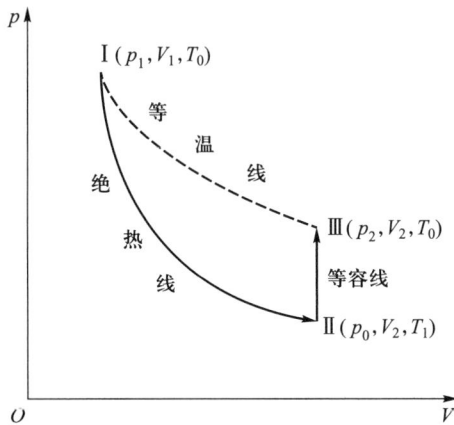

(b)

图 1-23-2　气体状态变化及 $p\text{-}V$ 图

状态 Ⅰ 和状态 Ⅲ 的温度均为 T_0,由气体状态方程得

$$p_1 V_1 = p_2 V_2 \tag{1-23-3}$$

合并(1-23-2)式和(1-23-3)式,消去 V_1、V_2 得

$$\gamma = \frac{\ln p_1 - \ln p_0}{\ln p_1 - \ln p_2} = \frac{\ln p_1/p_0}{\ln p_1/p_2} \tag{1-23-4}$$

由(1-23-4)式可以看出,只要测得 p_0、p_1、p_2 就可求出空气的比热容比 γ.

2. AD590 温度传感器

AD590 是一种新型的电流输出型温度传感器,测温范围为 $-55 \sim 150$ ℃. 当施加 $+4 \sim +30$ V 的激励电压时,这种传感器起恒流源的作用,其输出电流与传感器所处的热力学温度 T(单位为 K)成正比,且转换系数为 $K_c = 1\ \mu A/K$ 或 $1\ \mu A/℃$. 若用摄氏度 t_c 表示温度,则输出电流为

$$I = K_c t_c + 273.15\ \mu A \tag{1-23-5}$$

AD590 输出的电流 I 可以在远距离处通过一个适当阻值的电阻 R 转化为一个电压 U,由 $I = U/R$ 算出 AD590 输出的电流,从而算出温度值.

AD590 温度传感器测量电路如图 1-23-3 所示. 图中 R_1 为取样电阻,其两端电压为 $I_1 R_1$,而($R_2 + R_{w2}$)与 R_3 组成分压电路,R_3 上所分得的电压正好为 273.2 mV,此电压用来补偿 0 ℃ 时流过 AD590 的电流(273.2 μA)在 R_1 上所形成的电压降,以使 0 ℃ 时电压表的示值为零. 不难看出此电路的转换系数为 1 mV/℃,这样数字电压表上显示的数值即代表以℃为单位的温度值. 例如:若环境温度为 30 ℃,调节 R_{w2} 使数字电压表的示值为 30.00 mV.

本实验中采样电阻为 5 kΩ,温度单位为 K,不必考虑对 0 ℃ 时流过 AD590 的电流 (273.2 μA)在采样电阻上所形成的电压降进行补偿. 测量电路如图 1-23-4 所示,转换系数为 5 mV/K 或 5 mV/℃,接 $0 \sim 2$ V 量程四位半数字电压表,可检测到最小 0.02 ℃ 的温度变化.

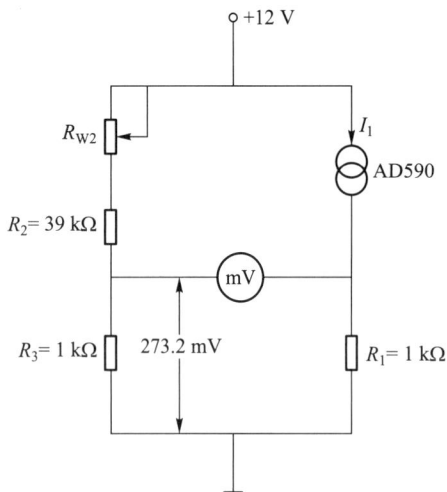

图 1-23-3　AD590 测温(℃)电路

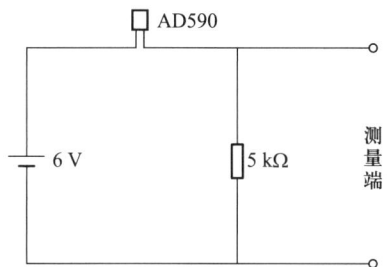

图 1-23-4　AD590 测温(K)电路

3. 扩散硅压阻式压差传感器

本实验使用压差传感器来测量玻璃瓶内气体的压强. 如图 1-23-5 所示,将压差传感器 C 端与瓶内被测气体相连,D 端与大气相通. 给压差传感器提供一恒定的输入电压,当瓶内被测气体的压强发生变化时,传感器的输出电压值相应发生变化. 传感器输出电压和压强的变化为线性关系,如(1-23-6)式和(1-23-7)式所示.

$$U_i = U_0 + K_p(p_i - p_0) \qquad (1-23-6)$$

$$K_p = \frac{U_m - U_0}{p_0} \qquad (1-23-7)$$

式中:p_i 为被测气体压强;

p_0 为大气压强;

U_i 为 C、D 两端压差为 $(p_i - p_0)$ 时传感器的输出电压值;

U_0 为 C、D 两端压差为零时传感器的输出电压值;

U_m 为 C、D 两端压差为 p_0 时传感器的输出电压值.

由此可根据下式求出气体的压强:

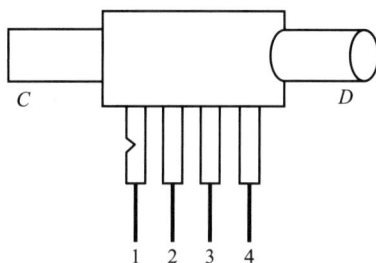

1—电源输入(+);2—信号输出(+);
3—电源输入(-);4—信号输出(-);
图 1-23-5　压差传感器外形图

$$p_i = p_0 + \frac{U_i - U_0}{K_p} \qquad (1-23-8)$$

本实验所用的传感器事先已经厂家标定,当被测气体压强为 $p_0 + 10.00$ kPa 时,数字电压表显示为 200 mV,测量灵敏度为 20 mV/kPa,测量精度为 5 Pa. 由于各只传感器灵敏度不完全相同,故传感器与测定仪不能互换使用!

[实验内容]

1. 按图连接好仪器电路,AD590 温度传感器的正负极请勿接错. 开启电源,将电子仪器预热 10 min,然后用调零电位器调节零点,把三位半数字电压表示值调到 0;

2. 用数字气压计测量大气压强 p_0,用水银温度计测量环境温度 t_0(室温);

3. 关闭放气活塞 2,打开进气活塞 1,用充气球向瓶内打气,使瓶内压强升高 1 000 ~ 2 000 Pa(即数字电压表示值升高 20~40 mV),关闭进气活塞 1. 待瓶中气体温度降到与室温相同且压强稳定时,瓶内气体状态为 $\mathrm{I}\ (p_1, T_0)$. 记下(U_{p_1}, U_{T_0});

4. 迅速打开放气活塞 2,使瓶内气体与大气相通,由于瓶内气压高于大气压,瓶内部分气体将突然喷出,发出"嗤"的声音. 当瓶内压强降至 p_0 时("嗤"声刚结束),立刻关闭放气活塞 2,此时瓶内气体状态为 $\mathrm{II}\ (p_0, T_1)$.

5. 当瓶内气体温度从 T_1 升到室温 T_0,且压强稳定后,此时瓶内气体状态为 $\mathrm{III}\ (p_2, T_0)$. 记下(U_{p_2}, U_{T_0}).

每次测出一组压强值 p_0、p_1、p_2,利用(1-23-4)式计算空气比热容比 γ. 重复 7 次,计算 γ 的平均值. p_1、p_2 的计算公式为

$$p_1 = p_0 + 50 U_{p_1}(\mathrm{Pa})\ ; p_2 = p_0 + 50 U_{p_2}(\mathrm{Pa})$$

[实验数据记录及处理]

$$t_0 = \underline{\hspace{3cm}} \text{℃} \qquad p_0 = \underline{\hspace{3cm}} \text{Pa}$$

测量次数	测量值/mV				计算值		
	状态 I		状态 III		p/Pa		
	U_{p_1}	U_{T_0}	U_{p_2}	U_{T_0}	p_1	p_2	γ
1							
2							
3							
4							
5							
6							
7							

[思考题]

1. 本实验研究的热力学系统是指哪一部分气体？

2. 用抽气的方法测量 γ 是否可行？（1-23-4)式是否适用？

第 2 章
电磁学实验

电磁学实验常用仪器

1. 电源

实验室常用的电源有直流电源和交流电源.

常用的直流电源有直流稳压电源、干电池和蓄电池. 直流稳压电源(见图 2-0-1)大体上是由变压器、晶体管、电阻和电容等电子元件按一定的线路组装而成,它的优点是内阻小,输出功率较大,电压稳定性好,工作时需接到 220 V 的交流电源上,能输出连续可调的直流电压,使用十分方便. 它的主要指标是最大输出电压和最大输出电流,如 DH1718C 型直流稳压电源最大输出电压为 30 V,最大输出电流为 5 A. 干电池的电动

图 2-0-1　双路直流稳压电源

势约为 1.5 V,使用时间长了,电动势下降得很快,而且内阻也会增大. 铅蓄电池的电动势约为 2 V,输出电压比较稳定,储存的电能也比较大,但需经常充电,比较麻烦.

交流电源一般使用 50 Hz 的单相或三相交流电. 市电为每相 220 V,如需用高于或低于 220 V 的单相交流电压,可使用变压器将电压升高或降低.

不论使用哪种电源,都要注意安全,千万不要接错,而且切忌电源两端短接. 使用时应注意电流不得超过额定电流,不得超过电源的额定输出功率. 对直流电源要注意极性的正负,常用"红"端表示正极,"黑"端表示负极,电流从正极流出,经外电路由负极流回. 对交流电源要注意区分相线、零线和地线.

2. 电表

电表的种类很多,有磁电型、电磁型、电动型、静电型等. 其中以磁电型仪表应用最为广泛,它在仪表中占有极其重要的地位.

(1) 磁电型仪表的结构原理

磁电型仪表的基本结构如图 2-0-2 所示.

仪表的测量机构包含固定的部分和活动的部分,磁电型仪表的磁路系统是固定的,它由永久磁铁 1、在其两个极上连接的两个带有圆柱形孔腔的"极掌"2 和孔腔中央固定着的圆柱形软铁芯 3 构成. 这种结构使磁感应线集中于孔腔之中并呈均匀的辐射状,如图 2-0-3 所示. 活动部分则包括通电(活动)线圈和指示器(如指针和转轴等).

通电线圈 4 对称地放置在磁场中,并可绕软铁芯轴线自由地转动,在垂直于圆柱轴线的两个线圈边的中点各连接一个半轴 5,以此把线圈 4 支撑在轴承 6 里,轴上装有指针 7,线圈偏转角的大小由指针在刻度盘 9 上的方位示出.

线圈通以恒定电流 I 后,它将在磁场 $\boldsymbol{B}$ 中受到一个力矩,从图 2-0-3 可以清楚地看到,由于线圈所在的磁场呈均匀辐射状(沿半径方向),故线圈不论转到任何方位,其所受力矩 M_I 的大小均由下式决定:

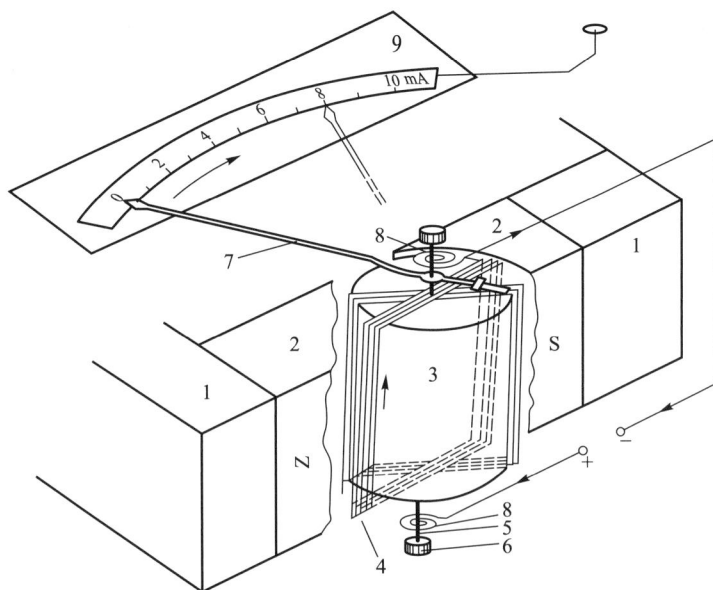

1—永久磁铁;2—极掌;3—圆柱形软铁芯;4—通电线圈
5—半轴;6—轴承;7—指针;8—游丝;9—刻度盘

图 2-0-2　磁电型仪表基本结构图

$$M_I = Fa = 2(BNIab) = BNSI \qquad (2-0-1)$$

式中,a 是线圈宽度的一半,b 为线圈边长,N 为线圈匝数,S 是线圈的面积. 线圈在此力矩作用下发生偏转,假如只有转动力矩的作用,则不论电流大小如何,指针会一直偏转下去,直到刻度盘边缘受阻后才会停止. 为了使偏转角大小和被测电流的大小相对应,就必须有一个反作用力矩与转动力矩相平衡,为此在线圈的两半轴上各连一根螺旋形游丝,游丝一方面产生反作用力矩,同时又兼作把电流引入线圈的引线. 因此当线圈通以电流时,它不仅受到电磁力矩 M_I,而且同时又受到游丝的反作用力矩 M_D 的作用.

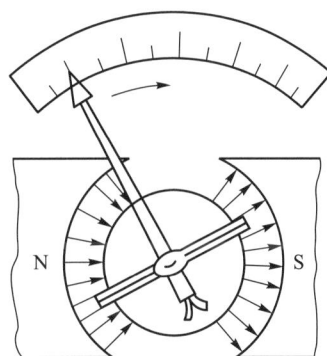

图 2-0-3　磁电型测量机构气隙中的磁场

$$M_D = -Da \qquad (2-0-2)$$

式中,D 是弹性系数,负号表示力矩和转动方向相反. 当线圈转到一定角度时,两力矩相平衡:

$$M_I + M_D = 0$$
$$BNSI = D\alpha$$
$$\alpha = \frac{BNS}{D} I = S_I I \qquad (2-0-3)$$

式中,S_I 是磁电型测量机构的灵敏度,当电表制成后,B、S、N、D 均为定值,则 S_I 为常量.

由(2-0-3)式可以看出,磁电型仪表可用来测量电流以及与电流有关的物理量(即经过变换可以转化为电流的量),因为它的偏转角 α 与通过线圈的电流 I 成正比,所以刻度尺上的刻度是均匀的.

在指针仪表里为了使仪表起始位置在零位,还设有一个"调零器",如图 2-0-4 所示.调零器 5 的一端与游丝 3 相连,如果仪表起始时不在零位,可用螺丝刀轻轻调节露在表壳外面的调零器螺杆 6,使指针处在零刻度位置.

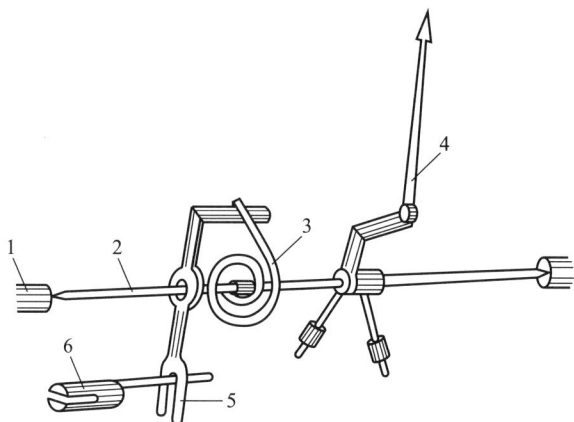

1—宝石轴承;2—轴;3—游丝;4—指针;5—调零器;6—调零器螺杆

图 2-0-4　调零结构图

磁电型测量机构(亦称表头)所能通过的电流往往是很微小的,因为线圈的导线很细,磁电型测量机构用作电流表时,只要被测电流不超过它所能容许的电流值,就可将它与负载相串联进行测量.测量的电流范围一般在几十微安到几十毫安之间,如果要测较大的电流,就必须扩大量程.

（2）常用直流电表

① 直流电流表

直流电流表串联在电路中,用于测量直流电路中电流的大小.磁电型电流表采用分流的方法来实现扩大量程,图 2-0-5 中的 R_S 为分流电阻.在表头两端并联一个分流电阻,分流电阻越小,电流表的量程越大.

在电磁学实验室中我们主要使用 C65 多量程电流表.其主要参量和使用方法如下:

主要参量:量程——在不同挡位时指针满刻度时的电流值.如 0~100 mA,0~5 A,0~50 μA.内阻——内阻越小量程越大,一般安培表内阻在 0.1 Ω 以下,毫安表一般为几欧姆至一两百欧姆,微安表一般为几百欧姆到一两千欧姆.

使用方法:电流表主要用于测量电路中的电流.因此在使用电流表时根据所测量电路中电流的大小选择合适的挡位与量程,当测量电路中的电流大小未知时,应该把电流表的挡位放到该电流表的最大挡,然后把电流表串联在电路中即可.

② 直流电压表

直流电压表由小量程直流电流表串联分压电阻构成不同量程的电压表,如图 2-0-6 所示,它与电路两端并联,用来测量电路两端电压的大小.

在电磁学实验室中我们主要使用 C65 多量程电压表.其主要参量和使用方法如下:

主要参量:量程——在不同挡位时指针满刻度时的电压值,如 0~3 V、0~15 V.内阻——电压表的内阻越大,对被测对象的影响越小.电压表各挡位的内阻与相应电压量程之比为常量,这个常量通常在电压表刻度盘上标明,它的单位为 Ω/V.它是电压表的重要参量.所以

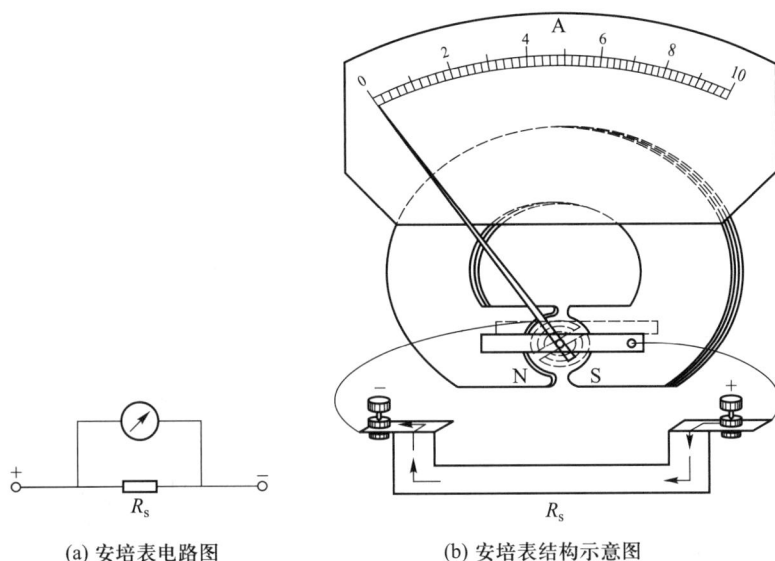

(a) 安培表电路图　　　　　(b) 安培表结构示意图

图 2-0-5　电流表

$$内阻 = 量程 \times V/\Omega$$

例如:量程为 100 V 的电压表,其每伏电压上的电阻(单位:欧姆)为 10 000 Ω/V,则内阻为 1 000 kΩ.

③ 检流计

检流计是检测微弱电流的高灵敏度的机械式指示电流表,用作电桥和电势差计中的零点指示器,也可用于测量弱电、电压和电荷等,主要有磁电式检流计、光电放大式检流计、冲击检流计、振动检流计和振子等.实验室常用的指针式直流检流计如图 2-0-7 所示.

相较其他实验用电流表而言,检流计的量程更小,灵敏度更高,所以使用时通常从大量程到小量程变化,并配合使用"点触式"连通方法,这样可使检流计工作电流不超出量程而出现烧表情况,从而起到保护检流计的作用.

④ 万用表

万用表是实验室常用的一种仪表,可用来测量交直流电压、交直流电流、电阻等,还可用于检查电路和排除电路故障.万用表主要由磁电型测量机构(亦称表头)和转换开关控制的测量电路组成.实际上它是根据改装电表的原理,将一个表头分别连接各种测量电路而改成的多量程的电流表、电压表及欧姆表,是既能测量直流还能测量交流的复合表,如图 2-0-8 所示.

万用表中电压、电流、电阻的示值合用一个表头,表盘上有相应于测量各种量的几条刻度尺.表头用于指示被测量的数值,测量线路的作用是将各种被测量转换到适合表头测量的直流微小电流,转换开关用来实现对不同测量线路的选择,以适应各种测量的要求.表盘上按万用表的功能有各种不同的刻度,以指示相应的值,如电流值、电压值(有交、直流之分)及电阻值等.对于某一被测量一般分成大小不同的几挡,测量电阻时每挡对应不同的倍率.每挡标明的是它相应的量程,即使用该挡测量时所允许的最大值,而各种量、各种不同的量程所对应的测量电路均通过转换开关实现和表头的连接.所以测量时可通过转换开关实现对不同测量线路的选择,以适应各种测量的要求.

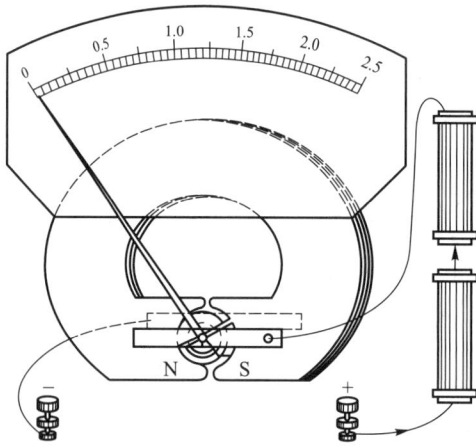

(a) 电压表结构示意图

(b) 电压表电路图

图 2-0-6　电压表

图 2-0-7　直流检流计

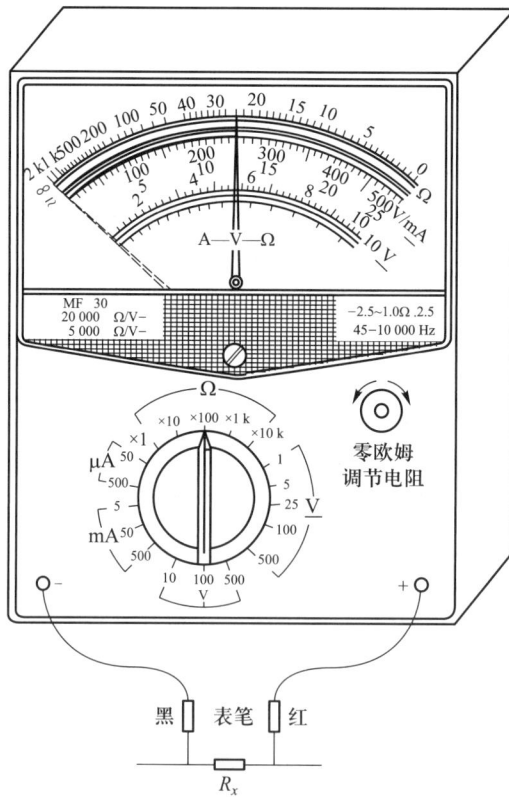

图 2-0-8　MF-30 型万用表外形图

直流电流表、电压表前面已讨论过,下面介绍欧姆表的简单原理. 欧姆表测量电阻的简单原理如图 2-0-9 所示.

表头、干电池 E、可变电阻 R_0 及待测电阻 R_x 串联构成回路,电流 I 通过表头即可使表头指针偏转,其值为

$$I = \frac{E}{R_g + R_0 + R_x} \qquad (2\text{-}0\text{-}4)$$

由(2-0-4)式可知,在电池电压一定的条件下,指针偏转和回路的总电阻成反比,当被测电阻 R_x 改变时,电流就发生变化,表头的指针位置也有相应的变化,可见表头的指针位置与被测电阻的大小是一一对应的,如果表头的刻度尺按电阻刻度,这样就可以直接用来测量电阻了. 被测电阻 R_x 越大,回路电流越小,指针的偏转越小,当 R_x 为无穷大时(即表笔 a、b 两端开路),则 $I=0$,表头指针偏转为零,因此欧姆表的刻度尺刻度与电流表、电压表的刻度尺刻度方向相反. 由于工作电流 I 与被测电阻 R_x 不是正比关系,所以电阻的刻度尺的分度是不均匀的,如图 2-0-8 所示.

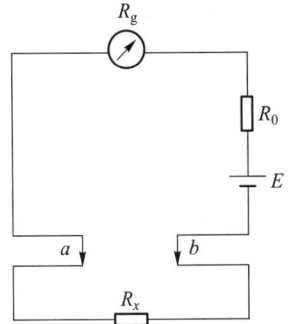

图 2-0-9　欧姆表基本原理图

由于电池的电动势会渐渐下降,这样就会造成较大的测量误差,故这种结构形式的欧姆表都设有"零欧姆"调整电路,使用时必须将表笔两端短路(即 $R_x=0$),调节"零欧姆"旋钮,使指针指向满刻度,即指针指向 $0\ \Omega$ 处. 每次改变欧姆表的量程后,都必须重新调节"零欧姆"旋钮.

使用万用表时应注意以下几点:

(a) 首先要确定需测什么物理量. 切勿用电流挡、欧姆挡测量电压.

(b) 正确选择量程. 如果被测量的大小无法估计,应选择量程最大的一挡,以防仪表过载,若偏转过小,则将量程变小,直至选择偏转角尽量大而未超限的量程.

(c) 测量电路中的电阻时,应将被测电路的电源切断.

(d) 用万用表测量电阻时,应在测量前先校正电阻挡的零点,在更换量程后也需重新调零,否则读数会不准确.

(e) 万用表用毕,应将旋钮调到交流电压最大挡或调到空挡(有的万用表旋钮调至空挡"·"处),以免下次使用时不慎损坏电表,特别应注意的是不要置于各欧姆挡,以免表笔两端短路,致使电池长时间通电.

用万用表检查电路故障:

检查电路的故障,就是找出故障的原因,首先应检查电路设计图是否有错误,然后检查电路是否有错接、漏接和多接的情况,有时电路接线正确,但电路还存在故障,如电表或元件损坏而导致断路或短路,又如导线断路或焊接点假焊、开关的接触不良均会造成故障,这些故障往往无法从外观直接发现,排除这种故障往往要借助于仪器进行检查,通常是用万用表. 用万用表检查电路通常有以下几种方法:

(a) 电压检查法

在通电的情况下,常采用逐点测试电压的方法找寻故障所在,如图 2-0-10 所示的分压电路,当电路接通时电压表、电流表均无指示.

一般可用万用表的电压挡进行测量检查(注意:万用表的电压量程应大于或等于电源电压),先检查电源电压是否正常,然后观测 A、B 两端是否有电压,若电压正常则移动滑动头 C,

观察 D、E 两端的分压电压是否有变化,若无变化再测量 C、B 间的电压,若正常则故障一定在 C、D 之间,可能 C、D 间导线内部断开,或是 C、D 端接触不良,若 C、D 之间更换完好的导线后,电压表指示正常,但电流表仍无指示,则故障一定在 D、F、H 的支路里,该支路导线至少有一处断路或接触不良,或电流表已损坏,负载本身断路. 只要有其中一个原因就会引起电流表无指示,故从电压的异常情况就可找到故障所在.

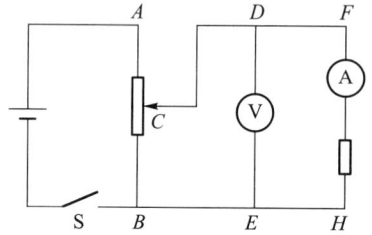

图 2-0-10　分压电路

这种方法的优点是在有源的电路中能带电测量电路,简便且见效快.

（b）电阻检查法

此方法要求在切断电源后不带电的情况下检查,并且待测部分无其他分路,对电路各个元件、导线逐个进行检查测量. 这种方法对检查各个元件、导线等的质量好坏,查明故障所在及原因是十分有用的.

（3）电表的误差

用任何仪表测量都会有误差,即仪表的指示值和实际值之间有一定差异. 根据误差产生的原因可将误差分为以下两种:

① 固有误差（亦称基本误差）

它是指仪表在正常工作条件下进行测量时所具有的误差,它是仪表本身所固有的,是因为结构上不完善或制造工艺不良而产生的,例如线圈在转动时轴承里的摩擦和刻度划分不精确等原因引起的误差均属于固有误差.

仪表正常工作条件主要是指:仪表指针应调整到零位;仪表应按要求置于水平、竖直或倾斜位置;环境温度为 25 ℃ 或仪表上标明的温度值;避免外界电磁场的干扰和机械震动、冲击;仪表负载、输入输出功率、电压、频率应符合技术规定条件.

② 附加误差

仪器的附加误差是在偏离正常工作条件或在某一影响因素作用下而产生的误差,这个数值变化是相对于正常工作条件时的示值而言的,不是相对于真值而言的,附加误差是一个因素引起的示值变化,而不是两个或两个以上因素引起变化的总和,因此在附加误差前常冠以产生附加误差因素的名称,如温度附加误差等.

仪表误差有以下几种表示法:绝对误差、相对误差、引用误差.（参见绪论 §3.）

（4）电表的准确度与等级的表示

电表的等级是由最大引用误差决定的. 按照国家标准,一般的电表按准确度可分为七个等级,分别是 0.1、0.2、0.5、1.0、1.5、2.5 和 5.0 级. 各等级的电表与其最大引用误差的对应关系如表 2-0-1 所示.

表 2-0-1　电表的等级与最大引用误差的关系

电表的等级	最大引用误差
0.1	0.1%
0.2	0.2%

电表的等级	最大引用误差
0.5	0.5%
1.0	1.0%
1.5	1.5%
2.0	2.0%
2.5	2.5%

很显然,电表的级数越小,电表的最大引用误差也越小,即电表的准确度越高;反之越低. 各等级和电表的最大引用误差$(\Delta_{\max}/X_{\max})\times100\%$的关系是,设电表的等级为$a$,则

$$a\%\geqslant\frac{\Delta_{\max}}{X_{\max}}\times100\%\qquad(2-0-5)$$

即仪表准确度等级的百分数表示合格的该等级的仪表,在规定条件下使用时所允许的最大的引用误差.

例如,有一个 0.5 级量程为 0~1 A 的电流表,按上式其 $\Delta_{\max}\leqslant5$ mA,在实验室使用此规格的电表时,可以认为它的最大绝对误差不超过 5 mA.

如果在测量中得到电表在某量程的最大引用误差是 1.2%,由于 1.0<1.2<1.5,说明电表达不到 1.0 级,故该电表属于 1.5 级.

（5）电表量程的选择

电表的准确度等级越小,基本误差越小,即电表的准确度越高. 在极限情况下,电表可能的最大绝对误差为

$$\Delta_{\max}=X_{\max}\times a\%\qquad(2-0-6)$$

在电表示值为 x_i 时,可能出现的最大相对误差 E_{m} 为

$$E_{\mathrm{m}}=\frac{\Delta_{\max}}{x_i}\times100\%=\frac{X_{\max}\times a\%}{x_i}\times100\%\qquad(2-0-7)$$

这表示测量值的相对误差不仅和电表的准确度等级、测量值的大小有关,还和电表的量程有关,测量值越接近电表上限,相对误差越小. 一般是根据 $x_i=\dfrac{2}{3}X_{\max}$ 来选取量程.

（6）电表读数的有效位数

若已知电表的等级 a 与量程 $X_{\max}$,则电表的最大绝对误差可由下式求得:

$$\Delta_{\max}=X_{\max}\times a\%$$

它表示测量电表的可靠程度. 测量结果的有效位数由最大绝对误差决定. 例如:量程 100 mA 的 1.0 级电流表共分 100 个小格,仪表示值为 80.0 mA,应如何记数?

由电表的等级与量程先求出最大绝对误差:

$$\Delta_{\max}=100\text{ mA}\times1\%=1\text{ mA}$$

故测量结果应表示为(80±1)mA,测量的相对误差为

$$E_m = \frac{\Delta_{max}}{x_i} \times 100\% = \frac{1}{80} \times 100\% = 1.2\%$$

对于那些需要作进一步运算的读数,可在最小分度间再估读一位,估读值根据仪器的分辨率和实验者的判别能力来确定. 一般可估读到最小分度的 1/20 ~ 1/10.

(7) 数字电表的读数与误差表示法

数字电表具有准确度高、灵敏度高、测量速度快等优点. 数字电表读数的有效位数:数字式仪表的显示值均为有效数字.

数字电压表的最大允许误差 Δ 表示为

$$\Delta = \pm(a\%U_x + b\%U_m) \tag{2-0-8}$$

式中,U_x 为测量指示值,U_m 为测量上限值,a 为与示值有关的系数,b 为与满刻度值有关的系数. 例如:一台四位半直流数字电压表 200 mV 挡,准确度等级为 0.05,最大允许误差 $\Delta = \pm(0.05\%U_x + 0.01\%U_m)$.

(8) 使用直流电流表、电压表、检流计的注意事项

① 电表的连接及正负极:直流电流表应串联在待测电路中,并且必须使电流从电流表的"+"极流入,从"−"极流出. 直流电压表应并联在待测电路中,并应使电压表的"+"极接高电势端,"−"极接低电势端.

② 电表的零点调节:使用电表之前,应先检查电表的指针是否指零,如不指零,应小心调节电表面板上的零点调节螺丝,使指针指零.

③ 电表的量程:实验时应根据被测电流或电压的大小,选择合适的量程. 如果量程选得太大,则指针偏转太小,会使测量误差太大. 量程选得太小,则过大的电流或电压会使电表损坏. 在不知道测量值范围的情况下,应先试用最大量程,根据指针偏转的情况再改用合适的量程.

④ 视差问题:读数时应使视线垂直于电表的刻度盘,以免产生视差. 级别较高的电表在刻度线旁边装有平面反射镜,读数时,应使指针和它在平面镜中的像相重合.

3. 电阻器

(1) 滑动变阻器

在电磁测量中经常借助于滑动变阻器来调节电路的电压与电流,它的外观及结构如图 2-0-11 和图 2-0-12 所示. 它由电阻丝均匀绕在绝缘瓷管上制成,电阻丝的表面涂有一层绝缘膜,使电阻丝间彼此绝缘,电阻丝的两头分别固结在瓷管两端的 A、B 接线柱上,滑动头 D 可沿着金属杆滑动,杆的两端支撑在金属架上,并与其绝缘,杆的一端连有接线柱 C;滑动头和电阻丝相接触处绝缘膜已被刮掉,因此改变滑动头的位置就可以改变 A、C(或 B、C)之间电阻的大小. 滑动变阻器的主要参量为总电阻与额定电流. 额定电流是允许流经电阻的最大电流,其值一般在电阻上标出. 有的变阻器上标出的是额定功率,据额定功率可由 $P = I^2R$ 算出额定电流. 以上数据均会在铭牌上标明.

小型的变阻器又称为电位器,它在电子线路等电路中有着广泛的应用,其规格型号有许多种. 电位器如图 2-0-13 所示. 功率从零点几瓦至数瓦. 使用时勿超过它的额定功率,否则容易烧坏.

图 2-0-11　滑动变阻器

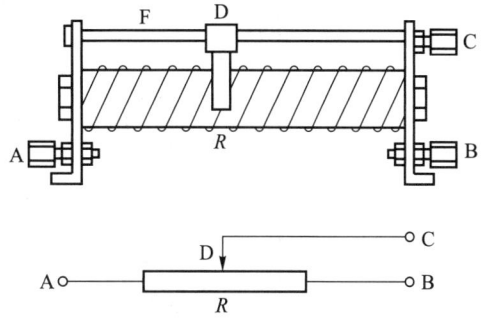

图 2-0-12　滑动变阻器的结构

（2）电阻箱

目前实验室较多用的旋转式电阻箱,是由许多锰铜丝绕成的电阻按十进位分别通过波段形开关连接而成的.

如图 2-0-14 所示的电阻箱,每个开关上由 9 个相同阻值的电阻(例如:0.1 Ω,1 Ω,10 Ω,…,1 000 Ω)串联而成,常用的 ZX21 型电阻箱就是这种结构,电阻箱有六个旋钮,其电阻可变范围为 0→9×(0.1+1+10+100+1 000+10 000)Ω,面板示意图如图 2-0-15 所示.

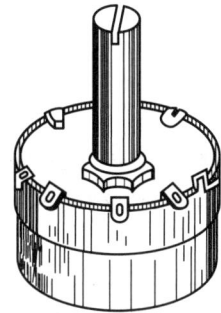

图 2-0-13　电位器结构图

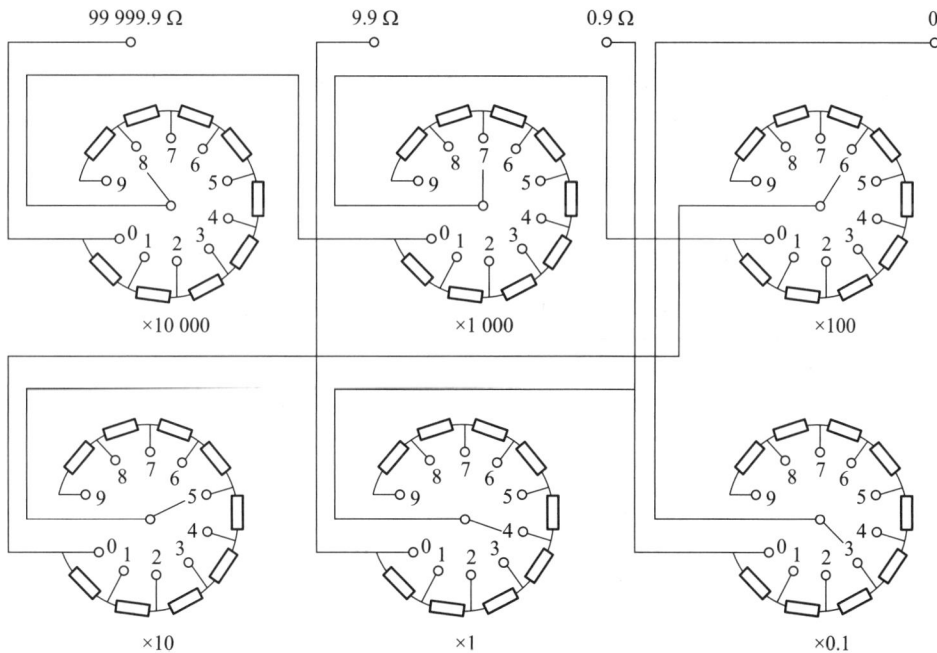

图 2-0-14　旋转式电阻箱结构图

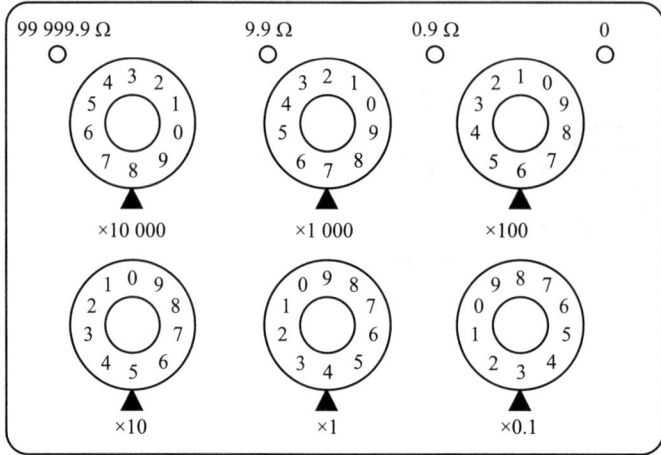

图 2-0-15　旋转式电阻箱面板示意图

电阻箱读数为各挡示值与倍率乘积之和. 该型电阻箱在室温 20 ℃ 的准确度见表 2-0-2 (表中的 a 为准确度等级).

表 2-0-2　电阻箱在室温 20 ℃ 的准确度

$9\times$	$10\ 000\ \Omega$	$1\ 000\ \Omega$	$100\ \Omega$	$10\ \Omega$	$1\ \Omega$	$0.1\ \Omega$
$a\%$	0.1%	0.1%	0.5%	1%	2%	5%

上述电阻箱如果用在交流电路中, 只有在低频(不超过 1 kHz)下才能当成"纯电阻", 所以也称为直流电阻箱. 它的额定功率为 0.25 W, 故各挡以 1 为首位的电阻额定功率为 0.25 W, 以 2 为首位的电阻额定功率为(0.25×2)W, 当几挡联合使用时, 额定电流按最大挡计算, 根据

$$I = \sqrt{\frac{P}{R}} \tag{2-0-9}$$

可算出电阻箱所能承受的最大电流值. 各挡最大允许电流如表 2-0-3 所示.

表 2-0-3　ZX21 型旋转式电阻箱各挡最大允许电流

R/Ω	$R\times 10\ 000$	$R\times 1\ 000$	$R\times 100$	$R\times 10$	$R\times 1$	$R\times 0.1$
I_{max}/A	0.005	0.015 8	0.05	0.158	0.5	1.58

例如:6 539 Ω 电阻最大允许通过的电流, 应以×1 000 挡来计算:

$$I = \sqrt{\frac{P}{R}} = \sqrt{\frac{0.25 \times 6}{6\ 000}}\text{A} = 0.015\ 8\ \text{A}$$

电阻箱的误差主要包括电阻箱的基本误差和零电阻误差两个部分. 零电阻误差包括电阻箱本身的接线、焊接、接触等产生的误差. 为了减少零电阻引起的误差, ZX21 型旋转式电阻箱增加了低电阻 B 接线柱, 它与 $R\times 0.1$ 盘相连, A、B 端的最大电阻值为 0.9 Ω, 同理, 在 $R\times 1$ 盘抽头设置了 C 接线柱, A、C 端的最大电阻值为 9.9 Ω; D 端钮就是六个电阻挡相互串联起来后的输出端, A、D 端的最大电阻值为 99 999.9 Ω.

电阻箱的准确度 $a\%$ 各挡不同,均标在铭牌上,其最大允许误差为

$$\Delta R = R \times a\% \qquad\qquad (2-0-10)$$

式中,R 为电阻箱读数.

（3）标准电阻

标准电阻一般用于对其他电阻或带电阻器件的衡量,作为一个标准阻值的参照或比较.标准电阻器一般采用绕线电阻,高准确度的标准电阻器一般采用双壁式密封结构,其稳定性好,年稳定性指标可达 $(0.1 \sim 1) \times 10^{-6}$.标准电阻器所用的电阻丝通常采用电阻系数大、温度系数小的锰铜材料.目前,直流电阻器大多为单值十进制,即 $0.001\ \Omega$、$0.01\ \Omega$、$0.1\ \Omega$、$1\ \Omega$、$10\ \Omega$、$100\ \Omega$、$1\ 000\ \Omega$、$10\ 000\ \Omega$、$100\ 000\ \Omega$ 等可称为一套电阻器.

标准电阻器的实际值是根据电阻单位欧姆的定义确定的.标准电阻器通常有四个端钮,如图 2-0-16 所示.C_1、C_2 为电流端,P_1、P_2 为电压端.由于标准低电阻通过的电流较大,因此电流接线端钮的直径较粗,测量电压端钮四端钮所流过的电流较小,因此直径较细.四端钮标准电阻器外观如图 2-0-17 所示.

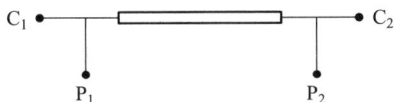

图 2-0-16　四端钮电阻器原理图　　　图 2-0-17　四端钮标准电阻器

使用标准电阻器要注意:通过电流端钮的最大电流应小于额定电流,否则准确度不能保证;应在低于额定功率下使用;应在 $15 \sim 30\ ℃$ 且温度变化小的实验环境中使用.

4. 电磁学实验操作规程

（1）准备.做实验前要认真预习,作到心中有数,并准备好数据表.实验时,先要把本组实验仪器的规格弄清楚,然后按照电路图要求摆好仪器位置（基本按电路图排列次序,但也要考虑到读数和操作方便）.

（2）连线.要在理解电路的基础上连线.例如,先找出主回路,由最靠近电源开关的一端开始连线（开关都要断开）,连完主回路再连支路.一般在电源正极、高电势处用红色或浅色导线连接,电源负极、低电势处用黑色或深色导线连接.

（3）检查.接好电路后,先复查电路连接是否正确,再检查其他的要求是否都达到,例如开关是否打开,电表和电源正负极是否接错,量程是否正确,电阻箱数值是否正确,滑动变阻器的滑动头（或电阻箱各挡旋钮）位置是否正确,等等,直到一切都做好,再请教师检查.经教师同意后,再接通电源.

（4）通电.在闭合开关通电时,要首先想好通电瞬间各仪表的正常反应是怎样的（例如电

表指针是指零不动或是应摆动到什么位置等），闭合开关时要密切注意仪表反应是否正常，并随时准备仪表不正常时断开开关．实验过程中需要暂停时，应断开开关，若需要更换电路，应将电路中各个仪器拨到安全位置然后断开开关，拆去电源，再更换电路，经教师重新检查后，才可接通电源继续做实验．

（5）实验．细心操作，认真观察，及时记录原始数据，原始数据须经教师过目并签字．原始数据单一律要附在实验报告后一齐上交．

（6）安全．实验时一定要爱护仪器和注意安全．在教师未讲解、未弄清注意事项和操作方法之前不要乱动仪器．不管电路中有无高压，要养成避免用手或身体接触电路中导体的习惯．

（7）归整．实验做完，应将电路中仪器拨到安全位置，断开开关，经教师检查原始实验数据后再拆线，拆线时应先拆去电源，最后将所有仪器放回原处，再离开实验室．

实验 1　制流电路与分压电路

电路可以千变万化,但一个电路一般可以分为电源、控制和测量三个部分.电路中的负载可能是电容性的、电感性的或简单的电阻.根据测量的要求,负载的电流值 I 和电压值 U 要在一定的范围内变化,这就要求有一个合适的电源.测量电路是根据实验要求确定好的,如电流表与负载串联测负载中通过的电流,电压表与负载并联测负载两端的电压.

制流电路和分压电路分别用来控制负载的电流和电压,使其变化范围达到预定的要求,控制元件主要使用滑动变阻器或电阻箱.为了更好地控制负载的电流和电压,必须了解制流电路和分压电路的特点.

[实验目的]

1. 了解电磁学实验基本仪器的性能和使用方法.
2. 掌握制流与分压两种电路的连接方法、性能和特点,学习检查电路故障的一般方法.
3. 熟悉电磁学实验的操作规程和安全知识.

[实验仪器]

直流稳压电源,电压表,电流表,万用表,滑动变阻器,电阻箱 2 个,开关,导线.

[实验原理]

1. 制流电路

制流电路如图 2-1-1 所示,图中 E 为直流电源;R_0 为滑动变阻器;A 为电流表;R_Z 为负载;S 为电源开关.它是将滑动变阻器的滑动头 C 和任一固定端(如 A 端)串联在电路中,作为一个可变电阻,移动滑动头的位置可以连续改变 A、C 之间的电阻 R_{AC},从而改变整个电路的电流 I.

(1) 调节范围

由

$$I = \frac{E}{R_Z + R_{AC}} \qquad (2-1-1)$$

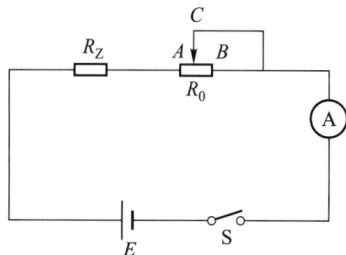

图 2-1-1　制流电路图

可知:

当 C 滑至 A 点时,$R_{AC} = 0$,$I_{max} = \dfrac{E}{R_Z}$,负载处 $U_{max} = E$;

当 C 滑至 B 点时,$R_{AC} = R_0$,$I_{min} = \dfrac{E}{R_Z + R_0}$,$U_{min} = \dfrac{E}{R_Z + R_0} R_Z$;

电压调节范围:$\dfrac{R_Z}{R_0 + R_Z} E \rightarrow E$;

相应的电流变化：$\dfrac{E}{R_0+R_Z} \to \dfrac{E}{R_Z}$．

（2）制流特性曲线

一般情况下负载 R_Z 中的电流为

$$I = \frac{E}{R_Z+R_{AC}} = \frac{\dfrac{E}{R_0}}{\dfrac{R_Z}{R_0}+\dfrac{R_{AC}}{R_0}} = \frac{I_{max}K}{K+X} \qquad (2\text{-}1\text{-}2)$$

式中，$K=\dfrac{R_Z}{R_0}$，$X=\dfrac{R_{AC}}{R_0}$．

图 2-1-2 表示不同 K 值下的制流特性曲线，从曲线可以清楚地看到制流电路有以下几个特点：

① K 越大电流调节范围越小；

② $K\geqslant1$ 时调节的线性较好；

③ 若 K 较小（即 $R_0\gg R_Z$），X 接近 0 时电流变化很快，细调程度较差；

④ 不论 R_0 大小如何，负载 R_Z 上通过的电流都不可能为零．

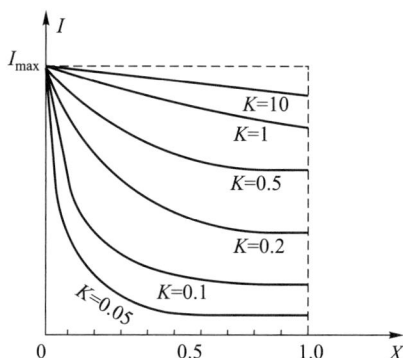

图 2-1-2

（3）细调范围的确定

制流电路的电流是靠滑动电阻器滑动头位置移动来改变的，最小位移是一圈，因此一圈电阻 ΔR_0 的大小就决定了电流的最小改变量．

因为

$$I = \frac{E}{R_{AC}+R_Z}$$

对 R_{AC} 微分：

$$\Delta I = \frac{\partial I}{\partial R_{AC}}\Delta R_{AC} = \frac{-E}{(R_{AC}+R_Z)^2}\cdot\Delta R_{AC}$$

$$|\Delta I|_{min} = \frac{I^2}{E}\cdot\Delta R_0 = \frac{I^2}{E}\cdot\frac{R_0}{N} \qquad (2\text{-}1\text{-}3)$$

式中，N 为变阻器总圈数．从上式可见，当电路中的 E、R_Z、R_0 确定后，ΔI 与 I^2 成正比，故电流越大，细调越困难，假如负载的电流在最大时能满足细调要求，而小电流时也能满足要求，这就要使 $|\Delta I|_{max}$ 变小，而 R_0 不能太小，否则会影响电流的调节范围，所以只能使 N 变大，由于 N 变大会使变阻器体积变得很大，故 N 又不能增加得太多，因此经常再串联一个变阻器，采用二级制流，如图 2-1-3 所示，其中 R_{10} 阻值大，作粗调用，R_{20} 阻值小，作细调用，一般 R_{20} 大小取 $R_{10}/10$，但 R_{10}、R_{20} 的额定电流必须大于电路中的最大电流 I_{max}．

2．分压电路

（1）调节范围

分压电路如图 2-1-4 所示，滑动变阻器两个固定端 A、B 与电源 E 相接，负载 R_Z 接滑动头

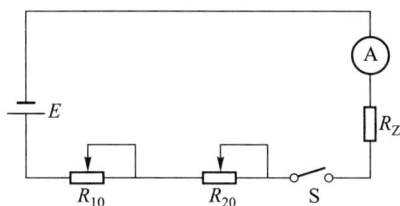

图 2-1-3　二级制流电路图

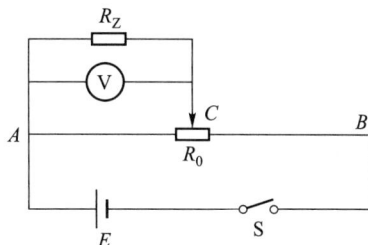

图 2-1-4　分压电路图

C 和固定端 A（或 B）上，当滑动头 C 由 A 端滑至 B 端时，负载上的电压由 0 变至 E，调节的范围与变阻器的阻值无关.

当滑动头 C 在任一位置时，AC 两端的分压值 U 为

$$U = \frac{E}{\dfrac{R_Z \cdot R_{AC}}{R_Z + R_{AC}} + R_{BC}} \cdot \frac{R_Z \cdot R_{AC}}{R_Z + R_{AC}} = \frac{E}{1 + \dfrac{R_{BC}(R_Z + R_{AC})}{R_Z \cdot R_{AC}}} = \frac{ER_Z R_{AC}}{R_Z(R_{AC} + R_{BC}) + R_{AC}R_{BC}}$$

$$(2-1-4)$$

$$= \frac{E \cdot R_Z \cdot R_{AC}}{R_Z \cdot R_0 + R_{AC}R_{BC}} = \frac{\dfrac{R_Z}{R_0} \cdot R_{AC} \cdot E}{R_Z + \dfrac{R_{AC}}{R_0} \cdot R_{BC}} = \frac{K \cdot R_{AC} \cdot E}{R_Z + R_{BC}X}$$

式中，$R_0 = R_{AC} + R_{BC}$，$K = \dfrac{R_Z}{R_0}$，$X = \dfrac{R_{AC}}{R_0}$.

（2）分压特性曲线

由实验可得不同 K 值的分压特性曲线，如图 2-1-5 所示. 从曲线可以清楚看出分压电路有如下几个特点：

① 不论 R_0 的大小，负载 R_Z 的电压调节范围均可从 $0 \to E$；

② K 越小，电压调节越不均匀；

③ K 越大，电压调节越均匀，因此要电压 U 在 0 到 $U_{\max}$ 整个范围内均匀变化，则取 $K > 1$ 比较合适，实际 $K = 2$ 那条线可近似作为直线，故取 $R_0 \leqslant \dfrac{R_Z}{2}$ 即可认为电压调节已达到一般均匀的要求了.

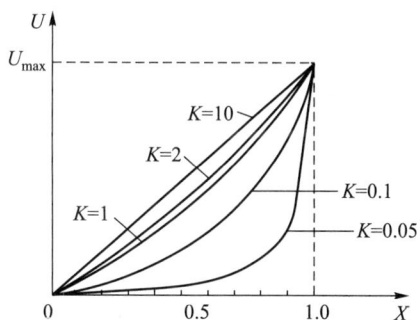

图 2-1-5　分压特性曲线

（3）细调范围的确定

当 $K \ll 1$（即 $R_Z \ll R_0$）时，略去（2-1-4）式分母项中的 R_Z，近似有

$$U = \frac{R_Z}{R_{BC}}E$$

经微分可得

$$|\Delta U| = \frac{R_Z \cdot E}{(R_{BC})^2} \cdot \Delta R_{BC} = \frac{U^2}{R_Z \cdot E}\Delta R_{BC}$$

最小的分压量即滑动头改变一圈位置所改变的电压量,所以

$$(\Delta U)_{\min}=\frac{U^2}{R_Z\cdot E}\Delta R_0=\frac{U^2}{R_Z\cdot E}\cdot\frac{R_0}{N} \tag{2-1-5}$$

式中,N 为变阻器总圈数,R_Z 越小,调节越不均匀.

当 $K\gg1$(即 $R_Z\gg R_0$)时,略去(2-1-4)式中的 $R_{BC}\cdot X$,近似有

$$U=\frac{R_{AC}}{R_0}E$$

对上式微分得 $\Delta U=\dfrac{E}{R_0}\Delta R_{AC}$,细调最小的分压值莫过于一圈对应的分压值,所以

$$(\Delta U)_{\min}=\frac{E}{R_0}\Delta R_0=\frac{E}{N} \tag{2-1-6}$$

从上式可知,当变阻器选定后,E、R_0、N 均为定值,故当 $K\gg1$ 时,$(\Delta U)_{\min}$ 为一个常量,它表示在整个调节范围内调节的精细程度处处一样. 从调节的均匀度考虑,R_0 越小越好,但 R_0 上的功耗也将随 R_0 的变小而增大. 因此还要考虑到功耗不能太大,则 R_0 不宜取得过小. 取 $R_0=\dfrac{R_Z}{2}$ 即可兼顾两者的要求. 与此同时应注意流过变阻器的总电流不能超过它的额定值. 若一般分压不能达到细调要求,可以按图 2-1-6 将两个电阻 R_{10} 和 R_{20} 串联进行分压,其中大电阻用作粗调,小电阻用于细调.

3. 制流电路与分压电路的差别与选择

(1)调节范围

分压电路的电压调节范围大,而制流电路的电压调节范围较小.

(2)细调程度

当 $R_0\leqslant\dfrac{R_Z}{2}$ 时,在整个调节范围内的调节基本均匀,但制流电路可调范围较小;负载上的电压值小,能调得较精细,而电压值大时调节会变得很粗糙.

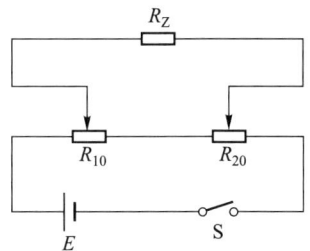

图 2-1-6 　二段分压电路图

(3)功率损耗

使用同一变阻器,分压电路消耗的电能比制流电路要大.

基于以上的差别,当负载电阻较大,调节范围较宽时选分压电路;反之,当负载电阻较小,功耗较大,调节范围不太大时则选用制流电路. 若一级电路不能达到细调要求,则可采用二级制流(或二段分压)的方法以满足细调要求.

[实验内容]

1. 仔细观察仪表,说明各符号的意义,记录各仪表的等级.

2. 用万用表测试电路是否正常.

3. 制流电路特性的研究

按图 2-1-1 中的电路进行实验,用电阻箱为负载 R_Z,取 K(即 $\dfrac{R_Z}{R_0}$)为 0.1,确定 R_Z 的值. 根据所用的电流表的量程和 R_Z 的最大允许电流,确定实验时的最大电流 $I_{\max}$ 及电源电压 E 值. 注意:$I_{\max}$ 值应小于 R_Z 的最大允许电流.

连接电路(需注意电源电压及 R_Z 的取值,R_{AC} 应取最大值),复查电路无误后,闭合电源开关 S,移动滑动头 C 观察电流值的变化是否符合设计要求.

移动变阻器滑动头 C,在电流从最小到最大的过程中,测量 8~10 次电流值及相应 C 在标尺上的位置 l,并记下变阻器绕线部分的长度 l_0,数据记入表 2-1-1,以 $\dfrac{l}{l_0}$(即 $\dfrac{R_{BC}}{R_0}$)为横坐标,电流 I 为纵坐标作图.

图 2-1-7　分压电路图

注意:电流最小时 C 的标尺读数为测量 l 的零点.

其次,分别测出在 I 最小和最大时,C 移动一小格所引起的电流值的变化 ΔI.

取 $K=1$,重复上述测量并绘图.

4. 分压电路特性的研究

按图 2-1-4 中电路进行实验,用电阻箱作负载 R_Z,取 $K=2$,确定 R_Z 的值,参照变阻器的额定电流和 R_Z 的最大允许电流,确定电源电压 E 的值.

要注意如图 2-1-7 所示,变阻器 BC 段的电流是 I_Z 和 I_{CA} 之和,确定 E 值时,要特别注意 BC 段的电流是否大于额定电流.

移动变阻器滑动头 C,使加到负载 R_Z 上的电压从最小变到最大,在此过程中,测量 8~10 次电压值 U 及 C 点在标尺上的位置,数据记入表 2-1-2,以 $\dfrac{l}{l_0}$ 为横坐标,U 为纵坐标作图.

其次,分别测出当电压值最小和最大时,C 移动一小格所引起的电压值的变化 ΔU. 取 $K=0.1$,重复上述测量并绘图.

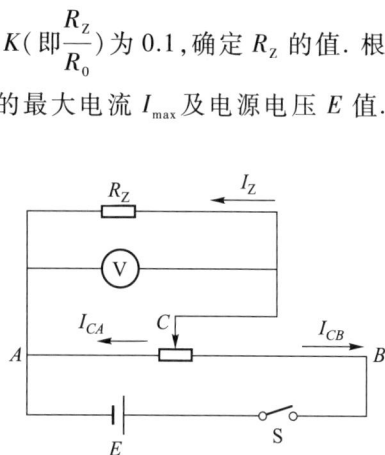

[实验数据记录及处理]

表 2-1-1　制流电路的测量表格

物理量		测量次数									
		1	2	3	4	5	6	7	8	9	10
I/A	$K=0.1$										
	$K=1$										
$\dfrac{l}{l_0}$											

表 2-1-2　分压电路的测量表格

物理量		测量次数									
		1	2	3	4	5	6	7	8	9	10
U/V	$K = 0.1$										
	$K = 2$										
$\dfrac{l}{l_0}$											

[思考题]

1. ZX21 型电阻箱的准确度为 0.1 级,若示值为 9 563.5 Ω,试计算它的允许基本误差和它的额定电流值;若示值改为 0.8 Ω,试计算它的允许基本误差.

2. "制流电路用来控制电路的电流,分压电路用来控制电路的电压."这种看法对吗?

3. 从制流电路和分压电路特性曲线求出电流值(或电压值)近似为线性变化时,滑动变阻器的阻值.

实验 2　用伏安法测电阻

[实验目的]

1. 掌握测量伏安特性的基本方法,并用作图法表示测量结果.
2. 了解测量中由电表接入引起的系统误差.
3. 学会设计接入误差较小的测量电路.

[实验仪器]

电压表,电流表,微安表,滑动变阻器,直流电源,待测电阻(2 个),二极管,开关和导线.

[实验原理]

1. 伏安法测电阻

电阻元件的特性可以用其两端电压和通过的电流的关系来表示.用元件上的电压、电流关系在直角坐标系中作出的曲线,叫元件的伏安特性曲线,简称伏安特性.若一个元件的伏安特性是一条通过原点的直线,则此元件为线性电阻,反之,则是非线性的.

伏安法测电阻的原理是欧姆定律 $R = \dfrac{U}{I}$,其中 U 是电阻性元件两端的电压,I 是通过元件的电流.因各种电表都有内阻,将其接入测量电路后,会影响原来的电压和电流而引起测量误差.这是一种因方法不完善而引入的系统误差,为尽量减小这种系统误差,可按被测电阻的大小选择合适的测量电路,或对测量结果进行修正.

2. 两种连线方法引入的误差

如图 2-2-1 和图 2-2-2 所示,伏安法有两种连接方法:内接法——电流表在电压表的内侧,外接法——电流表在电压表的外侧.

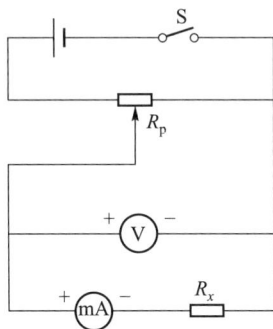

图 2-2-1　内接法

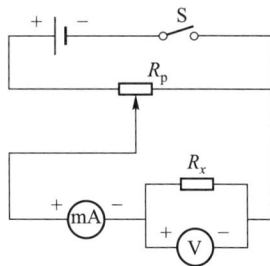

图 2-2-2　外接法

(1)内接法引入的误差

设电流表的内阻为 R_A,回路电流为 I,则电压表测出的电压值为

$$U = IR + IR_A = I(R + R_A) \qquad (2-2-1)$$

即电阻的测量值是

$$R_x = R + R_A \qquad (2-2-2)$$

可见测量值大于实际值,测量的绝对误差为 R_A,相对误差为 $\dfrac{R_A}{R}$. 当 $R_A \ll R$ 时,可用内接法.

（2）外接法引入的误差

设电阻 R 中的电流为 I_R,又设电压表中流过的电流为 I_V,电压表内阻为 R_V,则电流表中电流为

$$I = I_R + I_V = \left(\frac{1}{R} + \frac{1}{R_V} \right) \qquad (2-2-3)$$

因此电阻 R 的测量值是

$$R_x = \frac{U}{I} = R \cdot \frac{R_V}{R + R_V} \qquad (2-2-4)$$

因为 $R_V < (R + R_V)$,所以测量值 R_x 小于实际值 R,测量的相对误差较小.

有时 R_A 及 R_V 的值不能确定,这时可通过实验确定电压表和电流表的连接方式.

当分别用两种接法测量同一电阻时,若电流表读数相同,电压表读数不同,可将电流表外接;若电流表读数不同,电压表读数相同,可将电流表内接.

3. 用补偿法测电压消除外接法的系统误差

图 2-2-3 为用补偿法测电压的电路,分压器 R_0 的滑动头通过检流计 G 和待测电阻 R_x 的上端相接,调节分压器的滑动头位置使检流计 G 中无电流通过,这时 $U_{AB} = U_{DC}$. 用电压表测出 D、C 间的电压,它等于电阻 R_x 两端的电压,而流过电流表中的电流仅是流过电阻的 I_R 而无流过电压表的 I_V,于是通过 U_{DC} 与 U_{AB} 的电压补偿,将电压表由 A、B 间移至 D、C 间,消除了由电压表中的电流引起的误差,加入电阻 R_1 是为了使滑动头不在 R_0 的一端.

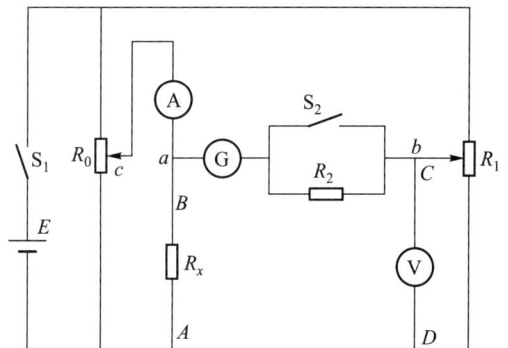

图 2-2-3　补偿法

[实验内容]

1. 用外接法和内接法测量两个待测电阻的阻值,要求测量的相对不确定度小于 5%. 首先用万用表测一下电阻值,再选取合适的电表去测量,调节 R_0 使电流由小到大,测量几个不同的电流、电压值.

2. 用补偿法去测量. 参照图 2-2-3 连接电路,开始测量时先闭合开关 S_1,调节 R_0 得到合适的电流;然后用万用表测 B、C 间的电压,调节 R_1 和 C 的位置使 $U_{BC} = 0$,观察检流计的偏转,使其偏转为零.

测量几个不同电流值对应的电压值.

3. 绘制上述三种方法测量数据的电压、电流图线,从直线斜率求出待测电阻值,并计算标

准不确定度.

　　4. 对比分析上述结果.

[**思考题**]

1. 在此实验中如何确定滑动变阻器的规格？

2. 设计一个测电表内阻的方案(画出电路并写出步骤).

实验 3　用伏安法测二极管的特性

[实验目的]

1. 掌握分压器和限流器的使用方法.

2. 熟悉测量伏安特性的方法.

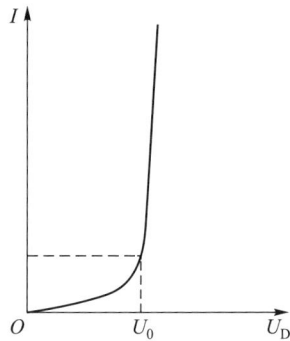

3. 了解二极管的正向伏安特性.

[实验仪器]

稳压电源,电流表,电压表,滑动变阻器,可变电阻箱,开关,待测二极管.

[实验原理]

根据二极管的特性确定实验电路图,如图 2-3-1 所示.

普通晶体二极管的伏安特性是一条过原点的曲线,因此可看成非线性电阻元件. 其符号及典型伏安特性如图 2-3-2 所示.

1. 用伏安法测量二极管的特性可采用图 2-3-1 所示的线路,当检流计 G 指零时,电压表 V 指示着二极管两端的正向电压值,电流表指示着流过二极管的正向电流. R_0 为限流器,改变电阻箱的阻值可改变正向电流值. R_1 为限流器,R_2 为分压器,改变 R_1 和 R_2 可输出不同的电压值,并由电压表指示,目的是与二极管两端的电压进行比较,如果 G 的指示为零,电压表指示值就是二极管端压 U_D. 通常 R_1 的值越大,可测量的 U_D 越小,R_1 值很小甚至为零时,可测量较大的 U_D 值. 此外,R_1 的微小调节可使电压表 U 的指示值有微小的变化,常将其称为电压微调电阻.

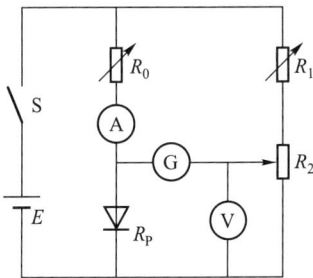

图 2-3-1　二极管正向特性测试线路　　图 2-3-2　二极管的正向伏安特性

2. 如果将稳压电源 E 的极性反向连接,按上述相同方法测量,也可得到 U_D 和 I_D 的许多组数据,但这些数据表征着二极管的反向特性.

[实验内容]

1. 选择各种 U_D 值,对于每种 U_D 值,调节电阻使检流计指示为零,记下电流表的电流值,测量二极管的正向特性.

2. 将电源反接,测量二极管的反向特性,数据记入表 2-3-1.

[实验数据记录及处理]

表 2-3-1　二极管实验数据

正向	I/mA									
	U/V									
反向	U/V									
	I/mA									

电压或电流变化快的地方应多测一些数据,应注意有效数字的读取.

实验中可让电压或电流其中一个为确定值,去读另一个的读数,注意应等间隔选取自变量.

[思考题]

1. 在二极管伏安特性的测试线路中,电压表能否直接连在二极管的两个端点处? 检流计的作用是什么?

2. 连接电源前各预置值选择的原则是什么?

实验 4　电表的改装与校正

[实验目的]

1. 简单了解万用表的设计原理.
2. 正确掌握万用表的使用.
3. 会用万用表检查电路故障.

[实验仪器]

万用表,直流稳压电源,实验板,变阻器,直流毫安表,开关.

[实验原理]

万用表是实验室常用的一种仪表,可用来测量电压、电流、电阻、交流电压及电流,还可以检查电路和排除电路故障.

万用表主要由磁电型测量机构(亦称表头)和由转换开关控制的测量电路组成. 实际上它根据改装电表的原理,将一个表头分别连接各种测量电路而改成多量程的电流表、电压表及欧姆表,是既能测量直流电路又能测量交流电路的复合表,它们合用一个表头,表盘上有相应的测量各种量的几条标度尺. 表头用于指示被测量的数值,测量线路的作用是将各种被测量转换到适合表头测量的直流微小电流,转换开关用来实现对不同测量线路的选择,以适应各种测量的要求. 电表的表盘上按功能有各种不同的刻度,以指示相应的值,如电流、电压(有交、直流之分)及电阻等. 对于某一测量的物理量一般分为大小不同的几挡,测量电阻时每挡标明不同的倍率. 每挡标明的是它相应的量程,即使用该挡测量时所允许的最大值,而各种量、各种不同的量程所对应的测量电路均通过转换开关来实现和表头的连接. 所以测量时可通过转换开关实现对不同测量线路的选择,以适应各种测量的要求.

1. 电表的改装

(1) 表头内阻的测量

表头线圈的电阻 R_g 称为表头内阻. 它的测定方法很多,这里介绍一种替代法,测量线路如图2-4-1所示.

将 S_2 置于 2 处,调节 R_0 使表 A_0 在一较大示值处(同时应注意表 A 的指针不要超过量程);将 S_2 置于 1 处,保持 R_0 不变,调节 R_n 使表 A_0 指在原来的位置上,则有 $R_n = R_g$.

(2) 将表头改装为电流表

用于改装的微安表称为"表头". 使表针偏转到满刻度所需的电流 I_g 称为量程. 表头的满度电流很小,只适用于测量微安级或毫安级的电流,若要测量较大的电流,就需要扩大电表的电流量程,方法是:在表头两端并联电阻 R_p,使超过表头

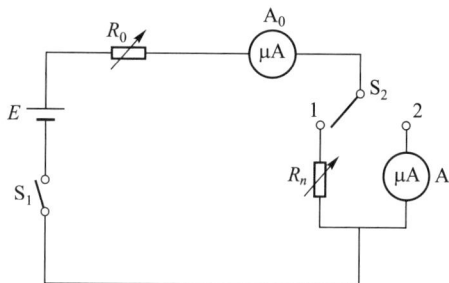

图 2-4-1　测表头内阻电路图

能承受的那部分电流从 R_p 流过. 由表头和 R_p 组成的整体就是电流表, R_p 称为分流电阻. 选用不同大小的 R_p, 可以得到不同量程的电流表.

如图 2-4-2 所示, 当表头满度时, 通过电流表的总电流为 I, 通过表头的电流为 I_g, 因为

$$U_g = I_g R_g$$

$$U_g = (I - I_g) R_p$$

故得

$$R_p = \frac{I_g}{I - I_g} R_g \tag{2-4-1}$$

表头的规格 I_g、R_g 事先测出, 根据需要的电流表量程, 由 (2-4-1) 式就可以算出应并联的电阻值. 通常, 由于电流表的量程 I 远大于表头的量程 I_g, 并联电阻 R_p 远小于表头内阻 R_g.

（3）将表头改装为电压表

表头的满度电压也很小, 一般为零点几伏. 为了测量较大的电压, 在表头上串联电阻 R_s, 如图 2-4-3 所示, 使超过表头所能承受的那部分电压降落在电阻 R_s 上. 表头和串联电阻 R_s 组成的整体就是电压表, 串联的电阻 R_s 称为扩程电阻. 选用大小不同的 R_s, 就可以得到不同量程的电压表.

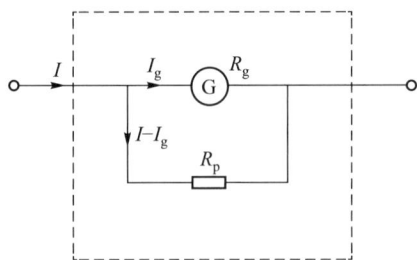

图 2-4-2　将微安表改成电流表

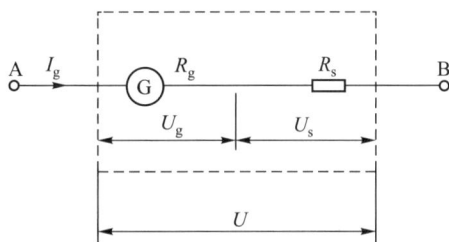

图 2-4-3　将微安表改成电压表

因为

$$U_s = I_g R_s = U - U_g$$

可得

$$R_s = \frac{U - U_g}{I_g} = \frac{U}{I_g} - R_g \tag{2-4-2}$$

表头的 I_g、R_g 事先测出, 根据需要的电压表量程, 由 (2-4-2) 式就可以算出应串联的电阻值. 一般地, 由于电压表的量程 U 远大于表头的量程 U_g, 串联电阻 R_s 会远大于表头内阻 R_g.

2. 电表的校正

电表在扩大量程或改装后, 还需要进行校正. 所谓校正是用被校电表与标准电表同时测量一定的电流（或电压）, 看其指示值与相应的标准值（从标准电表读出）相符的程度. 由校正的结果可得到电表各个刻度的绝对误差. 选取其中最大的绝对误差除以量程, 即得该电表的标称误差, 即

$$标称误差 = \frac{最大绝对误差}{量程} \times 100\% \tag{2-4-3}$$

根据标称误差的大小, 可将电表分为不同的等级, 常记为 K. 例如, 若 0.5%<标称误差 ≤1.0%, 则该电表的等级为 1.0 级.

电表的校正结果除用等级表示外,还常用校正曲线表示. 即以被校电表的指示值 I_{xi} 为横坐标,以校正值 ΔI_i(ΔI_i 等于标准电表的指示值 I_{si} 与被校表相应的指示值 I_{xi} 的差值,即 $\Delta I_i = I_{si} - I_{xi}$)为纵坐标,两个校正点之间用直线段连接,根据校正数据作出呈折线状的校正曲线(不能画成光滑曲线),如图 2-4-4 所示. 在以后使用这个电表时,可以根据校正曲线修正电表的读数.

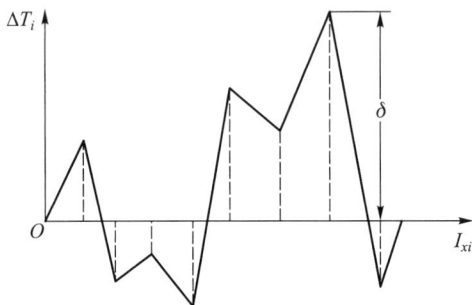

图 2-4-4　校正曲线

3. 万用表的使用规则

(1)测量前的准备

电表应水平放置,否则会增加测量结果的误差.

测量前应检查并调节仪表机械零位置调节器,使指针指示在标尺的起始位置上.

认清所用万用表的面板及刻度,根据待测量的种类(交流或直流,电阻、电压或电流)及大小,将选择开关拨至合适的位置. 如果被测量的大小无法估计,应选择量程最大的一挡,以防仪表过载,若指针偏转过小,则将量程变小,直至选择指针偏转角尽量大而未超限的量程.

(2)测量电流或电压

在应用电压、电流量程进行测量时,要注意接线方式和直流表的极性. 最后量程的选择应使指针有较大的偏转. 注意:测量过程中不得带电换挡.

(3)使用欧姆挡进行测量时的注意事项

每次使用前首先要进行欧姆调零. 使用过程中换挡要重新调零. 测量前应将被测电路的电源切断. 被测电阻不得有并联支路. 测量时不得用双手同时触及两表笔笔尖,以免人体与被测电阻并联增加测量误差.

(4)二极管极性判别

测量时选 $R \times 1\,\mathrm{k}$ 挡,黑表笔一端测得阻值小的一极为正极.

万用表在欧姆电路中,红表笔为电池负极,黑表笔为电池正极.

(5)三极管管脚极性的辨别,可用 $\Omega \times 1\,\mathrm{k}$ 挡进行

先判定基极 b. 由于 b 到 c 、b 到 e 分别是两个 pn 结,它的反向电阻很大,而正向电阻很小. 测试时可任意取晶体管一个管脚假定为基极. 将红表笔接"基极",黑表笔分别去接触另两个管脚,若此时测得都是低阻值,则红表笔所接触的管脚即基极 b,并且是 p 型管,(若用上述方法测得均为高阻值. 则为 n 型管). 若测量时两管脚的阻值差异很大,可另选一个管脚为假定基极,直至满足上述条件.

再判定集电极 c. 对于 pnp 型三极管,当集电极接负电压、发射极接正电压时,电流放大倍数比较大,而 npn 型三极管则相反. 测试时假定红表笔接集电极 c,黑表笔接发射极 e,记下其阻值,而后红黑表笔交换测试,将测得管的极性.

(6)用万用表检查电路故障

检查电路的故障,就是找到故障的原因,首先应检查电路设计图是否有错误,然后检查电路是否有错接、漏接和多接的情况,有时电路接线正确,但电路还存在故障,如电表或元件损坏而导致短路或断路,又如导线短路或焊接点假焊,开关的接触不良均会造成故障,这种故障一

般无法从外观发现,排除故障往往要借助于仪器,这个仪器通常是万用表.

电压检查法:通常情况下,常采用逐点测试电压的方法寻找故障所在.这种方法的优点是在有源的电路中能带电测量,可以检查运行状态下的电路,简便且见效快.

电阻检查法:要求在切断电源后不带电的情况下检查,并且待测部分无其他分路,对电路各个元件、导线逐个进行检查测量.这种方法对检查各个元件、导线等的质量好坏,检查故障所在及原因是十分有用的.

(7)结束

电表用毕,应将旋钮调到交流电压最大一挡或调到空挡(有的万用表旋钮调至空挡"●"处),以免下次使用时不慎损坏电表,特别要注意的是不要停在各欧姆挡.以免表笔两端短路,致使电池长时间通电.

[实验步骤]

1. 测量表头的内阻

按图 2-4-1 连接电路,用替代法测表头的内阻 R_g.

2. 将量程为 50 μA 的表头扩程为 5 mA

(1)计算分流电阻的阻值 R_p,用电阻箱作 R_p.

(2)校正扩大量程后的电表.应先调准零点,再校准量程(满刻度点),最后再校正标有标度值的点.

(3)校准量程时,若实际量程与设计量程有差异,可稍微调节 R_p.

(4)校正刻度时,分别使电流单调上升和单调下降一次,将标准表两次读数的平均值作为 I_s,计算各校正点的校正值.

(5)以被校表的指示值 I_{xi} 为横坐标,以校正值 ΔI_i 为纵坐标,在坐标纸上作出校正曲线.

3. 将表头改装为 0~1 V 的电压表

(1)计算扩程电阻的阻值 R_s,用电阻箱作 R_s.

(2)校正电压表.(与校准电流表的方法相似.)

(3)以被校表的指示值 U_{xi} 为横坐标,以校正值 ΔU_i 为纵坐标,在坐标纸上作出校正曲线.

[实验数据记录及处理]

1. 测量电阻

根据待测电阻的标称值,测量 5 个数量级不同的电阻,数据填入表 2-4-1 中.

表 2-4-1　测量电阻数据

	1	2	3	4	5
欧姆挡中心值					
标称值/Ω					
测量值/Ω					

2. 测量电压

将实验板上的电阻接成如图 2-2-3 所示的电路,取电源的输出电压 $E=5$ V,用万用表电压挡的合适量程测量各电压值,数据填入表 2-4-2 中.

表 2-4-2　测量电压数据

被测电压/V	U_{AB}	U_{BC}	U_{CD}	U_{BD}	U_{AD}
理论值/V					
测量值/V					
相对误差					
电压挡量程					

根据测量数据比较: $U_{AB}+U_{BC}+U_{CD}$ 是否接近于 U_{AD}？ $U_{AB}+U_{BD}$ 是否接近于 U_{AD}？

3. 二极管极性的判别.

4. 三极管管脚极性的判别.

[思考题]

1. 为什么校准电表时需要把电流(或电压)从小到大调节一遍又从大到小调节一遍?

2. 校正电流表时,如果发现改装表的读数偏高,应如何调整?

3. 一量程为 500 μA、内阻为 1 kΩ 的微安表,它可以测量的最大电压是多少？ 如果将它的量程扩大为原来的 N 倍,应如何选择扩程电阻?

[注意事项]

1. 接通电源前,应检查滑动变阻器的滑动头是否在安全位置.

2. 调节电阻箱时,应防止电阻值从 9 到 0 突然减小.

3. 记录时应注意有效数字位数.

实验 5　用惠斯通电桥测电阻

电桥电路是电磁测量中电路连接的一种基本方式,由于它测量准确、操作方便,所以得到了广泛的应用.

电桥分直流电桥和交流电桥两类.直流电桥主要用来测量电阻,分为单臂电桥和双臂电桥两种,单臂电桥又称为惠斯通电桥,主要用于精确测量中值电阻;双臂电桥又称为开尔文电桥,主要用于测量低值电阻.交流电桥可测电阻,但主要用于测量电容、电感类交流阻抗元件的量值和损耗等.电桥的种类不同,其结构也各有特点,但它们的基本原理和思想方法大致相同.本实验主要是学习应用惠斯通电桥测电阻.

［实验目的］

1. 学习用惠斯通电桥测电阻的原理和方法.
2. 学会正确使用箱式电桥测电阻.
3. 理解电桥灵敏度的概念,了解提高电桥灵敏度的几种方法.

［实验仪器］

电阻箱 4 台,检流计,直流稳压电源,滑动变阻器,QJ23 型箱式电桥,待测电阻,万用表,开关,导线.

［实验原理］

1. 惠斯通电桥测电阻的原理

使用伏安法测量电阻,不可避免地要引进电表的接入误差,从而限制了测量准确度的提高,使用比较法测量电阻,则可避免电表的接入误差.惠斯通电桥是用比较法来测量电阻的,

它通过将待测电阻与标准电阻相比较而获得测量结果.它的测量原理如图 2-5-1 所示,待测电阻 $R_4(R_x)$ 与其他三个电阻 R_1、R_2、R_3 分别组成电桥的 4 个臂,通常 a、b 两点间接待测电阻,称为待测臂,R_3 为比较臂,R_1、R_2 为比例臂.在 a、c 两点间接电源 E,c、d 两点接检流计 G,其作用是比较 b、d 两点电势.由于 G 好像搭在 abc 和 adc 两条并联支路间的"桥",故通常称为电桥.

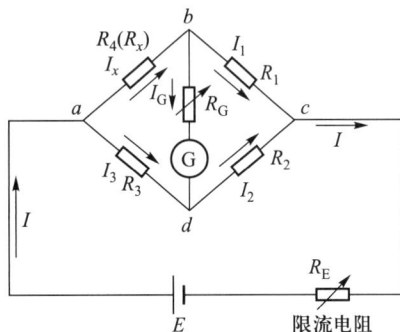

图 2-5-1　惠斯通电桥原理图

所以电桥由四臂(待测臂、比较臂、比例臂)、检流计、电源三部分组成.一般情况下,b、d 两点电势不等,则有电流通过检流计,并使指针偏转.适当调节 R_1、R_2、R_3 可使检流计的电流为零,即 $I_G = 0$.这时电桥达到了平衡.平衡时 b、d 两点电势相等,有

$$U_{ab} = U_{ad}, U_{bc} = U_{dc}$$

即

$$I_4 R_4 = I_3 R_3 \tag{2-5-1}$$

$$I_1 R_1 = I_2 R_2 \tag{2-5-2}$$

又由于 $I_G = 0$，所以 $I_1 = I_2$，$I_3 = I_4$，(2-5-1)式和(2-5-2)式相除得

$$\frac{R_4}{R_1} = \frac{R_3}{R_2}$$

所以

$$R_4 = \frac{R_1}{R_2} R_3 = k R_3 \tag{2-5-3}$$

k 称为比例臂的倍率，在实际应用的电桥中，为了操作方便和容易计算，将 $\dfrac{R_1}{R_2}$ 制成具有简单比值的比例臂旋钮，倍率分别为 0.001、0.01、0.1、1、10、100、1 000 等. $\dfrac{R_1}{R_2}$ 及 R_3 可以从仪器上直接读出，从而待测电阻可用(2-5-3)式直接算出结果.

在实际的测量电路中，R_1、R_2、R_3 可以用标准电阻和高精度的电阻箱，所以用惠斯通电桥测电阻可以达到很高的准确度.

2. 惠斯通电桥的灵敏度

(2-5-3)式是在电桥平衡的条件下推导出来的，而电桥是否平衡，是根据检流计的指针是否指零来判断的. 可是检流计的灵敏度是有限的，如果电桥稍有不平衡时(I_G 不为零)，检流计的灵敏度不够，我们可能观察不出，以为电桥已经达到平衡(I_G 为零). 为了反映这种特性，引入电桥灵敏度的概念. 当电桥平衡后，任意臂电阻(如比较臂 R_3)产生单位相对变化时，所引起的检流计指针的偏转分度值为 n，则电桥灵敏度定义为

$$S = \frac{n}{\dfrac{\Delta R_3}{R_3}}$$

S 的单位是 div. S 越大，在 R_3 的基础上增或减小 ΔR_3，能引起检流计指针偏转的格数就越多，电桥就越灵敏，电桥的灵敏度就越高，电桥平衡的判断就越精细，测量结果就越准确. 如当 $S = 100$ div 时，$S = \dfrac{1}{0.01}$.

这就是说，R_3 变化 1%，检流计偏转 1 div. 事实上，检流计偏转 0.2 div，实验者就可以觉察到. 因此，对于灵敏度为 100 div 的电桥，有 $S = \dfrac{0.2\ \text{div}}{\dfrac{\Delta R_3}{R_3}} = 100$ div，即 $\dfrac{\Delta R_3}{R_3} = 2\%$，这就是说电桥灵敏度导致的误差不超过 2%.

实验和理论都证明，电桥的灵敏度与下面几个因素有关：

（1）与检流计的灵敏度成正比. 但是检流计的灵敏度值大，电桥不易稳定，调节平衡比较困难；检流计的灵敏度值小，测量精度就低. 因此选用适当灵敏度的检流计是很重要的.

（2）与电源电动势成正比. 电源电动势越高，电桥灵敏度就越高(但要注意的是，在提高电源电动势时，必须考虑电桥的额定功率，否则将损坏桥臂电阻).

（3）与电源的内阻 R_r 和串联的限流电阻 R_E 有关. 增加 R_E 可以降低电桥的灵敏度. 这对

寻找电桥平衡的规律较为有利. 随着平衡逐渐接近, R_E 的值应适当减到最小值.

（4）与检流计的内阻 R_G 有关. R_G 越小, 电桥的灵敏度越高, 反之则越低.

（5）与四个桥臂电阻的搭配有关（当 $R_x = R_3, R_1 = R_2$ 时, 灵敏度最高）.

由上述分析可看出, 电桥灵敏度并非定值, 需随上述因素的变动而作具体的测定.

3. 箱式电桥

目前使用广泛的是具有十进制比例臂的箱式电桥, 如 QJ23 型箱式电桥, 其面板和原理图如图 2-5-2 及图 2-5-3 所示.

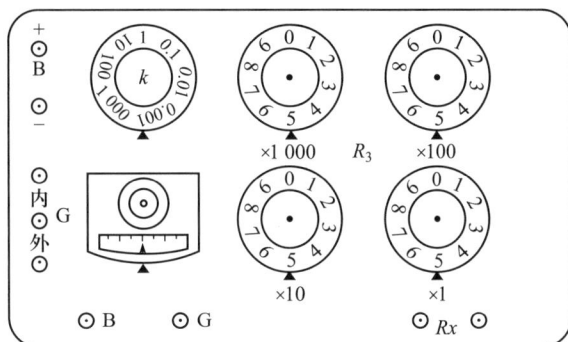

图 2-5-2　QJ23 型箱式电桥面板

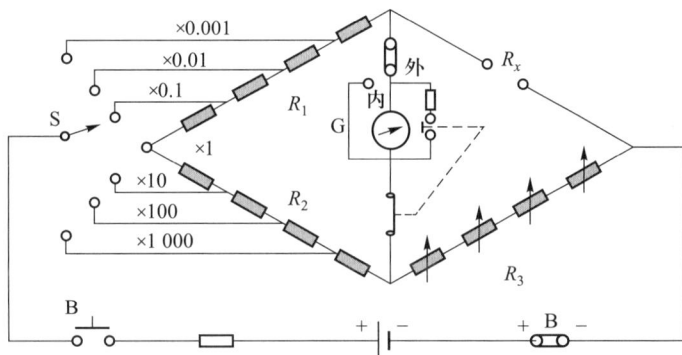

图 2-5-3　QJ23 型箱式电桥原理图

QJ23 型箱式电桥使用方法如下：

（1）打开电桥开关. 将 B、G 打到内接（"B"用来接通电源, "G"用来接通检流计）, 然后调零. 将待测电阻接在 R_x 两接线柱上.

（2）根据待测电阻的粗略值（标称值或万用表测出的数值）, 选定合适的比例臂数值, 使电桥平衡时, 比较臂的四个旋钮都能用上（测出四位有效数字）. 若 R_x 为数百欧, 比例臂倍率应选 0.1；若 R_x 为数千欧, 比例臂倍率应选 1；其他以此类推.

（3）将比较臂旋钮旋到 R_x 的粗略值乘以倍率的数值上.

（4）进行测量时, 先按下按钮"B", 再点按按钮"G"（即按一下立即放开）, 迅速观察检流计指针偏转方向, 根据偏转方向, 增加或减小 R_x 值, 直到点按按钮"G"时, 检流计指针不动为止. 此时比较臂 R_3 的数值乘以倍率 k 的数值就是被测电阻 R_x 的数值.

测量时, 有时遇到下列情况: 无论旋钮置于哪一位置时, 检流计指针都不指零. 如旋钮置于 4 时, 指针偏向 "+" 方向 2 格, 旋钮置于 5 时, 指针偏向 "−" 方向 6 格, 说明测量值最后一位在 4 和 5 之间某一值, 这时可根据指针 "+" "−" 偏转格数的大小来取其中一个值. 若有上面所述情况, 取 4 不取 5.

(5) 使用完毕应将 "B" 和 "G" 按钮松开 (先松开 "B", 再松开 "G". 这样操作可防止在测量电感性元件时损坏检流计). 最后将电桥开关关闭.

[实验内容]

1. 自组惠斯通电桥测电阻

(1) 用万用表粗测待测电阻的阻值.

(2) 参考图 2-5-1 组成电桥, 为便于调节, 应先将限流电阻 R_G 和 R_E 取较大值.

(3) 选定比例 k 及比较臂 R_3 预置值的大小. 根据被测电阻的大小确定 k 及 R_3 的值, 即将比例臂 R_1 与 R_2 和比较臂 R_3 旋钮拨到对应的值.

(4) 接通电源及检流计开关, 调节 R_3 使检流计示数为零. 然后逐渐减小 R_G 和 R_E 的值, 不断调整 R_3, 使检流计指针始终指零, 求出 R_x 的值.

(5) 由于各电阻箱的阻值并不完全相同, 也会带来误差, 而且是系统误差. 为此, 实验中采用交换 R_1、R_2 的方法进行测量 (也叫换臂测量).

2. 测量电桥的灵敏度

在电桥平衡的情况下, 使比较臂改变一个小量, 测出此时检流计指针偏转的格数, 求出电桥的灵敏度. 维持其他条件不变, 只改变电源电压, 测量不同电压下电桥的灵敏度. 维持其他条件不变, 只改变限流电阻 R_E 的阻值, 测量相应的电桥灵敏度.

3. 使用箱式电桥测量电阻

见 QJ23 型箱式电桥使用方法.

[注意事项]

1. 增大工作电压可提高灵敏度, 但应注意不要超过桥臂电阻的额定功率.

2. 测量过程中, 通电时间应尽量短暂, 避免因电阻发热而使测量结果发生偏差.

[思考题]

1. 电桥由哪几部分组成? 电桥的平衡条件是什么?

2. 怎样消除比例臂两个电阻不完全相等而造成的系统误差?

3. 在调节电桥平衡时, 如果检流计指针不偏转, 可能的原因是什么? 如果无论怎样改变比较臂 R_3 的值, 检流计指针都始终偏向一边, 其原因会是什么?

4. 箱式电桥按钮 "B" 和 "G" 的作用是什么? 操作顺序是怎样的?

实验 6　用十一线式电势差计测未知电动势

1. 学习和掌握电势差计的补偿原理.
2. 学会用十一线式电势差计测量未知电动势.

［实验仪器］

十一线式电势差计,直流工作电源,检流计,滑动变阻器(2 个,阻值相差较大),标准电池,待测干电池(1 节),单刀单向开关,单刀双向开关.

［装置介绍］

1. 十一线式电势差计

十一线式电势差计又称板式电势差计,具有结构简单、直观、便于分析讨论等优点,而且测量结果亦较准确. 如图 2-6-1 所示,电势差计的电阻丝长 11 m,往复绕在木板的十一个接线插孔 0,1,2,3,…,10 上,每两个插孔间电阻丝长度为 1 m. 其中,粗调端插头 B 可选插在插孔 0,1,2,3,…,10 中任一个位置. 最后一个电阻丝旁边附有毫米刻度的米尺,细调端接头 C 可在它上面滑动. 这样,粗调端插头 B 和细调端接头 C 间的电阻丝长度可在 0~11 m 间连续变化.

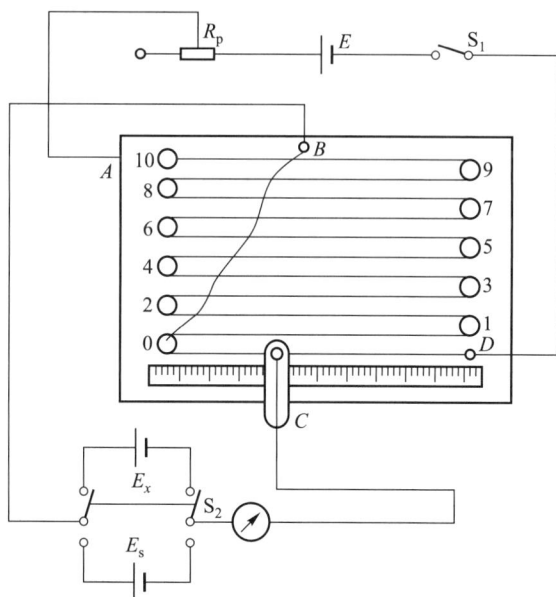

图 2-6-1　十一线式电势差计测量电动势的实验线路图

2. 标准电池

这是一种用作标准电动势的原电池. 由于内阻高, 在充放电情况下会极化, 不能用它来供电. 当温度恒定时, 它的电动势稳定. 在不同温度 (0~40 ℃) 下, 标准电池的电动势 $E_s(t)$ 要按下述公式换算:

$$E_s(t) = E_s(20) - [39.94(t-20) + 0.929(t-20)^2 - 0.009\,0(t-20)^3] \times 10^{-6} (\text{SI 单位})$$

其中, $E_s(20)$ 是 20 ℃ 时标准电池的电动势, 其值应根据所用标准电池的型号确定.

使用标准电池时要注意:

(1) 必须在温度波动小的条件下保存. 应远离热源, 避免太阳光直射.

(2) 正负极不能接错. 通入或由标准电池流出的电流不应超过 10^{-5} A. 不允许将两电极短路连接或用电压表去测量它的电动势.

(3) 标准电池内是装有化学物质溶液的玻璃容器, 要防止震动和摔坏. 一般不可倒置. 在容器内加了微孔塞片的标准电池可防止因倒置而损坏 (具体情形要看标准电池外壳上的说明).

3. 指针式检流计

指针式检流计是一种便携型磁电式结构的仪器, 其活动部分用短路阻尼的方法制动, 这样可防止活动部分、张丝等因机械振动而引起形变, 当小旋钮拨向红点位置时, 线圈即被短路.

检流计除接线柱外还有电计按钮及短路按钮, 它们给检流计的应用带来很大方便. 在使用过程中, 若需要短时间将检流计与外电路接通, 只要将电计按钮按下即可; 若需要长时间接通, 则可将电计按钮锁住. 若在使用过程中检流计指针不停摆动, 可将短路按钮按下, 指针便会很快停止. 具体的使用方法如下:

(1) 使用时首先将检流计接线柱端钮按其 "+" "−" 标记接入电路内.

(2) 将小旋钮拨向白点位置, 并用零位调节器调整指针零位.

(3) 按下电计按钮, 检流计即被接入电路, 如需将检流计长期接入电路, 可将电计按钮按下, 并转一角度将其锁住即可.

(4) 使用中若指针不停摆动, 按一下短路按钮, 指针便立刻停止摆动.

(5) 检流计使用完毕后, 必须将小旋钮拨向红点位置, 此时电计按钮及短路按钮弹起.

[实验原理]

1. 补偿原理

如图 2-6-2(a) 所示, E_x 为待测电源的电动势, E_0 为可改变电势差的标准电源, G 为检流计. 调节 E_0 使检流计指零, 此时必有 $E_x = E_0$, 即 E_x 和 E_0 大小相等, 方向相反. 这种方法是利用已知电压来抵消待测电压的, 故称为补偿法.

2. 十一线式电势差计工作原理

如图 2-6-2(b) 所示, 回路 AS_1ER_pDA 为辅助回路, BE_xGC 为补偿电路.

AD 为 11 m 长、粗细的均匀的电阻丝, 它的电阻 R 与长度 L 成正比, 即 $R=R_rL$, R_r 为单位长度的电阻值. B 与 C 为活动接头, S_1 为开关, E 为工作电源电动势, E_x 为待测电动势, G 为检流计, R_p 为滑动变阻器.

当 S_1 闭合时, 辅助工作回路中电流为 I_0, 根据欧姆定律可知, 电阻丝 AD 上任意两点间的

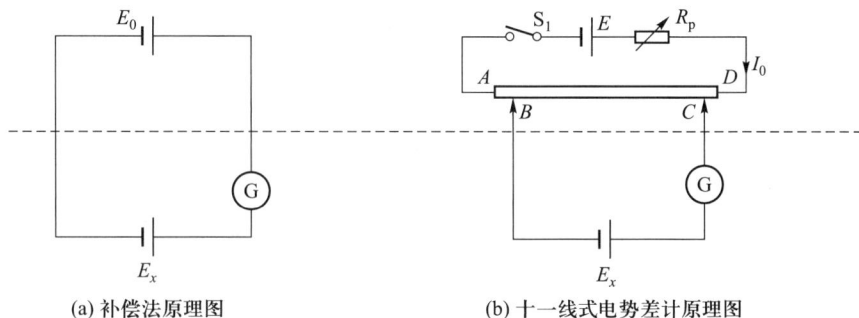

(a) 补偿法原理图　　　　　　　(b) 十一线式电势差计原理图

图 2-6-2

电压 U 与两点间的距离成正比. 因此,在电压 $U_{AD}>E_x$ 的条件下,可以改变 BC 的间距,使检流计 G 指零,此时 BC 间的电压为

$$U_{BC} = E_x \tag{2-6-1}$$

对比图 2-6-2(a)和(b)中虚线上方可见,U_{BC} 就相当于可调节电源的电动势 E_0. 而

$$U_{BC}=I_0R_{BC}=I_0r_rL_{BC} \tag{2-6-2}$$

在工作过程中,工作电流 I_0 保持不变,(2-6-2)式可写为 $U_{BC}=KL_{BC}$,其中 $K=I_0R_r$ 称为工作电流标准化系数(即单位长度电阻丝上的电压降).

于是由(2-6-1)式得

$$E_x = KL_{BC} \tag{2-6-3}$$

该式说明当 K 维持不变时,可以用电阻丝 B、C 两点间的长度 L_{BC} 来反映待测电动势的大小. 为此,必须确定 K 的数值来测定 E_x. L_{BC} 的最大长度为 11 m,要使 K 被确定后能够在测量 E_x 的范围内. 为使读数方便起见,取 K 为 0.100 00 V/m 或 0.200 00 V/m 等数值,则测量 E_x 的最大值为 1.100 0 V 或 2.200 0 V 等数值. 由于 $K=I_0r_r$,而且 r_r 已经确定,所以只有调节工作电流 I_0 的大小,才能得到所需的 K 值,这一过程通常称作"工作电流标准化".

如何进行工作电流标准化呢? 在图 2-6-2(b)的电路中,用标准电池 $E_s=1.018\ 66$ V 来代替 E_x. 若选用的工作电流标准化系数 K 已确定,则调整 BC 间距 $l'_{BC}=E_s/K$,然后调节 R_p,使流过检流计 G 的电流为零,l'_{BC} 两端的电压就等于标准电池电动势 E_s,此时辅助工作回路的工作电流 I_0 正好满足 K 的需求. 例如,现选定 $K=0.200\ 00$ V/m. 调整 BC 的间距 $l'_{BC}=E_s/K=$ (1.018 66/0.200 0) m = 5.093 3 m. 然后调节 R_p,使检流计指零. 此时 5.093 3 m 长的电阻丝上的电压为 1.018 66 V,所以每米电阻丝的电压为 0.200 00 V,完成了 $K=0.200\ 00$ V/m 的工作电流标准化调节. 这样,电势差计 11 根电阻丝上的总电压降是 $U_{AD}=0.200\ 00$ V/m×11 m = 2.200 0 V.

综上所述,用十一线式电势差计测量电动势的原理电路如图 2-6-1 所示,分别设置两个补偿回路. 单刀双向开关 S_2 首先应接通 E_s,进行工作电流标准化调节. 然后 S_2 接通 E_x,对未知电动势进行测量.

[实验内容]

1. 按图 2-6-1 连接线路.

注意:(1) 接线时断开所有的开关;(2) 直流工作电源 E 的正负极应与标准电池 E_s 和待

测电池 E_x 的正负极应相对;(3)为了使工作电流标准化调节方便和精细,R_p 应采用大、小两种阻值可变的电阻器串联起来使用,分别进行粗调和细调.

2. 工作电流标准化调节

(1)首先查明实验所用的标准电池电动势 $E_s(t)$ 的数值,并估测待测电动势的数值,结合这两个数值规定单位长度电压降(即工作电流标准化系数)K,则 $l'_{BC} = E_s(t)/K$.

(2)接通 S_1、捡流计和直流工作电源 E,将 S_2 与 E_s 相连.为选择适当的直流工作电源 E 的值,保恃电势差计电阻丝长度 $l'_{BC} = E_s(t)/K$,R_{p1} 和 R_{p2} 均调节至最大和最小时检流计指针偏向两侧,说明在最大阻值和最小阻值之间的某个位置可使检流计指针为零.值得注意的是,若始终偏向一侧,则需重新选择直流工作电源 E 的值、检查是否有断路或正负极性接错的情况.

(3)分别粗调 R_{p1}、细调 R_{p2},使 $I_G = 0$,即电势差计处于补偿状态,完成工作电流标准化调节.此后,在测量过程中,不能触动工作电源 E 和 R_{p1}、R_{p2},否则需重新进行工作电流标准化调节.

3. 测量待测干电池的电动势

固定 R_{p1} 和 R_{p2},即保持工作电流不变.将 S_2 倒向 E_x,调节活动插头 B(粗调端)和移动接头 C(细调端),找出使检流计指零时 BC 间电阻丝的长度 L_{BC}.为能准确找到 L_{BC} 可先将 B 插至最大阻值,检流计指针偏向一侧,粗调 B 端减小电阻丝长度,至检流计指针改向另一侧,则 L_{BC} 必是其中某一数值.可移动细调端 C 来确定准确的 L_{BC} 数值.

重复步骤 2(2)、2(3)、3,数据记入表 2-6-1,求出 L_{BC} 的平均值 $\overline{L}_{BC}$.于是 $\overline{E}_x = K\overline{L}_{BC}$.

4. 确定测量结果的误差.

若测得 G 的指针开始向左偏转时 BC 间电阻丝的长度为 L,开始向右偏时为 L',则 L_x 的最大误差 $\Delta L_x = (L-L')/2$.由于检流计指针本身的惯性,在通过的电流小于某一电流值时指针不能反映出来,使得电阻丝上每米的电压降 K 存在误差 ΔK,而且 $\Delta K/K \approx \Delta L_x/L_x$,可得到

$$\Delta E_x = \left(\frac{\Delta K}{K} + \frac{\Delta L_x}{L_x}\right)\overline{E}_x = 2\frac{\Delta L_x}{L_x}\overline{E}_x$$

因此

$$E_x = \overline{E}_x \pm \Delta E_x$$

[实验数据记录及处理]

表 2-6-1

工作电流标准化系数 K = ＿＿＿＿＿＿ V/m,$E_s(0)$ = ＿＿＿＿＿＿ V,t = ＿＿＿＿ ℃

测量次数	1	2	3	4	5
L_{BC}/m					

[注意事项]

1. 十一线式电势差计实验板上的电阻丝不要任意去拨动,以免影响电阻丝的长度及粗细

均匀.

2. 本实验所用标准电池,不允许用一般电压表或万用表测量它的电动势,更不允许把它作为电源使用,否则会损坏标准电池.

3. 调节电势差计平衡的必要条件是 E、E_s、和 E_x 的极性不能接错,并且需满足 $E>E_s$,$E>E_x$ 的条件.

4. 一旦工作电流标准化调节完毕,在测量 E_x 时不能再变动 R_p,更不能调换工作电池 E,否则读数将不准确,测量结果中会存在系统误差或错误.

[思考题]

1. 叙述电势补偿的原理及其特点. 画出十一线式电势差计的实验线路图,并简述其测量步骤.

2. 为什么要进行工作电流标准化调节?

3. 为什么十一线式电势差计采用十一线方式而不用九线方式?

4. 调节电势差计平衡的必要条件是什么? 为什么?

5. 在调节电势差计平衡时发现检流计指针始终朝一个方向偏转,这可能是什么原因?

6. 为什么电势差计采用了电势比较法? 提高电势差计的准确度应注意哪些方面?

7. 十一线式电势差计能否"扩大量程"? 扩大量程应采取什么措施?

实验 7　示波器的使用

［实验目的］

1. 了解示波器显示电信号波形的原理.
2. 观察正弦电信号的波形.
3. 学会用示波器测量交流电压峰-峰值及周期.
4. 学会用示波器观察李萨如图形.

［实验仪器］

示波器,函数信号发生器.

［装置介绍］

示波器的种类繁多,但原理、结构大致相同. 本实验重点介绍 VP－5220D 示波器. VP－5220D 示波器的操作部分主要由以下几部分组成:CRT 部分、垂直部分、水平部分、后面板. 其前面板如图 2-7-1 所示.

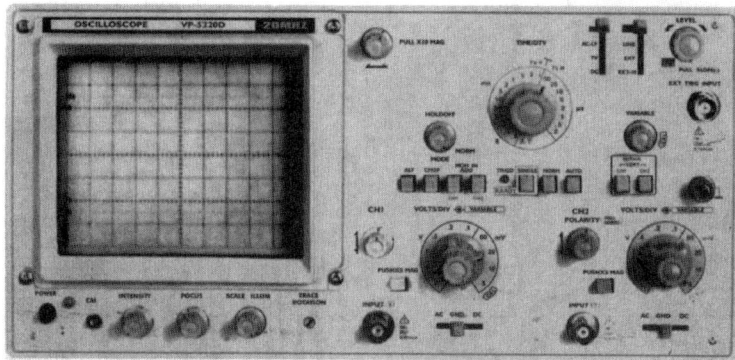

图 2-7-1　示波器的前面板

［实验原理］

示波器用途极为广泛,它最大的特点是能把看不见的电信号变换成可见的图像,如电流、电压波形等,还能测量相位、频率,是工程技术上常用的电子仪器.

示波器的基本结构见图 2-7-2. 最简单的示波器应包括以下五个部分:示波管、扫描发生器、同步电路、X 轴及 Y 轴电压放大器、电源供给.

由于示波管本身的 X 轴及 Y 轴偏转板的灵敏度不高,当加于偏转板的信号电压较小时,电子束不能发生足够的偏转,以致屏上光点位移过小,不便观测. 这就需要预先把小的信号电压加以放大再加到偏转板上. 为此,设置 X 轴及 Y 轴电压放大器. 用方框图表示于图 2-7-1 所示.

从"Y 轴输入"与"地"两端接入的输入电压 U_{in},经"衰减器"衰减为 $(R+9R)U_{in}/(R+9R+$

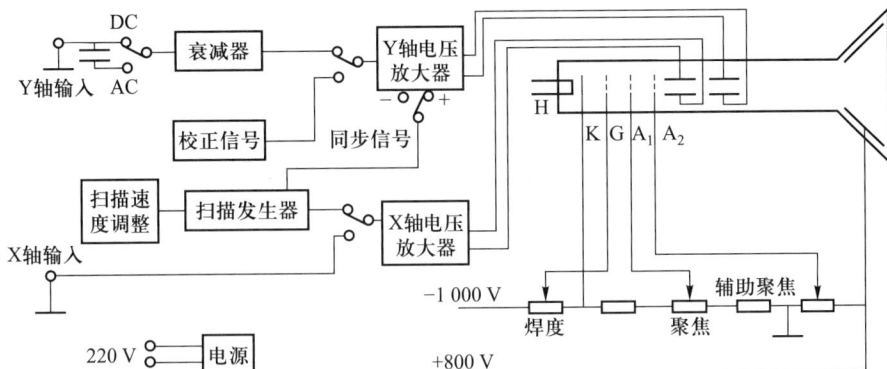

图 2-7-2　示波器基本结构

$90R$)$=U_{in}/10$ 后,作用于"Y 轴电压放大器". 经放大器放大 G 倍后,为 $GU_{in}/10$,作用于 Y_1-Y_2 两个偏转板,能使示波管屏上光点位移增大. 调节"Y 轴增幅"旋钮,即调整放大倍数 G,可连续地改变屏上光点位移的大小.

　　"衰减器"的作用是使过大的输入电压变小,以适应"Y 轴电压放大器"的要求,否则放大器不能正常工作,甚至受损. 衰减率通常分为三挡:1、1/10、1/100.

　　X 轴有同样作用的电压放大器与衰减器.

　　若要在屏上观测一个从 Y 轴输入的周期性信号电压的波形,则必须使一个(或几个)周期内的信号电压随时间变化的细节稳定地出现在荧光屏上,以利观测. 例如,交流电压 $U_y=U_m\sin\omega t$ 是时间的函数,它的正弦波形是熟知的. 但把电压 $U_y=U_m\sin\omega t$(通过放大器)加到两个 Y 轴偏转板时,荧光屏上的光点只是作上下方向的正弦振动,振动的频率较快时,看起来是一条垂直的线. 如果屏上的光点同时沿 X 轴正方向作匀速运动,我们就能看到光点描出了时间函数的一段正弦曲线. 如果光点沿 X 轴正向匀速地移动了 U_y 的一个周期之后,迅速反跳到原来开始的位置上,再重复 X 轴正向的匀速运动,则光点的正弦运动轨迹就和前一次的运动轨迹重合起来了. 每个周期都重复同样的运动,光点的轨迹就能保持在固定位置. 重复的频率较大时,可在屏上看见连续不动的一个周期函数曲线(波形). 光点沿 X 轴正向的匀速运动及反跳的周期过程,称为扫描.

　　扫描周期是 Y 轴信号周期的 n(整数)倍时,屏上将稳定地出现 n 个周期的 U_y 函数波形. 但是,两个独立发生的电振荡频率在技术上难以调节成准确的整数倍,因而屏上波形会发生横向移动,不能稳定显示,造成了观测困难. 克服的办法是,用 Y 轴信号频率去控制扫描发生器的频率,使信号频率准确地等于扫描频率或成整数倍. 电路的这个控制作用,称"整步"(或同步),是用放大后的 Y 轴电压作用于锯齿波发生器来完成的.

[实验内容]

1. 示波器的 CRT 部分调节

(1) 定标:将 Y 轴垂直偏转因数和时间扫描速度调节到最小,找到光点,调节垂直位置和水平位置,让光点位于屏幕的中央. 调节时间扫描,直至出现扫描线.

(2) 图像的亮度调节:调节"INTENSITY"旋钮,调整扫描线的亮度. 注意:扫描线的亮度过亮会灼伤荧光屏.

（3）辉线的聚焦调节：用进行 CRT 辉线的聚焦调整，即调整扫描线的清晰度.

（4）刻度的照明调节：用"SCALE ILLUM"调节屏幕的刻度照明，沿顺时针方向旋转，亮度变亮. 此功能在光线不足的工作场所或照相时使用.

（5）调整扫描线的倾斜：扫描线受强磁场及地磁的影响相对刻度将发生倾斜，需用"TRACE ROTATION"旋钮使其水平对准.

（6）校准：用"CAL 0.3V"端子输出约 1 kHZ、0.3 V 的方波校准电压和"VOLT/DIV"（即套轴的外侧旋钮），分别用于 X 轴和 Y 轴输入端的灵敏度校正及探头的调整. 注意：此次调节好"VOLT/DIV"（即套轴的外侧旋钮），在进行其他操作时切勿再旋转此旋钮，否则需重新校准.

2. 观察波形

（1）在 Y 轴（或 X 轴）的输入端输入一定频率的信号，相应地将内触发信号源开关选择至"CH2"（或"CH1"）.

（2）调节垂直灵敏度"VARIABLE"（即套轴的内侧旋钮）和时间扫描速率"TIME/DIV"，使波形完整地位于屏幕上.

（3）改变信号发生器上输入信号的波形（正弦波、方波、三角波），观察波形，并记录.

3. 测量交流电压峰-峰值 U_{P-P} 及周期 T（或频率 f）

（1）在 Y 轴（或 X 轴）的输入端输入一定频率的正弦信号，相应地将内触发信号源开关选择至"CH2"（或"CH1"）.

（2）调节垂直灵敏度"VARIABLE"（即套轴的内侧旋钮）和时间扫描速率"TIME/DIV"，使波形完整地位于管面上.

（3）记录垂直灵敏度"VARIABLE"（即套轴的内侧旋钮）的数值和完整波形峰-峰之间所占的格数，即得交流电压峰-峰值. 如垂直灵敏度的数值为 0.5 V/div，电压峰-峰之间所占的格数为 4.8 div，即得交流电压峰-峰值 $U_{P-P} = 0.5$ V/div×4.8 div = 2.4 V.

（4）记录时间扫描速率"TIME/DIV"（即套轴的内侧旋钮）的数值和完整波形一个周期所占的格数，即得交流电压周期. 如时间扫描速率的数值为 20 ms/div，一个周期所占的格数为 2.5 div，即得周期 $T = 20$ ms/div×2.5 div = 50 ms，频率 $f = \dfrac{1}{50\ \text{ms}} = 20$ Hz.

4. 观察李萨如图形

（1）将 X 轴和 Y 轴输入端分别输入一定频率的信号，相应地将时间扫描速率"TIME/DIV"逆时针旋至尽头"X-Y".

（2）分别调节 X 轴和 Y 轴输入端信号的频率，使示波器屏幕上呈现稳定的李萨如图形. 李萨如图形与振动频率之间的关系如图 2-7-3 所示.

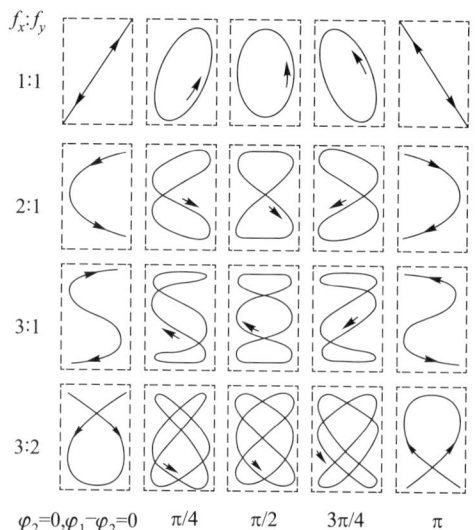

图 2-7-3　李萨如图形举例表

（3）用李萨如图形测出某一正弦波的频率. 若已知其中一个波形的频率和 N_x/N_y，即可由 $\dfrac{x\,方向切线对图形的切点数\,N_x}{y\,方向切线对图形的切点数\,N_y}=\dfrac{f_y}{f_x}$ 计算出另一波形的频率. 改变 X 轴和 Y 轴输入端信号的频率，可呈现不同的李萨如图形.

［注意事项］

1. 为了保护荧光屏不被灼伤，使用示波器时，光点亮度不能太强，而且也不能让光点长时间停在荧光屏的一点上.

2. 在实验过程中，如果短时间内不使用示波器，可将"INTENSITY"旋钮逆时针方向旋至尽头，截止电子束的发射，使光点消失. 不要经常通断示波器的电源，以免缩短示波管的使用寿命.

3. 根据示波器面板上的各控制部件的作用和功能，有目的地进行操作，避免盲目操作；调节要适度，不要用力过猛. 调节角度到达极限位置后应反向调节，不能继续用力扳动，以免损坏仪器.

4. 先正确连接线路，组成测试系统以后再开启电源；观测完毕后，先关断电源，然后拆掉连接线路，尽量避免带电操作，以防短路.

［思考题］

1. 开启示波器电源，在观察和测试之前，应怎样调节光点或扫描线的亮度和清晰度？

2. 观测正弦波电压的周期时应怎样调节波形使其清晰和稳定？

3. 用李萨如图形测量频率时，应怎样调节波形的大小和稳定？

4. 简要写出示波器面板上各旋钮的作用.

5. 在用李萨如图形测频率的实验中，当 X 轴与 Y 轴偏转板上的正弦电压频率相等时，屏上图形还在转动，这是为什么？

6. 示波器的扫描频率远大于或远小于 Y 轴正弦信号的频率时，屏幕上图形将是什么情形？试先从扫描频率等于正弦波信号频率的 2 倍、3 倍、…考察，然后推广到 n 倍的情形.

实验 8　低电阻的测量

[实验目的]

1. 了解四端引线法的意义及双臂电桥测量低电阻的原理.
2. 学会用双臂电桥测量低电阻,并计算导体的电阻率.

[实验仪器]

双电桥(开尔文电桥),稳压电源,检流计,电流表,螺旋测微器,游标卡尺,开关,待测金属线,电阻箱.

[实验原理]

惠斯通电桥只宜测几欧姆至几兆欧姆范围内的中等阻值的电阻. 而对阻值在 1 Ω 以下的低电阻,由于导线电阻和接触电阻(数量级为 $10^{-2} \sim 10^{-5}$ Ω)的存在,如果再用惠斯通电桥测量,会给测量结果带来很大的影响,尤其是附加电阻与待测电阻可以比拟时,测量基本上无法进行. 因此,如果我们要用电桥测量低值电阻,如测量金属材料的电阻率、电机、变压器绕组的电阻、低阻值线圈电阻等,就需要找到一种能避免接线电阻和接触电阻影响的方法.

1. 伏安法测低电阻的困难与处理

为了消除导线电阻和接触电阻的影响,先要弄清楚它们是怎样影响测量结果的. 首先分析一下,根据欧姆定律 $R = U/I$,用毫伏表和电流表测量电阻 R_x 的情况. 如图 2-8-1 所示,(a)是伏安法的一般电路,(b)是将 R_x 两侧的接触电阻、导线电阻以等效电阻 R_1'、R_2'、R_3'、R_4' 表示的电路图. 由于电压表的内阻较大,串接小电阻 R_1'、R_4' 对其测量影响不大,而 R_2'、R_3' 串接到被测低电阻 R_x 后,使被测电阻成为 $R_2' + R_x + R_3'$,其中 R_2' 与 R_3' 和 R_x 相比是不可不计的,有时甚至超过 R_x,因此图 2-8-1 的电路不能用以测量低电阻 R_x.

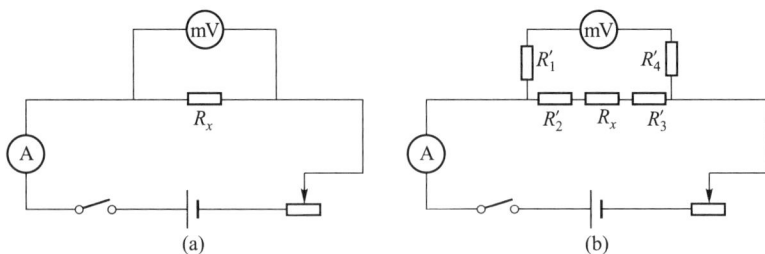

图 2-8-1　伏安法测量低电阻

解决上述测量的困难,在于消除 R_2'、R_3' 的影响,图 2-8-2(a)的电路可以达到这个目的. 它是将低阻 R_x 两侧的接点分为两个电流接点(cc)和两个电压接点(pp),这样电压表测量的是 pp 间低电阻两端的电压,等效电路可参照图 2-8-2(b). 这样的四端引线法测量电路使低电阻测量成为可能.

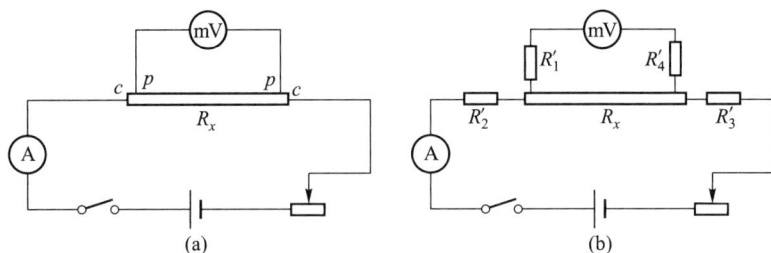

图 2-8-2　四端引线法测量低电阻

2. 测低电阻的开尔文电桥的原理

开尔文电桥测低电阻,就是将未知低电阻 R_x 和已知的标准低电阻 R_s 相比较,在连接电路时均采用四端引线法接线,比较电压的电路,如图 2-8-3 所示,R_1'、R_2'、R_3' 表示接触电阻和导线电阻,比较 R_x 和 R_s 两端的电压时,用通过两个分压电路 adc 和 b_1bb_2 去比较 b、d 两点的电势,由于 R_1、R_2、R_3、R_4 的电阻值较大,其两端的接触电阻和导线电阻可以忽略不计. 当 R_1、R_2、R_3 和 R_4 取某一值时可使 $I_G = 0$,即

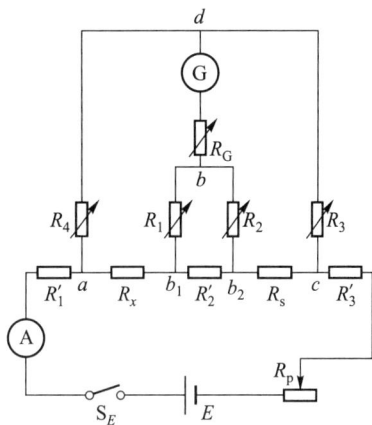

图 2-8-3　开尔文电桥的原理图

$$U_{bc} = U_{dc} \tag{2-8-1}$$

由于

$$U_{bc} = U_{b_1b_2}\frac{R_2}{R_1+R_2} + U_{b_2c} \approx I_{R_2'}\left(\frac{R_2'R_2}{R_1+R_2} + R_s\right) \tag{2-8-2}$$

$$U_{dc} = U_{ac}\frac{R_3}{R_3+R_4} \approx I_{R_s}(R_x + R_2' + R_s)\frac{R_3}{R_3+R_4} \tag{2-8-3}$$

由于 $R_2' \ll R_1$ 或 $R_2' \ll R_2$,上二式中取 $I_{R_2'} \approx I_{R_s} = I$,代入(2-8-1)式消去 I 得

$$\frac{R_3(R_x + R_2' + R_s)}{R_3+R_4} = \frac{R_2R_2'}{R_1+R_2} + R_s \tag{2-8-4}$$

整理上式改写成为

$$R_x = R_s\frac{R_4}{R_3} + R_2'\left(\frac{1+\dfrac{R_4}{R_3}}{1+\dfrac{R_1}{R_2}} - 1\right) \tag{2-8-5}$$

从上式可以看出,当 $\dfrac{R_4}{R_3} = \dfrac{R_1}{R_2}$ 时,式中右侧括号中的值等于零,因而不好处理的接触电阻及导线电阻 R_2' 的影响被消除,结果变成

$$R_x = R_s\frac{R_4}{R_3} \tag{2-8-6}$$

即在满足 $U_{bc} = U_{dc}(I_G = 0)$ 和 $\dfrac{R_4}{R_3} = \dfrac{R_1}{R_2}$ 的条件下,可用(2-8-6)式算出未知低电阻值 R_x.

[实验内容]

1. 用组装双电桥测低电阻

（1）如图 2-8-4 所示,采用四端引线法连接电路组成开尔文电桥.

（2）R_G 和 R_p 都取较大阻值,闭合开关 S_1 和 S_E.

（3）根据检流计的偏转,改变 R_1/R_2 的比值,并保持 $R_1/R_2 = R_4/R_3$,逐渐使电桥平衡,即检流计指零.每次调节时,要先断开电源开关 S_E,调节后并确认无误时,再闭合 S_E.

（4）当粗调平衡后,减小 R_G 和 R_p 再细调平衡.待电桥平衡后,分别记下 R_1、R_2、R_3、R_4 和金属线长度 l.

（5）改变 3 次金属线长度 l,反复测量.

（6）换上其他金属丝,再重复上述（1）—（5）操作.

2. 用便携式开尔文电桥测量低电阻

（1）将被测电阻 R_x 接在电桥接线柱的四个端钮上.注意:应根据电源的实际使用情况,进行"电源选择"是内接或是外接.

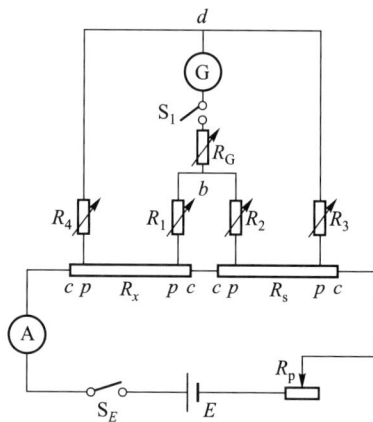

图 2-8-4　开尔文电桥的实验线路

（2）按下"B_1"按钮,调节倍率读数盘和灵敏度,至检流计指针为零.

（3）当电桥平衡时,记下倍率 M、读数盘读数 X 和金属线长度 l.

（4）改变 3 次金属线长度 l,反复测量.

（5）换上其他金属丝,再重复上述（1）—（4）操作.

3. 测量金属线直径 d,并用电阻率 $\rho = \dfrac{\pi d^2}{4l} R_x$,求各组 (l, R_x) 的 ρ 值,再求 $\bar{\rho}$ 和 $u(\rho)$.

[注意事项]

1. 电阻一定要接好.开始时电源电压应较低.当电桥接近平衡时再将电源电压升高,以保证检流计和电源的安全.

2. 接线柱要拧紧,接触要紧密,以减少接触电阻.

3. 电阻棒表面要擦拭干净.

4. 由于本实验工作电流大,电源接触时间应尽量短,以免电阻发热.

5. 应严格按照检流计使用方法操作.

[思考题]

1. 总结双电桥是如何减小接线电阻和接触电阻的影响的.

2. 如果发现电桥灵敏度不够高,原则上可采取哪些措施? 这些措施受什么影响?

3. 若四端待测低电阻的电流端、电压端内外接反了（电流方向未错）,标准电阻 R_s 未接反,这对实验结果有何影响? 为什么?

实验 9　半导体热敏电阻特性的研究

[实验目的]

1. 研究热敏电阻的温度特性.
2. 进一步掌握惠斯通电桥的原理和应用.

[实验仪器]

箱式惠斯通电桥,控温仪,热敏电阻,直流电稳压电源等.

[装置介绍]

箱式惠斯通电桥的基本特征是,在恒定比值 R_1/R_2 下,变动 R_b 的大小,使电桥达到平衡. 它的线路结构和滑线式电桥相似,它只是把各个仪表都装在木箱内,便于携带,因此叫箱式电桥,其形式多样. 现介绍 QJ23 型携带式直流单臂电桥.

图 2-9-1 为其面板布置图,中间四个电阻是比较臂 R_b,右上角是比例臂 R_1/R_2,右下角两只接线柱是接待测电阻,左上角一对接线柱用来外接电源. 左下角三只接线柱用来接电流表,当接线片把下面两个接线柱相连时,是使用内部电流表,当接线片把上面两个接线柱相连时,内部电流表被短路,然后在下面两个接线柱间外接电流表. 中间下面两个按钮分别是电源开关(B),电流表开关(G),使用时要注意,测量时应先按下 B 后按下 G,断开时要先放开 G 后放开 B. 电流表上的旋钮是调节指针零点的,叫做机械调零器.

图 2-9-1　箱式惠斯通电桥

[实验原理]

半导体材料做成的热敏电阻是对温度变化表现得非常敏感的电阻元件,它能测量出温度的微小变化,并且体积小、工作稳定、结构简单. 因此,它在测温技术、无线电技术、自动化和遥控等方面都有广泛的应用.

半导体热敏电阻的基本特性是它的温度特性,而这种特性又是与半导体材料的导电机制密切相关的. 半导体中的载流子数目随温度升高而按指数规律迅速增加. 温度越高,载流子的数目越多,导电能力越强,电阻率也就越小. 因此热敏电阻随着温度的升高,它的电阻将按指数规律迅速减小.

实验表明,在一定温度范围内,半导体材料的电阻 R_T 和绝对温度 T 的关系可表示为

$$R_T = a\mathrm{e}^{b/T} \qquad\qquad (2-9-1)$$

其中,常量 a 不仅与半导体材料的性质有关,而且与它的尺寸也有关系,而常量 b 仅与材料的性质有关. 常量 a、b 可通过实验方法测得. 例如,在温度 T_1 时测得其电阻为 R_{T_1}:

$$R_{T1} = ae^{b/T_1} \tag{2-9-2}$$

在温度 T_2 时测得其阻值为 R_{T2}:

$$R_{T2} = ae^{b/T_2} \tag{2-9-3}$$

将以上两式相除,消去 a 得

$$\frac{R_{T1}}{R_{T2}} = e^{b\left(\frac{1}{T_1} - \frac{1}{T_2}\right)}$$

再取对数,有

$$b = \frac{\ln R_{T1} - \ln R_{T2}}{\left(\dfrac{1}{T_1} - \dfrac{1}{T_2}\right)} \tag{2-9-4}$$

把由此得出的 b 代入(2-9-2)式或(2-9-3)式中,又可算出常量 a,由这种方法确定的常量 a 和 b 误差较大,为减小误差,常利用多个 T 和 R_T 的组合测量值,通过作图的方法(或用回归法最好)来确定常量 a、b,为此取(2-9-1)式两边的对数.变换成直线方程:

$$\ln R_T = \ln a + \frac{b}{T} \tag{2-9-5}$$

或写作
$$Y = A + BX \tag{2-9-6}$$

式中,$Y = \ln R_T$,$A = \ln a$,$B = b$,$X = 1/T$,然后取 X、Y 分别为横、纵坐标,对不同的温度 T 测得对应的 R_T 值,经过变换后作 X-Y 曲线,它应当是一条截距为 A、斜率为 B 的直线.根据斜率求出 b,又由截距可求出 $a = e^A$.

确定了半导体材料的常量 a 和 b 后,便可计算出这种材料的激活能 $E = bk$(k 为玻耳兹曼常量)以及它的电阻温度系数:

$$\alpha = \frac{1}{R_T} \frac{dR_T}{dT} = -\frac{b}{T^2} \times 100\% \tag{2-9-7}$$

显然,半导体热敏电阻的温度系数是负的,并与温度有关.

热敏电阻在不同温度时的电阻值,可用惠斯通电桥测得.

[实验内容]

1. 惠斯通电桥平衡的调节:调节 $R_1/R_2 = 1$.

2. 温度调到 10 ℃,调节电阻箱 R_0,使检流计的读数为零(为什么?),并记录此时的温度值 t 和电阻值 R_t.(一般很难使检流计的读数完全为零,故在调节时,检流计的读数尽量接近零即可.)

3. 按图 2-9-2 实验装置接好电路,安置好仪器.在容器内盛入水,开启直流电源开关,在电热丝中通以 2.5~3.0 A 的电流,对水加热,使水温逐渐上升,温度由水银温度计读出.

4. 调节温度:从 10 ℃ 开始,每增加 5 ℃ 测量一次(重复步骤2),直至 90 ℃,将所测温度和电阻填入表格中;再使温度从 90 ℃ 开始依次下降 5 ℃ 直至 10 ℃,同时测量电阻值.

5. 所有温度测完后,描点绘出曲线,并保存数据和图像.

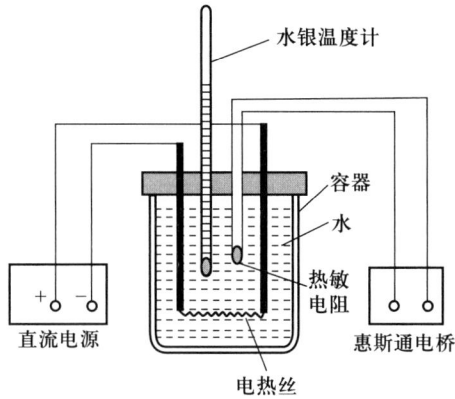

图 2-9-2　实验装置图

[实验数据记录及处理]

1. 完成测量后记录数据,并计算相应的项目,分别填入下表中.

物理量	数据			
$t/\ ℃$				
$R_t/Ω$(升温)				
$R_t/Ω$(降温)				
$R_t/Ω$(平均)				
$T(\ =t+273.2)/K$				
$(0.001/T)/K^{-1}$				
$\ln R_t$				

2. 绘出 R_t-t 曲线和 $\ln R_t$-$\dfrac{1}{T}$ 曲线,并分别分析两者各自的特点.

3. 用 $\ln R_t$-$\dfrac{1}{T}$ 曲线求出此半导体热敏电阻的材料常量 B.

4. 利用上面的数据求出常量 A.

5. 求出温度为 20 ℃、50 ℃时的电阻温度系数 $α_t$.

[思考题]

1. 半导体热敏电阻具有怎样的温度特性?

2. 怎样用实验的方法确定(2-9-1)式中的 a、b?

3. 利用半导体热敏电阻的温度特性,能否制作一只温度计?

4. 为什么在计算 A、B、$α$ 时,通常用 $\ln R_t$-$\dfrac{1}{T}$ 特性曲线而不用 R_t-t 曲线?

5. 举例说明半导体热敏电阻的特点和应用.

实验 10　灵敏电流计特性的研究

［实验目的］

1. 了解灵敏电流计的基本结构和工作原理.
2. 掌握测量灵敏电流计的内阻和灵敏度的方法.
3. 学会正确使用灵敏电流计.

［实验仪器］

灵敏电流计,直流稳压电源,滑动变阻器,电阻箱 2 个,标准电阻,直流电压表,单刀双向开关,换向开关.

灵敏电流计是一种重要的电学测量仪器,它的灵敏度很高,用来检测闭合回路中的微弱电流($10^{-6} \sim 10^{-10}$A)或微弱电压($10^{-3} \sim 10^{-6}$V),如光电流、生理电流、温差电动势等,更常用作检流计,如作为电桥、电势差计中的示零器.常见的有指针式、壁架式和光点式等.本实验研究的是光点式灵敏电流计.

［装置介绍］

光点式灵敏电流计的结构如图 2-10-1 所示.在永久磁铁之间有一圆柱形软铁芯,使空隙中的磁场呈辐射状分布.用悬丝将一个多匝矩形线圈垂直悬挂于空隙中,在线圈下端装置了一个平面小镜.从光源发出的一束定向聚焦光首先投射在小镜上,反射后射到凸面镜上,再反射到长条平面镜上,最后反射到弧形标度尺上,形成一个中间有一条黑色准丝像的方形光斑.当有微弱电流通过线圈时,此线圈(及小镜)在电磁力矩作用下以悬丝为轴而偏转,于是小镜的反射光也改变方向.这个反射光起了电流计指针的作用.由于这种装置没有轴承,消除了难以避免的机械摩擦;又由于发射光

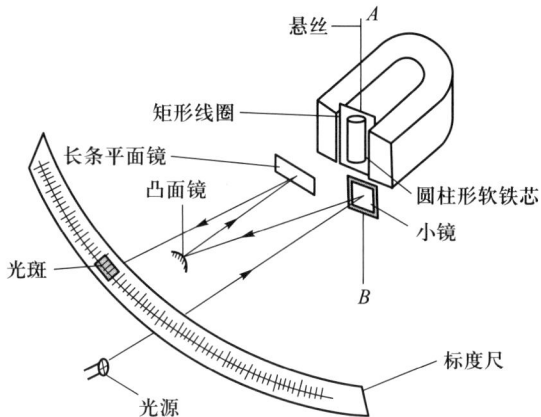

图 2-10-1

线多次来回反射,增加了"光指针"的长度,使在同样转角下,"光指针针尖"(光斑)所扫过的弧长增加,所以这种电流计的灵敏度得到大大提高.

AC15 型电流计的面板如图 2-10-2 所示.图中"零点调节"为粗调旋钮,固定在标度尺上的手柄为零点细调,左右移动它可使光斑准确对准零点.面板的左上部有一转换旋钮(分流器),当它指"×1"挡时,灵敏度最高,指"×0.1"和"×0.01"挡时,灵敏度分别降低为原来的 1/10 和 1/100,当标度盘上找不到光点影像时,可将电流计开关置于"直接"处,并将电流计轻微摆动,如有光点影像扫掠时,则可调节零点调节器,将光点调至标度盘上,当光斑晃动不止或搬动

检流计时,应将分流器指向"短路"位置,以便保护电流计的悬丝.

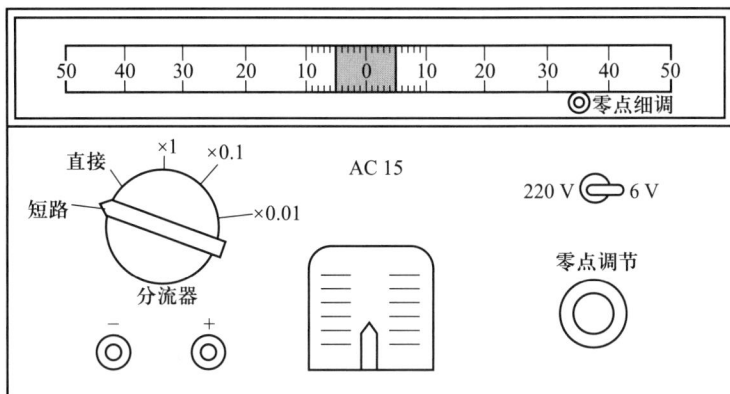

图 2-10-2

[实验原理]

1. 灵敏电流计的灵敏度

通过电流计线圈的电流 I_g 与线圈的偏转角 θ 成正比,由图 2-10-3 可知,线圈(及小镜)的偏转角 θ 又与光斑的位移 d 成正比,所以,通过线圈的电流 I_g 与光斑的位移 d 成正比. 即

$$I_g = Kd \qquad (2-10-1)$$

式中的比例系数 K 称为电流计常量,单位是 A/mm,也就是光斑偏转 1 mm 所对应的电流值,它的倒数

$$S_i = \frac{1}{K} = \frac{d}{I_g} \qquad (2-10-2)$$

称为电流计的电流灵敏度,显然,S_i 越大(K 越小),电流计就越灵敏.

要定量测量电流,就必须知道 K 或 S_i 的数值. 一般在电流计的铭牌上标明了 K 或 S_i 的数值,但由于长期使用、检修等原因,其数值往往有所改变,所以使用电流计定量测量之前,必须测定 K 或 S_i 的数值.

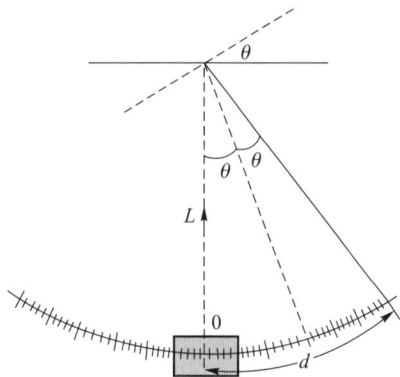

图 2-10-3

2. 灵敏电流计线圈的三种运动状态

在使用灵敏电流计时我们会发现,某些情况下,电流发生变化后,光标会来回摆动很久才逐渐停在新的平衡位置上,这样读数很浪费时间. 一般的指针式电表,内部装有电磁阻尼线圈,通电流后指针很快摆到平衡位置,因此上述问题不会引起注意. 但灵敏电流计的阻尼问题要求使用者在外部线路解决,这就需要研究一下如何用电磁阻尼控制线圈的运动状态.

线圈中有电流流过时,电流会提供驱动力矩,由于形变又会产生阻碍转动的弹性扭力矩,由电磁感应定律可知,闭合线圈在磁场中转动时因切割磁感线而产生感生电动势和感生电流. 这个感生电流也要受磁场作用,即线圈受到一个阻碍线圈转动的电磁阻尼力矩 M 的作用,由

电流计内阻 R_g 和外电阻 $R_外$ 组成的闭合回路总电阻和 M 成反比:

$$M \propto \frac{1}{R_g + R_外}$$

由此可见,可以通过改变 $R_外$ 的大小来控制电磁阻尼力矩 M 的大小. M 不同,线圈的运动状态也不同,按其性质可分为三种不同的状态:

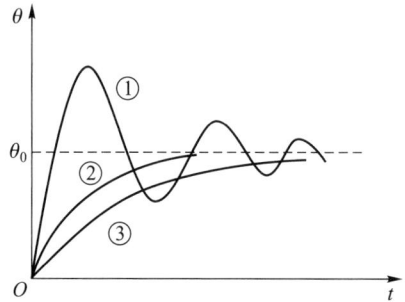

图 2-10-4

(1) 当 $R_外$ 较大时, M 较小,线圈作振幅逐渐衰减的振荡. 也就是说,线圈偏转到相应位置 θ_0 处不会立即停止不动,而是越过此位置,并以此位置为中心来回振荡,需较长时间才能停在平衡位置 θ_0 处. $R_外$ 越大, M 越小,振荡时间也就越长. 这种状态称为阻尼振荡状态或欠阻尼状态,如图 2-10-4 中曲线①所示.

(2) 当 $R_外$ 较小时, M 较大,线圈缓慢地趋向于新的平衡位置,也不会越过此平衡位置. $R_外$ 越小, M 越大,达到平衡位置的时间也越长,这种状态称为过阻尼状态,如图 2-10-4 中曲线③所示.

(3) 当 $R_外$ 适当时,线圈能很快达到平衡位置而又不发生振荡,处于欠阻尼与过阻尼的中间状态. 这种状态称为临界状态,如图 2-10-4 中曲线②所示,这时对应的 $R_外$ 叫做临界外电阻 $R_{外临}$, $R_{外临}$ 的数值标在铭牌上或说明书中.

3. 测定灵敏电流计的内电阻 R_g 和灵敏度 S_i

测量电路如图 2-10-5 所示, S_1 指向②端,电源电压经 R_4 分压后由电压表测出,再经 R_2、R_3 第二次分压加到电阻箱 R_1 和电流计 G 上,使电流计偏转一定的数值.

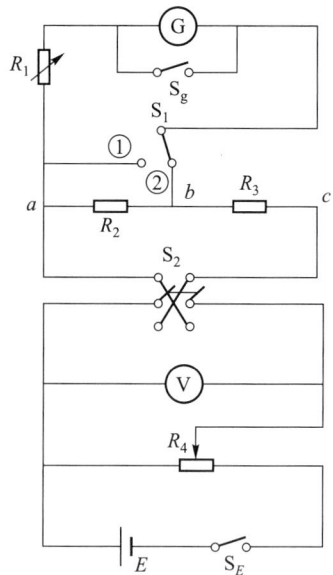

R_3 取几千欧姆, R_2 取 $2\ \Omega$, $(R_g + R_1)$ 一般选取几百欧姆. 在计算 R_2 两端的电压 V_{ab} 时,因为 $(R_g + R_1) \gg R_2$,且 $R_3 \gg R_2$, R_{ab} 是 ab 间的电阻,应为 R_2 与 $R_g + R_1$ 的并联值,故有

$$V_{ab} = \frac{R_{ab}}{R_3 + R_{ab}} V_{ac} \approx \frac{R_{ab}}{R_3} V_{ac}$$

则

$$\frac{(R_1 + R_g) R_2}{R_3 (R_1 + R_2 + R_g)} V_{ac} = I_g (R_1 + R_g)$$

整理上式得

$$R_1 = -(R_2 + R_g) + \frac{R_2}{R_3 I_g} V_{ac}$$

上式除了 R_1 和 V_{ac} 外均保持不变,则它是一个直线方程.

令 $A = -(R_2 + R_g)$, $B = \dfrac{R_2}{R_3 I_g}$,则有

$$R_1 = A + B V_{ac}$$

图 2-10-5

测量 n 组 R_1 和 V_{ac},求出截距和斜率,即可知

$$R_g = -(R_2 + A)$$

$$I_g = \frac{R_2}{R_3 B}$$

设实验时,由 R_1 控制电流计的偏转为恒定的 N 个格,则电流计灵敏度为

$$S_i = \frac{N}{I_g} = \frac{NR_3 B}{R_2}$$

图中 S_2 为转向开关,它可以改变电流计 G 中的电流方向,可采用左右各偏转测量取平均的方法消除电流左右偏转不对称而引入的系统误差. S_g 是短路开关.

[实验内容]

1. 调节灵敏电流计

(1) 待测电流由面板左下角标有"+"和"−"的两个接线柱接入,一般可以不考虑正负. 检流计电源插口在仪器背面,有 AC220 V 和 AC6 V 两种,在接通电源前,要特别注意的是电源的选择开关应和实际电源相符(本实验用 AC220 V).

(2) 实验时,先接通电源,看到光标后将分流器旋钮从"短路"挡转到"×0.01"挡,看光标是否指"0",若光标不指"0",应使用零点调节器和零点细调把光标调到"0"点. 若找不到光标,应先检查仪器的小灯泡是否发光,则若小灯泡是亮的,则轻拍检流计,观察光标偏在哪边. 若偏在左边,则逆时针旋转零点调节器;若偏在右边,则顺时针旋转零点调节器,使光标露出并调零.

(3) 测量时,检流计的"分流器"应从最低灵敏度挡(×0.01 挡)开始,或者把"分流器"旋钮直接转到指定的挡位"直接"挡上,对检流计进行调节,实验时再将挡位接到×1 挡,当实验结束时必须将分流器置于"短路"挡,以防止线圈或悬丝受到机械震动而损坏.

2. 观察灵敏电流计线圈的三种运动状态,并确定临界电阻.

参考图 2-10-5 连接电路,R_1 为电阻箱,R_2 为 2 Ω 标准电阻(注意:调完之后不能再动),R_3 为电阻箱(90 kΩ),电源电压取 15 V. 调节零点调节器,使光斑指零.

令 S_1 合向②,R_1 为 2 000 Ω,调节 R_4 使电流计有 50 mm 的偏转,将 S_1 从②迅速地合向①时,观察光点回零时的运动方式,判断属于哪种运动状态,记录数据在表 2-10-1 中. 逐渐减小 R_1,重复观察和记录,直到达到过阻尼运动状态为止.

3. 测定电流计的内阻 R_g 和灵敏度 S_i

调节 R_4 使 $V_{ac} = 2.0$ V,调节 R_1 使指针偏转 50 mm,记录 V_{ac} 和 R_1 的值. 把换向开关 S_2 打到另一端,重复测量,记录数据. 再调节 R_1 增大 V_{ac},重复上述步骤,测量 6 次,数据记入表 2-10-2,选取直线拟合的方法处理求出 R_g 和 S_i.

[实验数据记录及处理]

表 2-10-1

R_1/Ω							
运动状态							

表 2-10-2

V_{ac}/V	2.0	2.5	3.0	3.5	4.0	4.5
$R_{1左}$/Ω						
$R_{1右}$/Ω						
R_1 平均/Ω						

[注意事项]

1. 电流表的线圈及悬丝很精细,应注意保护,不容许过重的震动和过分的扭转. 不要随意搬动电表,非搬不可时,必须使电流计短路,且要轻拿轻放. 发现光标不动或偏离正常零点过大时,应请教师指导解决.

2. 实验过程中,电路调节应仔细进行,不要使光标偏转超过标度尺的最大量程.

3. 搁置不用时,应将电流计短路.

[思考题]

1. 灵敏电流计有较高的灵敏度是因为结构上进行了哪些改进?

2. 为什么要作两次分压?

3. 灵敏电流计在不使用的时候,为何要将其短路?

实验 11　冲击电流计特性的研究

[实验目的]

1. 了解冲击电流计的结构和工作原理.

2. 观察冲击电流计在过阻尼、临界阻尼和欠阻尼情况下的三种运动状态.

3. 学会测量冲击电流计的冲击常量,初步掌握冲击电流计的使用方法.

[实验仪器]

冲击电流计,电阻箱,标准互感器,电流表,滑动变阻器,电流换向开关,单刀开关,直流电源

[装置介绍]

冲击电流计的结构图如图 2-11-1 所示,1——S 磁极,2——N 磁极,3——悬丝,4——线框,5——反射镜,6——圆盘.

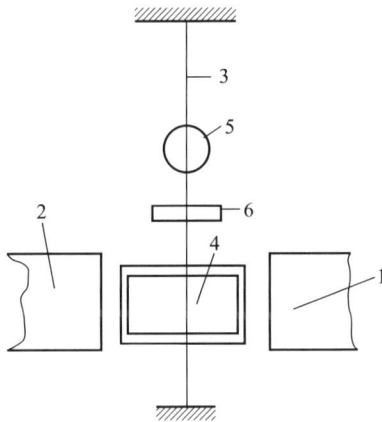

图 2-11-1　冲击电流计结构图

[实验原理]

1. 冲击电流计的工作原理

冲击电流计的结构与灵敏电流计相似,都属于磁电式检流计,它的结构特点,也就是它与一般灵敏电流计的区别在于它的线圈扁而宽或带一圆盘形重物(如图 2-11-1 所示),从而使线圈的转动惯量 J 较大,自由振荡周期 T_0 较长($T_0 = 2\pi\sqrt{J/D}$,式中 D 为线圈悬丝的扭转系数),普通磁电式检流计的 T_0 为 3~5 s,而冲击电流计的 T_0 约为 20 s. 正因为冲击电流计具有 T_0 的值较大这一特点,所以可用来测量短时期内脉冲电流所迁移的电量,以及与此有关的其

他测量,如磁感应强度、高电阻、电容的测量等. 当时间间隔 τ 很短 $\left(\tau \leqslant \dfrac{1}{20} T_0\right)$ 的脉冲电流通过线圈时,线圈的运动有以下特性:

（1）在脉冲电流通过的时间内,线圈虽有一个角速度,但还来不及偏转,线圈仍处于静止状态.

（2）当线圈开始偏转时,脉冲电流已经通过完毕.

利用以上的特性,由电磁理论可以推出,冲击电流计的线圈在脉冲电流作用下第一次最大偏转角 θ_{max} 与通过线圈的总电量 q 成正比. 在冲击电流计的标度尺与线圈上的反射镜之间的距离较远（如 1 m）的情况下,反射镜光标在标度尺上的偏转距离与线圈的偏转角成正比,因此冲击电流计光标第一次最大偏转距离 d_m 正比于通过线圈的总电量 q,即

$$q = C_q d_m \quad 或 \quad d_m = S_q q \qquad (2\text{-}11\text{-}1)$$

式中,比例系数 C_q 称为电量冲击常量,$S_q = 1/C_q$ 称为电量冲击灵敏度,C_q 和 S_q 都与电流计的装置、外电路的电阻有关.(2-11-1)式告诉我们,已知 C_q 或 S_q,由冲击电流计最大偏转值 d_m 可以求出通过电流计的电量 q.

2. 电量冲击灵敏度 S_q 的测量

在电磁测量中,电量冲击灵敏度可用不同方法来进行测量,这里介绍利用标准互感器来测定的方法,测量线路如图 2-11-2 所示;

E——直流电源;R_1,R_2——变阻器,用来粗调、细调初级回路电流;M——标准互感器用于产生脉冲电量;R_3——电阻箱,用来改变冲击电流计的工作状态;BG——冲击电流计,其内阻为 $R_内$;S_E——电源开关;S_1——换向开关,使互感器次级回路电流换向;S_2——单刀开关,控制冲击电流计回路的通与断;S_3——阻尼开关;A——电流表,测量初级回路电流.

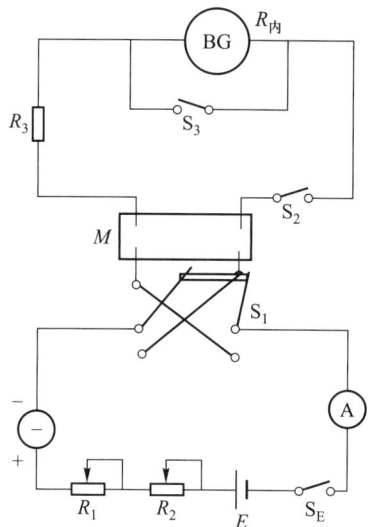

图 2-11-2　电量冲击常量测试电路图

先将 S_2 开关接通,使冲击电流计与标准互感器的次级线圈接通,然后利用换向开关换向,使电流由 I 变为 $-I$,即令电流变化为 ΔI,与此相应,在互感器次级线圈中磁通量变化为 $\Delta \Phi$,次级线圈两端产生的感应电动势为

$$E_感 = -\frac{d\Phi}{dt} \qquad (2\text{-}11\text{-}2)$$

由此在冲击电流计回路中产生一个脉冲电流 i,则电路方程为

$$E_感 = -\frac{d\Phi}{dt} = iR + L\frac{di}{dt} \qquad (2\text{-}11\text{-}3)$$

式中,R 和 L 为回路中的电阻和电感,将上式两边对时间积分:

$$-\int_0^\tau \frac{d\varphi}{dt} dt = R\int_0^\tau i dt + L\int_0^\tau \frac{di}{dt} dt \qquad (2\text{-}11\text{-}4)$$

式中,τ 为磁通发生变化的持续时间,也就是在互感器电流发生变化的持续时间. 由于在 $t = 0$

时,在次级回路中 $i=0$,$t=\tau$ 时,$i=0$,故上式右边第二项积分为零. 于是有

$$\Delta\varphi = RQ \qquad (2\text{-}11\text{-}5)$$

由前可知,冲击电流计的最大偏转距离 d_m 和电量 Q 成正比,即

$$d_\mathrm{m} = S_q Q \qquad (2\text{-}11\text{-}6)$$

代入上式得

$$\Delta\varphi = R\frac{d_\mathrm{m}}{S_q} \qquad (2\text{-}11\text{-}7)$$

$$S_q = R\frac{d_\mathrm{m}}{\Delta\varphi} \qquad (2\text{-}11\text{-}8)$$

而互感器次级线圈的磁通变化和初级线圈的电流变化成正比,即

$$\Delta\varphi = M\Delta I \qquad (2\text{-}11\text{-}9)$$

式中,M 为标准互感器的互感系数,将此式代入(2-11-8)式即得

$$S_q = \frac{Rd_\mathrm{m}}{M\Delta I} \qquad (2\text{-}11\text{-}10)$$

由上式可知,知道互感系数 M,初级线圈电流的变化 ΔI,以及冲击电流计的最大偏转距离 d_m 和整个回路的总电阻 $R = R_外 + R_内$,即可求得电量灵敏度 S_q.

[实验内容]

1. 测定冲击电流计的自由振动周期 T_0. 连接好电路后,调节望远镜、叉丝和标度尺,改变滑动变阻器 R_1 和 R_2,使冲击电流计有较大的偏转,然后将换向开关 S_1 和 S_2 依次断开,用秒表测 10 个周期的时间,测三次取平均值,试与灵敏电流计自由振动周期加以比较.

2. 观察在不同外电阻时线圈的三种运动状态. 在保持电量不变的条件下观察欠阻尼、过阻尼和临界阻尼三种运动状态,并测出线圈第一次最大偏转时的 d_m 和从零开始到最大偏转距离再回到平衡位置零点所需要的时间,并加以比较,以判断 $R_外$ 在什么值时线圈回到平衡零点的时间最短. 观察时可以改变 $R_外$,以保持电量不变,当将换向开关 S_1 换向时,观察冲击电流计的偏转,记下偏转距离值,再将换向开关换向,记下由零到 d_m 再到零所需的时间. 电流 I 取合适的 I_0,I_0 值在不超过标准互感器的额定电流值的条件下,应尽量取得大些,若 $R = 4R_K$(R_K 和 M 值均由实验室给出),则根据 I_0、M 和 R_K 可得脉冲电量:

$$Q = \frac{2MI}{R} = \frac{2MI_0}{4R_K} = \frac{MI_0}{2R_K}$$

3. 观察冲击电流计最大偏转距离 d_m 和脉冲电量 Q 的关系. 保持 $R = R_K$ 不变,依次改变电流 I,对于每个 I 值需要分别正反向测量 d_m 的值,然后求平均值并估计误差. 注意:电流勿超出标准互感器的额定电流值.

[思考题]

1. 冲击电流计和灵敏电流计的主要区别是什么? 能否用灵敏电流计代替冲击电流计?

2. 为什么测量偏转距离采用左右读数取平均的方法?

3. 冲击电流计有哪三种运动状态?

实验 12　用冲击电流计测螺线管内轴线上磁场的分布

冲击法还可对间接磁测量仪器进行定标和校准,所以它在磁学测量中占有很重要的地位.

［实验目的］

1. 学习用冲击法测磁感应强度的原理和方法.
2. 掌握冲击电流计的使用方法.

［实验仪器］

直流电源,电流表,冲击电流计,标准互感,长直螺线管,探测线圈,滑动变阻器和开关等.

［实验原理］

1. 长直螺线管轴线磁场分布

螺线管(见图 2-12-1)是实验室常用的产生均匀磁场的装置,若螺线管通有电流 I,根据理论计算,可求得单层螺线管轴线上某点的磁感应强度:

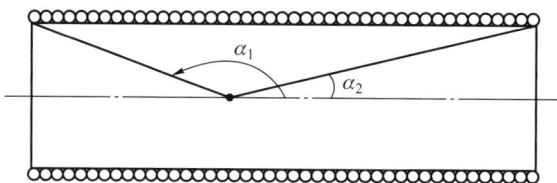

图 2-12-1　螺线管

$$B = \frac{1}{2}\mu_0 nI(\cos \alpha_2 - \cos \alpha_1) \qquad (2-12-1)$$

当螺线管半径远小于其长度时,螺线管可看成无限长,对于管的中部,则式中 $\alpha_1 \to \pi, \alpha_2 \to 0$,因此有

$$B = \mu_0 nI \qquad (2-12-2)$$

而对于螺线管两端点:

$$B = \frac{1}{2}\mu_0 nI \qquad (2-12-3)$$

以上各式中:$\mu_0 = 4\pi \times 10^{-7} \mathrm{N \cdot A^{-1}}$;$n$ 为螺线管单位长度上的匝数,单位为 $\mathrm{m^{-1}}$;若 I 的单位为 A,则磁感应强度 B 的单位为 T(特斯拉:$\mathrm{N \cdot A^{-1} \cdot m^{-1}}$).

2. 用冲击法测螺线管磁场的原理

测量线路如图 2-12-2 所示,欲测螺线管轴线上某处的 B,可将一匝数为 N,线圈面积为 S 的小探测线圈置于该处,使线圈平面与磁感线垂直,并与冲击电流计组成闭合回路,以下为讨论方便计,各量均取其绝对值,利用图 2-12-2 中的反向开关 S_1,使螺线管中的电流突然反向,

根据电磁感应定律,探测线圈中产生的感生电动势的大小为

$$E = \frac{\Delta \Phi}{\Delta t} = \frac{NS\Delta B}{\Delta t}$$

如果探测线圈回路的电阻为 R,则线圈中的瞬时感生电流的大小为

$$i = \frac{E}{R} = \frac{\Delta \Phi}{R\Delta t}$$

通过冲击电流计迁移的电量为

$$\Delta Q = i\Delta t = \frac{\Delta \Phi}{R} = \frac{NS\Delta B}{R} \qquad (2\text{-}12\text{-}4)$$

设电流计的最大偏转为 d,C_d 为电流计偏转单位长度所对应的通过冲击电流计迁移的电量,$\Delta Q = C_d \cdot d$,代入 $(2\text{-}12\text{-}4)$ 式,经恒等变换得

$$\Delta B = \frac{C_d R d}{NS} \qquad (2\text{-}12\text{-}5)$$

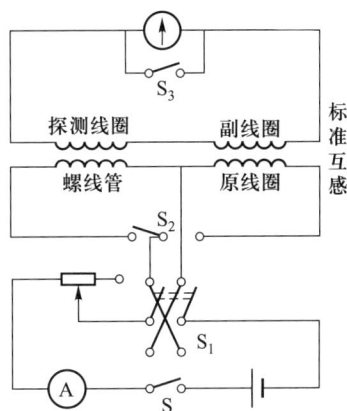

图 2-12-2　测磁感应强度线路

由于电流反向后,磁感应强度由 B 变为 $-B$,所以 ΔB 的大小为

$$\Delta B = B - (-B) = 2B$$

代入 $(2\text{-}12\text{-}5)$ 式得

$$\Delta B = \frac{C_d R d}{2NS} = \frac{Kd}{2NS} \qquad (2\text{-}12\text{-}6)$$

式中,$K = C_d R$ 称为磁通冲击常量,由 $(2\text{-}12\text{-}6)$ 式可导出

$$K = \frac{NS \cdot 2B}{d} = \frac{NS\Delta B}{d} = \frac{\Delta \Phi}{d} \qquad (2\text{-}12\text{-}7)$$

由该式可看出,K 的大小表示电流计偏转单位长度所对应的磁通量的变化,显然只要回路电阻 R 不变,K 就不变.

K 的值可通过标准互感器测出,将开关 S_2 合向标准互感一侧,在它的原线圈中通电流 I',利用 S_1 使电流突然反向,若互感系数 M 已知,则可算出互感器副线圈中的磁通量的变化:

$$\Delta \Phi' = MI' - (-MI') = 2MI'$$

若 $\Delta \Phi'$ 引起电流计的最大偏转为 d',由 $(2\text{-}12\text{-}7)$ 式可得

$$K = \frac{\Delta \Phi'}{d'} = \frac{2MI'}{d'} \qquad (2\text{-}12\text{-}8)$$

$(2\text{-}12\text{-}8)$ 式就是 K 的测量公式,将 $(2\text{-}12\text{-}8)$ 式代入 $(2\text{-}12\text{-}6)$ 式,即得到 B 的测量公式为

$$B = \frac{MI'}{NS} \cdot \frac{d}{d'} \qquad (2\text{-}12\text{-}9)$$

$(2\text{-}12\text{-}9)$ 式中,M、N、S 为已知,I' 由实验室给定,故只要测出 d、d' 就可求出 B.

[实验内容]

1. 实验准备

调节冲击电流计的望远镜及标度尺零点,按图 2-12-2 接线,标准互感器接线柱 I 接原线圈,接线柱 II 接副线圈.

2. 测量磁通冲击常量 K

将开关 S_2 合向标准互感器一侧,按卡片所给值调节 I',按原理所述方法测量 d',测量时要分别测出电流计左右偏转的最大读数 d_1'、d_2',求得 $d' = (d_1' + d_2')/2$,为减小随机误差,d' 要测 5 次,求得 d',由 d' 求出 K 的值.

3. 测螺线管轴线上的磁场

将开关 S_2 合向螺线管一侧,调节电流 I,改变探测线圈在螺线管中轴线上的不同位置,分别测出电流计的最大偏转 d,方法与测 d' 相同.

进行 2、3 两项测量时,需注意应充分利用阻尼开关键 S_3,使光标尽快停稳后,再进行下一次测量.

[实验数据记录及处理]

1. 将实验参量及测量数据记入自拟表格.
2. 计算螺线管轴线各处 B 的值,并用毫米方格纸画出磁场分布的 $B/B_0 - x$ 曲线.

[思考题]

换向开关 S_1 应如何操作才能尽量减小测量误差?

实验 13 磁场的描绘

[实验目的]

1. 掌握用感应法测量磁场的原理.
2. 研究载流圆线圈轴向磁场的分布.

[实验仪器]

磁场描绘仪,磁场描绘仪信号源,交流毫伏表,探测线圈,垫片,定位针,导线等.

[实验原理]

1. 圆电流轴线上的磁场分布

设一个圆电流如图 2-13-1 所示.根据毕奥-萨伐尔定律,它在轴线上某点 P 的磁感应强度为

$$B_x = B_0 \left[1 + \left(\frac{x}{R} \right)^2 \right]^{-3/2} \tag{2-13-1}$$

或

$$\frac{B_x}{B_0} = \left[1 + \left(\frac{x}{R} \right)^2 \right]^{-3/2} \tag{2-13-2}$$

式中,$B_0 = \dfrac{\mu_0 I}{2R}$,是圆电流中心($x = 0$ 处)的磁感应强度,也是圆电流轴线上磁场的最大值.当 I、R 为确定值时,B_0 为常量.

2. 亥姆霍兹线圈的磁场分布

亥姆霍兹线圈由线圈匝数 N、半径 R、电流大小及方向均相同的两个圆线圈组成(图 2-13-2). 两个圆线圈的平面彼此平行且共轴,二者中心间的距离等于它们的半径 R. 若取两线圈中心连线的中点 O 为坐标原点,则此两线圈的中心 O_A 及 O_B 分别对应于坐标值 $R/2$ 及 $-R/2$.

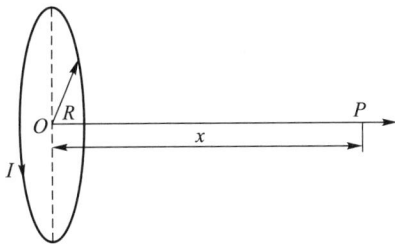

图 2-13-1

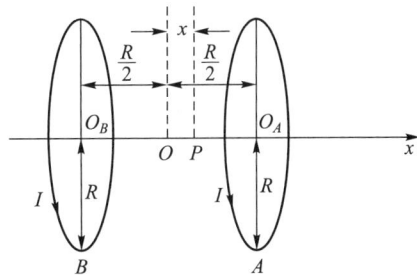

图 2-13-2

由于线圈中的电流方向相同,因而它们在轴线上任一点 P 处所产生的磁场同向.按照(2-13-1)式,它们在 P 点产生的磁感应强度分别为

$$B_A = \frac{\mu_0 I R^2 N}{2\left[R^2 + \left(\dfrac{R}{2} - x\right)^2\right]^{3/2}}$$

和

$$B_B = \frac{\mu_0 I R^2 N}{2\left[R^2 + \left(\dfrac{R}{2} + x\right)^2\right]^{3/2}}$$

故 P 点的合磁场 $B(x)$ 为

$$B(x) = B_A + B_B \qquad\qquad (2\text{-}13\text{-}3)$$

在 $x = 0$ 处(即两线圈中点处):

$$B(0) = \frac{\mu_0 NI}{R}\left(\frac{8}{5^{3/2}}\right) \qquad\qquad (2\text{-}13\text{-}4)$$

计算表明,当 $|x| < (R/10)$ 时,$B(x)$ 和 $B(0)$ 间的相对差别约为万分之一,因此,亥姆霍兹线圈能产生比较均匀的磁场. 在生产和科研中,当所需磁场不太强时,常用这种方法来产生较均匀的磁场.

3. 测量磁场的方法

磁感应强度是一个矢量,因此磁场的测量不仅要测量磁场的大小而且要测出它的方向. 测定磁场的方法很多,本实验采用感应法测量磁感应强度的大小和方向. 感应法是利用一个探测线圈中磁通量变化所感应的电动势大小来测量磁场的(图 2-13-3).

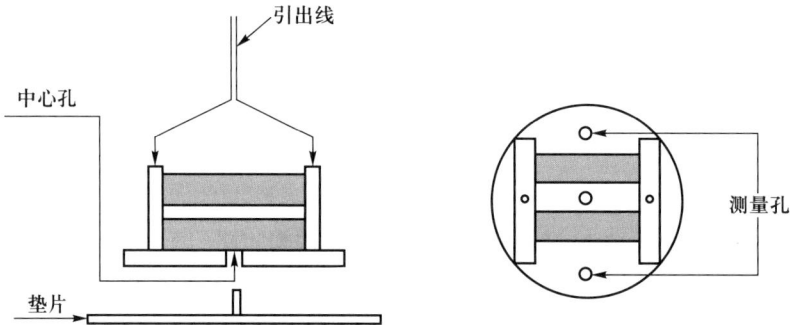

图 2-13-3

测量线路如图 2-13-4 所示. 图中 A、B 是两个圆线圈;mV 是交流毫伏表;s 是磁场描绘仪信号源,其输出频率为 1 000 Hz,测量过程中,它的输出电压要保持恒定.

当圆线圈中通入正弦交流电后,在它周围空间会产生一个按正弦变化的磁场,其值 $B = B_m \sin \omega t$. 根据(2-13-2)式,在线圈轴线上的 x 点处,B 的峰值为

$$B_{mx} = \frac{B_{m0}}{\left[1 + \left(\dfrac{x}{R}\right)^2\right]^{3/2}}$$

式中,B_{m0} 是 $x = 0$ 处 B 的峰值.

当把一个匝数为 n,面积为 S 的探测线圈放到 x 处,设此线圈平面的法线与磁场方向的夹角为 θ,则通过它的磁通量为

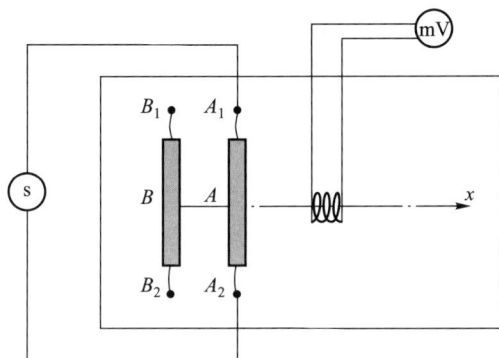

图 2-13-4

$$\Phi = nSB\cos\theta = nSB_{\mathrm{m}}\cos\theta \cdot \sin\omega t \qquad (2\text{-}13\text{-}5)$$

在此线圈中产生的感应电动势为

$$\mathcal{E} = -\frac{\mathrm{d}\Phi}{\mathrm{d}t} = -nSB_{\mathrm{m}}\omega\cos\theta \cdot \cos\omega t = -\mathcal{E}_{\mathrm{m}}\cos\omega t \qquad (2\text{-}13\text{-}6)$$

式中,$\mathcal{E}_{\mathrm{m}} = nSB_{\mathrm{m}}\omega\cos\theta$ 是感应电动势的峰值. 由于探测线圈输出端与毫伏表相连接,毫伏表测量的电压用有效值表示,因此毫伏表测得的探测线圈输出电压为

$$V = \frac{\mathcal{E}_{\mathrm{m}}}{\sqrt{2}} = \frac{nS\omega B_{\mathrm{m}}}{\sqrt{2}}\cos\theta \qquad (2\text{-}13\text{-}7)$$

由此可见,V 随 $\theta(0 \leqslant \theta \leqslant 90°)$ 的增大而减小. 当 $\theta = 0$ 时,探测线圈平面的法线与磁场 B 的方向一致,线圈中的感应电动势达最大值:

$$V_{\mathrm{m}} = \frac{nS\omega B_{\mathrm{m}}}{\sqrt{2}} \qquad (2\text{-}13\text{-}8)$$

由于 n、S 及 ω 均是常量,所以 B_{m} 与 V_{m} 成正比. 因此用毫伏表读数的最大值就能测定磁场的大小.

实验中为减小误差,常采用比较法. 在圆线圈轴线上任一点 x 处测得电压值 V_{m} 与圆心处 V_0 值之比,根据(2-13-8)式及(2-13-2)式:

$$\frac{V_{\mathrm{m}}}{V_0} = \frac{B_{\mathrm{m}}}{B_0} = \left[1 + \left(\frac{x}{R}\right)^2\right]^{-3/2} \qquad (2\text{-}13\text{-}9)$$

此式表明,V_{m}/V_0 和 B_{m}/B_0 的变化规律完全相同. 因此只要实验表明 $\dfrac{V_{\mathrm{m}}}{V_0} = \left[1 + \left(\dfrac{x}{R}\right)^2\right]^{-3/2}$ 成立,从而也就证明了毕奥-萨伐尔定律的正确性.

磁场的方向应该如何来确定呢?本来可用探测线圈输出端毫伏表读数最大时探测线圈平面的法线方向来确定磁场方向,但是用这种方法测定的磁场方向误差较大,原因在于这时磁通量 Φ 变化率小,所产生的感应电动势引起毫伏表的读数变化过小不易察觉. 如果这时把探测线圈平面旋转 90°,磁场方向与线圈平面法线方向垂直,那么磁通量变化率最大. 线圈方向稍有变化,就能引起毫伏表的读数发生明显变化,从而测量误差会较小. 因此,实验中以毫伏表读数最小时来确定磁场的方向.

[实验内容]

1. 测量载流线圈轴线上磁场分布

（1）在仪器平台右半部贴一张坐标纸，坐标原点取在圆线圈的几何中心上. 轴线为 x 轴，线圈的直径为 y 轴.

（2）把右边的线圈与交流谐振电源输出端钮相接，接通开关，调节输出电压为适当的数值（实验室给出，如 10 V），测量过程中保持电压恒定.

（3）将探测线圈与交流毫伏表相接，把有机玻璃垫片放到平台上，使垫片尺的小孔正对坐标原点 0，再把探测线圈放在垫片上，使其定位针插入垫片的小孔中（即探测线圈位于坐标原点处），按住有机玻璃尺，细心旋转探测线圈，使毫伏表读数为最大值，记为 U_0.

（4）仿照前面方法，将探测线圈依次移到其他测量点上，缓慢转动探测线圈使毫伏表读数达到最大. 沿轴线方向每隔 10 mm 测量一次，数据填入表 2-13-1 格中.

（5）根据数据表格中数据以 x 为横坐标，V/V_0 和 $\left[1+\left(\dfrac{x}{R}\right)^2\right]^{-\frac{3}{2}}$ 为纵坐标作圆线圈沿轴线的磁场分布曲线，并进行比较（能得出什么结论呢？）.

2. 圆线圈周围磁感线的描绘

在探测线圈的底座上有两个小孔，这两个小孔的连线方向正好与探测线圈的法线方向垂直，用定位针穿过小孔就可在坐标纸上确定出线圈的位置. 将探测线圈的定位针插入一个测量孔，放在待测点的位置，转动探测线圈，当交流毫伏表示数为最小时，固定探测线圈，把定位针移到另一个测量孔，再转动探测线圈，示数又为最小时，再重复上述动作，一直到纸外为止，把定位针在纸上留下的小孔用光滑的曲线连接起来就是一条磁感线了.

在纵轴线上 2 cm、4 cm、6 cm 处为起点各画一条磁感线.

[实验数据记录及处理]

表 2-13-1

$R = 10.0$ cm

x/mm	0	10	20	30	40	50	60	70	80	90	100
V/mV											
$\left(\dfrac{B}{B_0}\right)_{\text{实}} = \dfrac{V}{V_0}$											
$\left(\dfrac{B}{B_0}\right)_{\text{理}} = \left[1+\left(\dfrac{x}{R}\right)^2\right]^{-\frac{3}{2}}$											

[注意事项]

1. 正确判断感生电动势的最大值和最小值，即左右微微转动探测线圈时，毫伏表的指针都将偏小或偏大的位置.

2. 每次接线时要断电,请勿带电操作.

3. 转动线圈时动作要缓慢均匀,确定位置要准确.

4. 探测线圈内部接线较细,要注意保护线圈不被损坏.

[**思考题**]

1. 圆线圈轴线上的磁场分布有什么特点? 实验中如何测定磁场的大小和方向?

2. 亥姆霍兹线圈能产生强磁场吗? 为什么?

3. 磁场是符合叠加原理的,简述用实验证明的方法和步骤.

实验 14　霍尔效应及其应用

［实验目的］

1. 掌握测试霍尔器件的工作特性.
2. 学习用霍尔效应测量磁场的原理和方法.

［实验仪器］

HL-4 型霍尔效应实验仪,TH-H 型霍尔效应实验测试仪.

［装置介绍］

1. HL-4 型霍尔效应实验仪(简称实验仪)

（1）电磁铁

根据电源变压器使用的带状铁芯具有体积小和电磁性能高的特点,采用冷轧点工钢带制成,导线的绕向已标在线圈上,可确定磁场的方向.线圈的两端引线已连接到仪器的换向开关上,便于实验操作.

（2）霍尔元件

实验中使用的霍尔元件是由 n 型硅单晶硅经过平面工艺制成的磁电转换元件,尺寸为 4 mm×2 mm×0.2 mm,元件胶合在白色绝缘衬板上,有四条引线,其中两条引线为工作电流极,两条引线为霍尔电压输出极.同时将这四条引线焊接在玻璃丝布板上,并引到仪器换向开关上.

不同霍尔元件的灵敏度一般是不一样的,在各个仪器上均有标注.

（3）换向开关

仪器装有两个换向开关,可以很方便地改变 I_S、B 的方向.

2. TH-H 型霍尔效应实验测试仪(简称测试仪)简介

测试仪面板图如图 2-14-1 所示,仪器由两组恒流源和直流数字电压表组成.

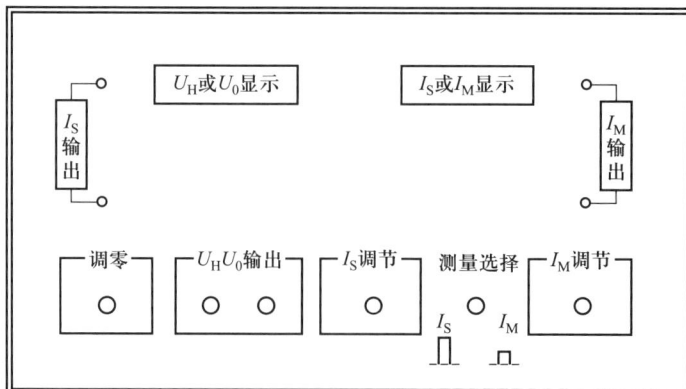

图 2-14-1　霍尔效应实验测试仪面板图

（1）两组恒流源

"I_S 输出"为 0～10 mA 元件工作电流源，"I_M 输出"为 0～1 A 励磁电流源. 两组电流源彼此独立，两路输出电流大小通过 I_S 调节旋钮及 I_M 调节旋钮进行调节，均为连续可调. 其值可通过"测量选择"按键由同一数字电流表进行测量，按下按键测 I_M，放开按键测 I_S.

（2）直流数字电压表

电压表零位可通过调零电位器进行调整. 当显示器的数字前出现"−"号时，表示被测电压极性为负.

[实验原理]

霍尔效应从本质上讲是运动的带电粒子在磁场中受洛伦兹力作用而引起的偏转. 当带电粒子（电子或空穴）被约束在固体材料中时，这种偏转就会导致在垂直于电流和磁场的方向上产生正负电荷的积累，从而形成附加的横向电场.

如图 2-14-2 所示，把一载流导体板垂直于磁场 **B** 放置，如果磁场 **B** 垂直于电流 I_S，那么在导体中垂直于 **B** 和 I_S 的方向就会出现一定的电势差 U_H，这一现象叫做霍尔效应，U_H 叫做霍尔电势差.

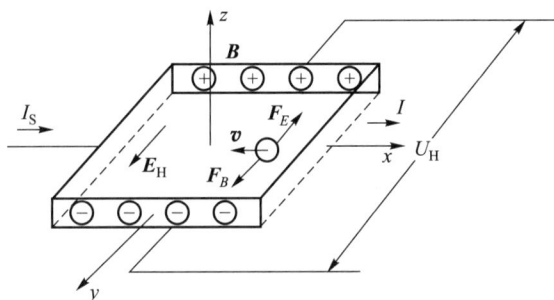

图 2-14-2　霍尔效应原理图

本实验用 n 型半导体（其载流子为电子），设它的长为 l，宽为 b，厚为 d. 沿 z 轴正向加一磁场 **B**，沿 x 轴正向通一工作电流 I_S，半导体中的载流子将在 y 方向受到一个洛伦兹力：

$$F_B = e\boldsymbol{v} \times \boldsymbol{B} \tag{2-14-1}$$

式中 e、$\boldsymbol{v}$ 分别是载流子的电量和平均漂移速度. 载流子受力偏转的结果在 y 方向形成霍耳电势差 U_H（此过程大约在 10^{-13} ～ 10^{-11}s 内就完成），从而形成一个霍尔电场 E_H. 由于霍尔电场对载流子的作用力 F_E 总是与 F_B 的方向相反，所以，当 $F_E = -F_B$ 时，载流子的聚集就达到动态平衡. 电场力的大小为

$$F_E = eE_H = e\frac{U_H}{b} \tag{2-14-2}$$

设霍尔元件中载流子的浓度为 n，则电流为 $I_S = evnbd$，因此有

$$\boldsymbol{v} = \frac{I_S}{enbd} \tag{2-14-3}$$

于是洛伦兹力的大小可表示为

$$F_B = evB = \frac{I_s B}{nbd} \tag{2-14-4}$$

由 $F_B = F_E$ 可得

$$U_H = \frac{I_s B}{ned} \tag{2-14-5}$$

令

$$R_H = \frac{1}{ne} \tag{2-14-6}$$

R_H 称为霍尔系数,它是反映材料霍尔效应强弱的重要参量. 于是有

$$U_H = \frac{R_H I_s B}{d} \tag{2-14-7}$$

若令

$$K_H = \frac{R_H}{d} = \frac{1}{ned} \tag{2-14-8}$$

则有

$$U_H = K_H I_s B \tag{2-14-9}$$

K_H 称为霍尔灵敏度,对一定的霍尔元件是一个常量. 它的大小与材料的性质以及元件的尺寸有关,它表示霍尔元件在单位磁感应强度和单位控制电流大小下的霍尔电压的大小.

利用(2-14-9)式,如果磁场的磁感应强度 B 为已知,测出通过霍尔元件的工作电流 I_s 和相应的 U_H,就可以测定该元件的灵敏度 K_H. 反之,如果霍尔元件的灵敏度已知,只要测得了 I_s 和 U_H,就可测定霍尔元件所处的磁场 B.

由(2-14-6)式可知,霍尔系数与载流子的浓度成正比,由于半导体中载流子的浓度小于金属的,所以半导体的霍尔效应比金属的显著. 又由(2-14-6)式和(2-14-7)式有

$$n = \frac{I_s B}{edU_H} \tag{2-14-10}$$

因此知道了 U_H、I_s、B、d 就可以计算出该材料的载流子浓度.

如果半导体为 n 型(载流子为电子),则 K_H 为负,U_H 也为负;若半导体为 p 型半导体(载流子为空穴),K_H 为正,U_H 也为正. 因此,利用霍尔系数的正、负可以判断半导体的导电类型. 如果知道了载流子的类型,就可以由 U_H 的正、负确定磁场的方向.

[实验内容]

1. 霍尔器件输出特性测量

连接测试仪和实验仪之间相对应的 I_s、U_H 和 I_M 各组连线,并经教师检查后方可开启测试仪的电源,必须强调的是:绝不允许将测试仪的励磁电源"I_M 输出"误接到实验仪的"I_s 输入"或"U_H 输出"处,否则一旦通电,霍尔元件即会被损坏!

(1)测绘 U_H-I_s 曲线

取 $I_M = 0.400$ A,并在测试过程中保持不变.

依次按表 2-14-1 所列数据调节 I_s,用对称测量法(详见附录)测出相应的 U_1、U_2、U_3 和

U_4 值,记入表 2-14-1,绘制 U_H-I_S 曲线.

（2）测绘 U_H-I_M 曲线

取 $I_S = 4.00$ mA,并在测试过程中保持不变.

依次按表 2-14-2 所列数据调节 I_M,用对称测量法绘制 U_H-I_M曲线,数据记入表 2-14-2,在改变 I_M 值时,要快捷,每测好一组数据后,应立即切断 I_M.

利用上述两个图像计算霍尔系数 R_H.

2. 测量 $U_\delta(I_M = 0, I_S = 2$ mA$)$

3. 确定元件的导电类型

$I_S = 2.0$ mA,$I_M = 0.6$ A 时测 U_H. 当 $U_H > 0$ 时为 p 型半导体,当 $U_H < 0$ 时为 n 型半导体.

4. 计算载流子浓度 n、电导率 δ、迁移率 μ.

说明:由 U_H-I_S 曲线得出斜率. 其中,$k = R_H \dfrac{B}{d}$,$B = k_B I_M$,k_B 为实验室提供的常量(仪器上直接读取).

[实验数据记录及处理]

表 2-14-1　$I_M = 0.400$ A　$b = 4.0$ mm,$d = 0.5$ mm,$l = 3.0$ mm,$k_B =$ ＿＿＿ kgs/A

I_S/mA	U_1/mV +I_S、+B	U_2/mV +I_S、−B	U_3/mV −I_S、−B	U_4/mV −I_S、+B	$U_H = \dfrac{U_1 - U_2 + U_3 - U_4}{4}$/mV
1.00					
1.20					
1.40					
1.60					
1.80					
2.00					

表 2-14-2　$I_S = 8.00$ mA

I_M/A	U_1/mV +I_S、+B	U_2/mV +I_S、−B	U_3/mV −I_S、−B	U_4/mV −I_S、+B	$U_H = \dfrac{U_1 - U_2 + U_3 - U_4}{4}$/mV
0.300					
0.400					
0.500					
0.600					
0.700					
0.800					

［注意事项］

1. 霍尔元件轻脆易坏,要注意保护,应严防撞击或用手触摸.

2. 霍尔元件的工作电流引线与霍尔电压引线不能用错;霍尔元件的工作电流和螺线管的励磁电流要分清,否则会烧坏霍尔元件.

3. 记录数据时,为了不使电磁铁过热,应断开励磁电流的换向开关.

［思考题］

1. 若磁场与霍尔元件不垂直,能否准确测出磁场?

2. 用本实验装置能否测量霍耳系数 R_H?

3. 怎样减小或消除实验中附加电压所产生的影响?

［附录］

霍尔元件中的副效应及其消除方法

（1）不等势电压 U_0

如图 2-14-3 所示,元件的 A、A' 两电极的位置不在一个理想的等势面上,因此,即使不加磁场,只要有电流 I_S 通过,就有电压 $U_0 = I_S R_r$ 产生,R_r 为 A、A' 所在的两等势面之间的电阻,结果在测量 U_H 时,就叠加了 U_0,使得 U_H 值偏大（若 U_0 与 U_H 同号）或偏小（若 U_0 与 U_H 异号）,显然,U_H 的符号取决于 I_S 和 B 两者的方向,而 U_0 只与 I_S 的方向有关,因此可以通过改变 I_S 的方向予以消除.

（2）温差电效应引起的附加电压 U_E

如图 2-14-4 所示,由于构成电流的载流子速度不同,若速度为 v 的载流子所受的洛伦兹力与霍尔电场的作用力刚好抵消,则速度大于或小于 v 的载流子在电场和磁场的作用下,将各自朝对立面偏转,从而在 y 方向引起温差 $T_A - T'_A$,由此产生的温差电效应,在 A、A' 电极上引入附加电压 U_E,且 $U_E \propto I_S \cdot B$,其符号与 I_S 和 B 的方向的关系与 U_H 是相同的,因此不能用改变 I_S 和 B 的方向的方法予以消除,但其引入的误差很小,可以忽略.

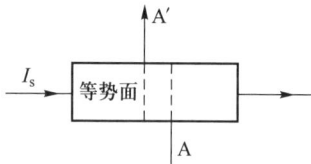

图 2-14-3

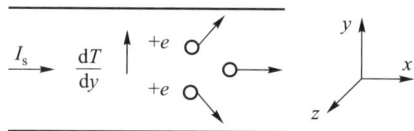

图 2-14-4

（3）热磁效应直接引起的附加电压 U_N

如图 2-14-5 所示,因器件两端电流引线的接触电阻不等,通电后在两接点处将产生不同的焦耳热,导致在 x 方向有温度梯度,引起载流子沿梯度方向扩散而产生热扩散电流,热流 Q 在 z 方向磁场的作用下,类似于霍尔效应在 y 方向产生一个附加电场 E_N,相应的电压 $U_N \propto Q \cdot B$,而 U_N 的符号只与 B 的方向有关而与 I_S 的方向无关,因此可通过改变 B 的方向予以消除.

（4）如图 2-14-6 所示，温度梯度为 $T_A-T_A{}'$，由此引入的附加电压 $U_{RL} \propto Q \cdot \boldsymbol{B}$，$U_{RL}$ 的符号只与 $\boldsymbol{B}$ 的方向有关，亦能消除．

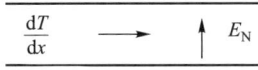

图 2-14-5

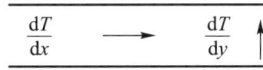

图 2-14-6

综上所述，实验中测得的 A、A′ 之间的电压除 U_H 外还包含 U_0、U_N、U_{RL} 和 U_E 各电压的代数和，其中 U_0、U_N 和 U_{RL} 均可通过 I_S 和 $\boldsymbol{B}$ 换向对称测量法予以消除．设 I_S 和 $\boldsymbol{B}$ 的方向均为正向时，测得 A、A′ 之间的电压记为 U_1，即

$$+I_S、+\boldsymbol{B} \text{ 时：} \qquad U_1 = U_H + U_0 + U_N + U_{RL} + U_E$$

将 $\boldsymbol{B}$ 换向，而 I_S 的方向不变，测得的电压记为 U_2，此时 U_H、U_N、U_{RL}、U_E 均改变符号而 U_0 的符号不变，即

$$+I_S、-\boldsymbol{B} \text{ 时：} \qquad U_2 = -U_H + U_0 - U_N - U_{RL} - U_E$$

同理，按照上述分析：

$$-I_S、-\boldsymbol{B} \text{ 时：} \qquad U_3 = U_H - U_0 - U_N - U_{RL} + U_E$$

$$-I_S、+\boldsymbol{B} \text{ 时：} \qquad U_4 = -U_H - U_0 + U_N + U_{RL} - U_E$$

求以上四组数据 U_1、U_2、U_3 和 U_4 的代数平均值，可得

$$U_H + U_E = \frac{U_1 - U_2 + U_3 - U_4}{4}$$

由于 U_E 的符号与 I_S 和 $\boldsymbol{B}$ 两者的方向关系和 U_H 是相同的，故无法消除，但在非大电流，非强磁场的情况下，$U_H \gg U_E$，因此 U_E 可略而不计，所以霍尔电压为

$$U_H = \frac{U_1 - U_2 + U_3 - U_4}{4}$$

实验 15　交流电桥

［实验目的］

1. 用交流电桥测电容、电感和电容耗损.
2. 了解电桥的平衡原理,掌握调节交流电桥的平衡方法.

［实验仪器］

低频信号发生器,交流电压表,交流电桥,标准电容箱,标准电感箱,电阻箱,待测电容,电感,屏蔽线,导线等.

［实验原理］

1. 实际电容器和电感的等效电路

（1）实际电容器的等效电路

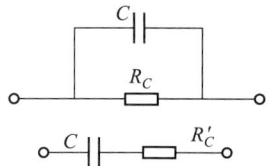

图 2-15-1

如图 2-15-1 所示,实际电容器的两极板间所充介质并不是理想介质,而存在"漏电"现象,在电路中会消耗一定的能量. 因此,实际电容器相当于两极板间并联有一只很大的电阻,则电容器的复阻抗为

$$Z_C = R_C /\!/ \frac{1}{j\omega c} = \frac{R_C(1+j\omega C R_C)}{1+(\omega C R_C)^2}(/\!/ 为并联符号)$$

当 $R_C \gg \dfrac{1}{\omega C}$ 时,

$$Z_C \approx \frac{1}{R_C(\omega C)^2} + \frac{1}{j\omega C}$$

上式表明,实际电容器也等于理想电容与一个阻值为 $R_C' = \dfrac{1}{R_C(\omega C)^2}$ 的电阻串联. 当 $R_C \to \infty$ 时,电容器成为理想电容器. 一般情况下,R_C 为一个较大的阻值,所以正弦交流电通过时,电容器两端电压和通过的电流之间的相位角不是 $\dfrac{\pi}{2}$,而是 $\dfrac{\pi}{2} - \sigma$.

这里称 σ 为电容器的损耗角,它是衡量实际电容器与理想电容器的差别的一个重要参量. 为方便起见,一般用 $\tan \sigma$ 来表示电容器的损耗:

$$\tan \sigma = \frac{1}{\omega C R_C} = R_C' \omega C$$

（2）实际电感的等效电路

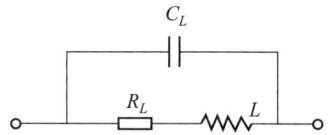

图 2-15-2

如图 2-15-2 所示,电感是由导电线绕制而成的,因此它具有导线电阻、由导线的相对位置决定的分布电容以及由绕线线圈本身决定的电感,它等效于一个 LRC 的串联电路.

电感工作在低频范围内,C 的旁路作用可忽略,此时实际电感的复阻抗可表示为 $Z_L = R_L + \mathrm{j}\omega L$

当 $R_L \to 0$ 时,实际电感可视为理想电感.

电感的质量用品质因数 Q 来描述:

$$Q = \frac{\omega L}{R_L}$$

2. 交流电桥及其平衡条件

如图 2-15-3 所示,当电桥平衡时,没有电流流过毫伏表,即 BD 两点的电势在任一瞬间都相等,由欧姆定律得

$$\dot{I}_1 Z_1 = \dot{I}_4 Z_4$$

$$\dot{I}_2 Z_2 = \dot{I}_3 Z_3$$

得平衡条件:

$$\frac{Z_1}{Z_2} = \frac{Z_2}{Z_3}$$

$$\varphi_1 - \varphi_4 = \varphi_2 - \varphi_3$$

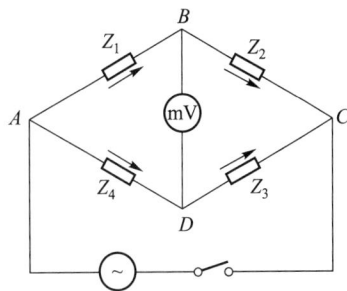

图 2-15-3

显然,交流电桥平衡时,除阻抗大小成比例外,还必须满足相位条件.

3. 电容电桥

如图 2-15-4 所示为测量电容的电桥电路,待测电容 C_x 接在 AB 臂,R_x 为待测电容器对应的串联损耗电阻,C_2 为标准电容,其串联损耗电阻可以忽略不计,R_2 为标准电阻箱.

当电桥平衡时,

$$R_x + \frac{1}{\mathrm{j}\omega C_x} = \frac{R_4}{R_3}\left(R_2 + \frac{1}{\mathrm{j}\omega C_2}\right)$$

$$C_x = \frac{R_3}{R_4}C_2, \quad R_x = \frac{R_4}{R_3}R_2$$

$$\tan \sigma = \omega R_x C_x = R_2 C_2 \omega$$

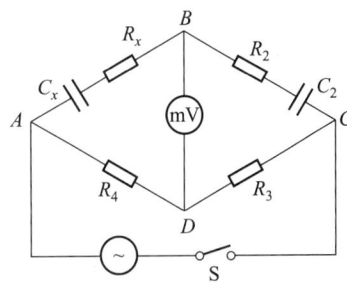

图 2-15-4

4. 电感电桥

如图 2-15-5 所示,$R_x + \mathrm{j}\omega L_x = \dfrac{R_4}{R_3}(R_2 + \mathrm{j}\omega L_2)$

$$L_x = \frac{R_4}{R_3}L_2, \quad R_x = \frac{R_4}{R_3}R_2$$

$$Q = \frac{\omega L_x}{R_x} = \frac{\omega L_2}{R_2}$$

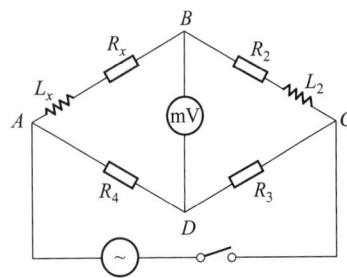

图 2-15-5

[实验内容]

1. 熟悉交流电桥的使用方法,掌握交流电桥平衡的调节技巧

(1) 事先设法知道待测元件的大概数值,根据平衡公式选定调节参量的数值,使电桥从

201

开始就不至于远离平衡状态.

（2）开始调节电桥时应使交流电桥输出电压值幅度小一些,毫伏表的量程应取大些.固定其中一个参量,调节另一个参量使毫伏表指示的数值达到最小值,而后再固定另一个参量,调节另外的参量使毫伏表达到最小值,反复调节,在此基础上增加电源的输出电压幅度,减小毫伏表的量程,直到最后结果满足一定的精度为止.

（3）边分析,边调节.用电容电桥测电容 C_x 时,由于一般电容的损耗电阻较小,所以一开始可取 $R_2 = 0$,这时虽不满足电桥平衡,但偏离平衡不多.再重点调节 R_3、R_4、C_2 的值.当毫伏表示数达到一个极小值时,再重点调节 R_2,直至电桥平衡.

2. 用电容电桥测待测电容 C_x 的电容和损耗电阻 R_x

3. 用电感电桥测量待测线圈 L_x 及其损耗电阻 R_x

[注意事项]

1. 在使用电容电桥测量时,R_3、R_4 的阻值以几百欧姆为宜,若阻值太小,电桥调节过粗,会降低电桥的灵敏度.

2. 在连线时,标准电容应屏蔽外壳.

3. 由于用电桥测量的精确度较高,当电桥接近平衡时,应尽量减小外界的接触分布电容的影响.

4. 毫伏表的接地线不能与信号发生器的接地线在插座中连通,以免改变原电路的连接方式,从而无法测电容、电感等.

[思考题]

1. 交流电桥平衡的条件是什么？怎样调节电桥平衡？

2. 交流电桥与直流单臂电桥有何异同点？

实验 16　*RLC* 串联交流电路谐振特性的研究

[实验目的]

1. 研究 *RLC* 串联电路的交流谐振现象.

2. 掌握幅频特性的测量方法.

3. 学习并掌握电路品质因数 Q 的测量方法及其物理意义.

[实验仪器]

音频信号发生器,交流毫伏表,电阻箱,电感线圈,标准电容箱,单刀双向开关.

[实验原理]

在力学中已观测到了简谐振动、阻尼振动和受迫振动. 在一定条件的电路中,同样会具有上述各类振动. 在力学的受迫振动中,振幅和相位随频率变化. 无论选取物体(系统)的固有频率 ω_0 还是外界的激励频率 ω 作变量,位移和速度的振幅都有极大值. 阻尼系数 β 越小,幅值越高,所描绘的曲线越尖锐,这种现象在力学中叫共振. 在机械振动系统中,往往系统的固有频率是固定的;机械振动系统中的位移是直观的并且是直接产生效果的. 与此类似,在有电感、电容的交流电路里,系统的固有频率 ω_0 是可调的. 系统的驱动力是外来信号,其频率是给定的. 调整固有频率与外来信号的频率相同,回路电压有极大值,此刻电路发生了谐振(即力学中的共振). 同样,回路的损耗越小,峰值越高,曲线越尖锐,回路的品质因数 Q 值越大. 电感和电容在电路中的接法不同,有串联和并联谐振之分. 谐振电路被广泛应用于电子技术中,例如可以用于选频.

RLC 串联谐振

1. 回路中电流与频率的关系(幅频特性)

图 2-16-1 为 *RLC* 串联电路,图中 R_r 为电感线圈的直流电阻. 实验中不计电容的等效损耗电阻. mV_1、mV_2 为共用的交流毫伏表. 用以监测信号源的输出电压和取样电阻 R 两端的交流电压. f 为频率计. *RLC* 交流回路中的阻抗为复阻抗.

幅值:

$$Z = \sqrt{(R+R_r)^2 + \left(\omega L - \frac{1}{\omega C}\right)^2} \tag{2-16-1}$$

回路中总电压 U 与电流 I 的相位:

$$\varphi = \arctan \frac{\omega L - (\omega C)^{-1}}{R + R_r} \tag{2-16-2}$$

回路中电流:

$$I = \frac{U}{Z} = \frac{U}{\sqrt{(R+R_r)^2 + (\omega L - 1/\omega C)^2}} \tag{2-16-3}$$

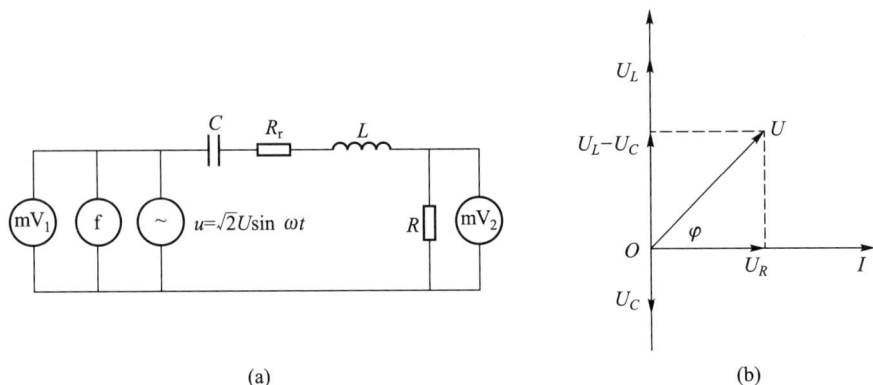

(a)

(b)

图 2-16-1

当 $\omega L - \dfrac{1}{\omega C} = 0$ 时，$\varphi = 0$，电流 I 有最大值. 此时即电路的谐振. 不难得出，谐振时圆频率与频率分别为

$$\omega_0 = \frac{1}{\sqrt{LC}},$$

$$f_0 = \frac{1}{2\pi\sqrt{LC}} \qquad (2-16-4)$$

现取横坐标为 f，纵坐标为 I，可得图 2-16-2 的特性曲线.

2. 串联谐振电路的品质因数 Q

谐振时，$\varphi = 0$，并有 $U_L = U_C$，且 $U_L = \omega_0 L I = \dfrac{U}{R+R_{\mathrm r}} \cdot \omega_0 L$

可得

$$U_L = \sqrt{\frac{L}{(R+R_{\mathrm r})^2 C}} \cdot U$$

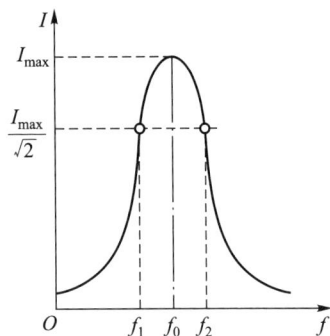

图 2-16-2

令　　　　$Q = \sqrt{\dfrac{L}{(R+R_{\mathrm r})^2 C}} = \dfrac{\omega_0 L}{R+R_{\mathrm r}}$，则 $U_L = U_C = QU$ 　　　　$(2-16-5)$

Q 称为串联电路的品质因数. 当 $Q \gg 1$ 时，U_L 和 U_C 上的电压远大于信号源的输出电压. 这种现象常称为串联电路的电压谐振，即电压谐振时，电感和电容上的电压为信号源电压的 Q 倍. 这是 Q 值的第一个意义. Q 值还标志着电路频率的选择性，即曲线的尖锐程度. 通常规定 I 的最大值 $I_{\max}$ 的 $1/\sqrt{2}$（$\approx 70\%$）的两点对应的 f_1 和 f_2 的频率之差为"通频带宽度"（图 2-16-2），这是 Q 值的第二个意义. 根据这个定义可推出（推导见附录）

$$\Delta f = f_2 - f_1 = \frac{f_0}{Q} \qquad (2-16-6)$$

由上式可见，Q 越大，带宽越小，谐振曲线也就更尖锐，电路的选择性就越好.

[实验内容]

1. 测量 LRC 串联电路的谐振特性.

取 $L=0.1$ H、$C=0.1$ μF、$R=20$ Ω. 测量线路如图 2-16-3 所示. 当 S 与"2"接通时,调节 XF 的电压输出幅度,保证各种频率测量时的电压有效值都是 3.0 V. 当 S 与"1"接通时,用交流毫伏表测量 R 的端电压.

计算电路的谐振频率,使频率从 f_0 向两侧扩展,每侧取 8~10 种频率,对每一频率测电阻 R 的端电压 U_R. 频率的改变范围应能使 U_R 从最大值降到最大值的十分之一以下.

每次频率的改变量不应相等,在 I_{max} 附近可以小些,或者使 U_R 的每次变化大体相似即可. 这样取值是为了能将曲线中间突起部分测绘得准确些.

绘制 I(或 U_R)-f 曲线.

令 $R=150$ Ω,重复上述测量和绘图.

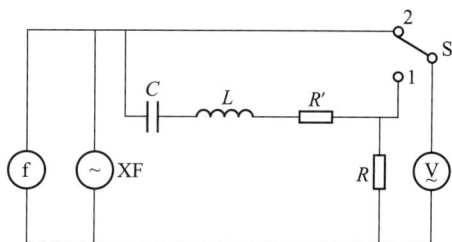

图 2-16-3 *LRC* 串联电路的测量线路

2. 分别用电压谐振法和频带宽度法确定 Q 值. 分别计算相对误差,电容的电阻用万用电桥测量.

(1)因 $Q=U_c/U$,当调节频率为计算的谐振频率时,若 $U=1$ V,则 $Q=U_0$(SI 单位).

(2)将步骤 1 中的 R 与 R_1 交换位置,C 和 L 取值不变,令 $U=1$ V,则交流毫伏表可直接测出 U_L 值,其值等于 Q 值,分别测出 $R=20$ Ω 和 $R=150$ Ω 的 U_L 值,并记录下来.

[思考题]

1. 根据 *RLC* 串联电路的谐振特点,在实验中如何判断电路达到了谐振?

2. 串联电路谐振时,测量电容与电感上的电压为什么要将电表的量程置于较大的挡位?

3. 为什么说 *LRC* 串联电路的谐振是电压谐振?LR 与 C 并联电路的阻抗最大的条件是什么?

4. 测量串联电路的 Q 值有哪几种方法?

5. 测量 *LRC* 串联电路频率特性时,为什么要保持 XF 的输出电压大小恒定不变?

[附录]

(2-16-6)式的推导

设 f_1、f_2 对应的圆频率分别为 ω_1、ω_2,由定义有

$$\frac{U}{\sqrt{(R+R_r)^2+(\omega L-1/\omega C)^2}}=\frac{U}{\sqrt{2}(R+R_r)}$$

$$\Rightarrow \sqrt{(R+R_r)^2+(\omega L-1/\omega C)^2}=\sqrt{2}(R+R_r)$$

$$\Rightarrow (R+R_r)^2+(\omega L-1/\omega C)^2=2(R+R_r)^2$$

$$\Rightarrow (\omega L-1/\omega C)^2=(R+R_r)^2$$

于是有:

当 $\omega L>1/\omega C$ 时:

$$\omega_2 L-1/\omega_2 C=R+R_r \tag{2-16-7}$$

当 $\omega L < 1/\omega C$ 时：

$$\omega_2 L + 1/\omega_2 C = R + R_r \qquad (2\text{-}16\text{-}8)$$

$$(\omega_1 + \omega_2) L = \frac{1}{C}\left(\frac{1}{\omega_1} + \frac{1}{\omega_2}\right) \Rightarrow LC = \frac{1}{\omega_1 \omega_2}$$

而 $\omega_0 = \dfrac{1}{\sqrt{LC}}$，所以有

$$\omega_0 = \sqrt{\omega_1 \omega_2} \qquad (2\text{-}16\text{-}9)$$

又将 $(2\text{-}16\text{-}7)$ 式和 $(2\text{-}16\text{-}8)$ 式相加，整理后，有

$$\omega_2 - \omega_1 = \frac{2(R + R_r)\omega_1 \omega_2 C}{1 + \omega_1 \omega_2 LC}$$

将 $\omega_1 \omega_2 = \dfrac{1}{LC}$ 代入上式有

$$\omega_2 - \omega_1 = \frac{\omega_0}{Q}$$

最后得

$$Q = \frac{\omega_0}{\omega_2 - \omega_1} = \frac{f_0}{f_2 - f_1}$$

显然 $f_2 - f_1$ 越小，曲线就越尖锐，可以说，Q 的第二个意义是：它标志曲线的尖锐程度，即电路对频率的选择性，称 Δf 为通频带宽度.

实验 17 用箱式电势差计校正电表

[实验目的]

1. 了解箱式电势差计的结构和原理.

2. 掌握箱式电势差计的使用方法.

3. 运用箱式电势差计校正电表.

[实验仪器]

箱式电势差计,稳压电源,标准电池,检流计,待校正电压表,待校正电流表,滑动变阻器,电阻箱.

[实验原理]

箱式电势差计是用来测量电势差或电池电动势的专门仪器,它给出标准可变的电势差,并采用电势比较法依据补偿原理进行测量. 由于与之配合使用的标准电池非常稳定,用作电压比较指示的灵敏电流计灵敏度较高,并且箱式电势差计的电压比较电路精确度较高,因此,能够较为精确地测量待测地电势差和电池的电动势.

1. 用电势差计测量电池电动势、电路中两节点间的电压,间接测量电阻和电流.

（1）测量电池电动势或两节点间的电压

测量电池电动势或两节点间的电压可如图 2-17-1、2-17-2 所示将待测两点与箱式电势差计相连接,对电动势或电势差直接进行测量.

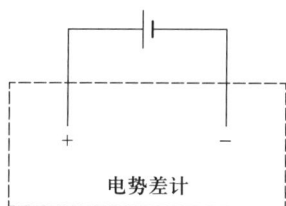

图 2-17-1

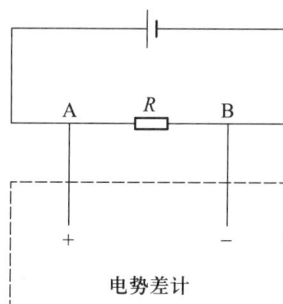

图 2-17-2

（2）测量回路的电流

如图 2-17-2 所示,当 R 为标准电阻时,测出其两端的电压,则电流 I 为

$$I = \frac{U_{AB}}{R} \tag{2-17-1}$$

207

（3）电阻的测量

如图 2-17-3 所示，将待测电阻 R_x 和标准电阻 R_s 串联在一个电路中，分别测量其两端的电压 U_{AB}、U_{BC}，由于回路中两电阻中的电流相同，即 $\dfrac{U_{AB}}{R_x}=\dfrac{U_{BC}}{R_s}$，可得

$$R_x=\frac{U_{AB}}{U_{BC}}R_s$$

2. 箱式电势差计灵敏度、准确度等级及基本误差

UJ-31 型箱式电势差计是一种低电势、双量程的电势差计. 量程开关位于"×10"挡时，能测量未知电动势的最大值为 171 mV；量程开关位于"×1"挡时，能测量未知电动势的最大值为 17.1 mV.

图 2-17-3

当电势差计平衡时，从面板上可以读出被测电动势 E_x，如果此时移动 P 点使面板值改变 δE，平衡被破坏，检流计相应发生偏转 α，则电势差计灵敏度 S_p 定义为

$$S_p=\frac{\alpha}{\delta E}\qquad(2\text{-}17\text{-}2)$$

如果测得电势差计的灵敏度为 S_p，则根据检流计刻度的分辨值 $\Delta\alpha$ 可求出灵敏度的引入误差 $\Delta\alpha$ 为

$$\Delta E=\frac{\Delta\alpha}{S_p}\qquad(2\text{-}17\text{-}3)$$

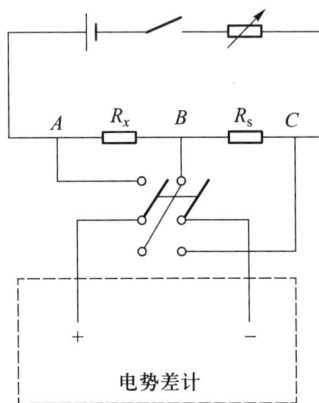

［实验内容］

1. 校准工作电流

（1）查出室温下标准电池的电动势，扭转 R_s 使之符合室温下标准电池的电动势.

（2）将选择开关旋至"标准"，由粗到细调节限流电阻 R_p 使电势差计平衡. 这样就校准了工作电流 I_0，之后不要再调节 R_p. 实验中途应检查 I_0 是否有变化，若有变化要重新校准.

2. 校正电压表

（1）按图 2-17-4 连接校正回路，选择开关旋至"未知".

（2）通过粗调 R_{p1} 和细调 R_{p2}，在电压表某挡的全量程中从小到大选 10 个点，记录电压表读数 U 和箱式电势差计的读数 U_p.

图 2-17-4　校正电压表

（3）确定电压表的准确度等级 a 是否符合出厂时的准确度等级，即是否满足

$$a\%\geqslant\frac{\Delta_{max}}{X_{max}}\times100\%\qquad(2\text{-}17\text{-}4)$$

其中，$\Delta_{max}=|U-U_p|_{max}$，$X_{max}$ 为该挡量程.

（4）绘制以 U 为横坐标，$|U-U_p|$ 为纵坐标的误差图线.

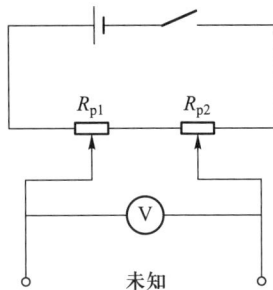

3. 校正电流表

（1）按图 2-17-5 连接校正回路,选择开关旋至"未知".

（2）通过调节 R_p,在电流表某挡的全量程中从小到大选 10 个点,记录电流表读数 I 和箱式电势差计的读数 U_s.

（3）列表换算箱式电势差计测得电流 I_s:

$$I_s = \frac{U_s}{R_s} \qquad (2-17-5)$$

图 2-17-5　校正电流表

（4）确定电流表的准确度等级 a 是否符合出厂时的准确度等级,即是否满足

$$a\% \geqslant \frac{\Delta_{max}}{X_{max}} \times 100\% \qquad (2-17-6)$$

其中, $\Delta_{max} = |I - I_s|_{max}$, X_{max} 为该挡量程.

（5）绘制以 I 为横坐标, $|I - I_s|$ 为纵坐标的误差图线.

4. 测量电势差计灵敏度

（1）开关旋至"标准"校准工作电流,使电势差计平衡.

（2）开关旋至"未知",调节箱式电势差计量程开关,选择某一量程挡位.

（3）当电势差计平衡时,测量某一未知电动势,从面板上读出被测电动势 E_x.

（4）调节 R_p 使面板值改变 δE,破坏平衡,记录检流计相应发生的偏转 α.

（5）根据数据测算出电势差计此量程的灵敏度 S_p.

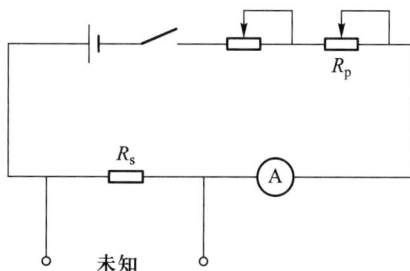

［注意事项］

1. 箱式电势差计需要使用外接电源,范围是 5.7~6.4 V.

2. 校准回路的电源和电势差计的电源是分开的、独立的.

3. 要将电势差计的全部内置电阻接入电路.

4. 实验过程中应经常检查并校准工作电流.

［思考题］

1. 将箱式电势差计与十一线式电势差计进行比较,分析各部分的对应关系.

2. 简述电势差计应用的补偿原理.

3. 为什么要进行标准工作电流的校准?若实验中工作电流小于标准工作电流,则测量结果会有怎样的偏差?

4. 可以通过什么方法改变电势差计的量程?

实验 18　静电场的描绘

［实验目的］

1. 加深对电场强度和电势概念的理解.
2. 学习用模拟法测绘静电场的等势线和电场线.
3. 学习用图示法表达实验结果.

［实验仪器］

模拟静电场测绘仪(图 2-18-1).

［装置介绍］

JW240-3 型模拟静电场测绘仪采用导电玻璃直流电场来模拟静电场 ,导电玻璃的导电性能均匀,免除了边缘效应,仪器直观性强,实验方便准确.

图 2-18-1　模拟静电场测绘仪

1. 仪器水平放置,左上角 AC220V 输入座可插入电源线 .

2. 右上角电源开关:交流电源开关;控制整机交流电源的通断.

3. 下侧"工作状态选择"开关:"测量"挡为整机处于测量状态,旋转"测量电压调节"电位器可调节测量电压,此状态下左上侧电压表指示测量电压值;"工作电源"挡为整机直流工作电源电压设定状态,旋转"电源电压调节"电位器可调节直流电源电压,此状态下左上侧电压表指示直流电源电压值(一般选 8 V 或 10 V),此直流电源电压在实验过程中不再调节.

4. 电源电压调节:直流电源电压设定调整电位器,顺时针旋转可升压,逆时针旋转可降压,直流电源电压为 AB 间输出电压.

5. 测量电压调节电位器:在测量时用于调节测量电压,测量电压为 CD 间电压.

6. A、B:电源电压输出端子.

7. C、D:测量线输入端子.

8. 电流表(检流计):引导寻找同一电势多个等势点时用,电流值不作记录.

9. 电压表:设定直流电源电压或实验时记录等势电压用表.

［实验原理］

静电场是由电荷分布决定的. 给出一定区域内电荷及电介质分布和边界条件,求解静电场分布,大多数情况求不出解析解,因此要靠数值解法求出或用实验方法测出电场分布. 直接测量静电场的电势分布通常是很困难的. 因为仪表(或其探测头)放入静电场,总会使被测场发生一定变化;除静电式仪表之外的大多数仪表也不能用于静电场的直接测量,因为静电场中无电流流过,这些仪表无法工作. 如果用恒定电流场模拟静电场,即可根据测量结果来描绘与静电场对应的恒定电流场的电势分布,从而确定静电场的电势分布,这是一种很方便的实验方法.

模拟本质上是用一种易于实现、便于测量的物理状态或过程模拟不易实现、不便测量的状态或过程,只要这两种状态或过程有一一对应的两组物理量,并且这些物理量在两种状态或过程中满足数学形式基本相同的方程及边界条件. 例如传热学中一定边界条件下求热流向量场的稳定导热问题,流体力学中不可压缩流体在一定边界条件下的速度场求解问题,他们都可以用恒定电流场模拟的方法解决. 此外,可以先放大或缩小某些已知量,再测出与所求量成一定数学关系的未知量,进而算出所求量,这也是模拟法的一种类型. 以小模型模拟大构件来测量应力分布,用的就是这种方法.

1. 用恒定电流场模拟静电场的依据

静电场和恒定电流场可以用两组对应的物理量来描述,这两组物理量遵循着数学形式上相同的物理规律. 下面以一组例子作对照来说明这一点. (可参考图 2-18-2.)

静电场	恒定电流场
均匀电介质中两导体上各带电荷 $\pm Q$	两电极间的均匀导电介质中流过电流 I
电势分布函数 V	电势分布函数 V
电场强度 E	电场强度 E
介质介电常量 ε	介质电导率 σ
电位移 $D = \varepsilon E$　（a）	电流密度 $J = \sigma E$　（a′）
介质内无自由电荷 $\oint \varepsilon E \cdot \mathrm{d}S = 0$	介质内无电流源 $\oint \sigma E \cdot \mathrm{d}S = 0$
可得 $\dfrac{\partial^2 V}{\partial x^2} + \dfrac{\partial^2 V}{\partial y^2} + \dfrac{\partial^2 V}{\partial z^2} = 0$　（b）	可得 $\dfrac{\partial^2 V}{\partial x^2} + \dfrac{\partial^2 V}{\partial y^2} + \dfrac{\partial^2 V}{\partial z^2} = 0$　（b′）
导体 A 与介质界面上	电极 A 与导体介质界面上
$\int \varepsilon E \cdot \mathrm{d}S = Q$　（c）	$\int \sigma E \cdot \mathrm{d}S = I$　（c′）
导体间电容 $C = \dfrac{Q}{V_A - V_B}$　（d）	电极间电导 $G = \dfrac{I}{V_A - V_B}$　（d′）

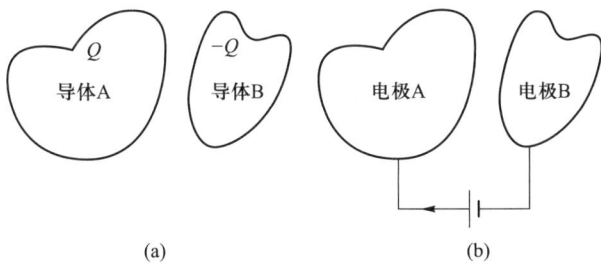

图 2-18-2

上述两种场的电势分布在介质内服从相同的偏微分方程（b）和（b′）. 电极通常由导体制

成,同一电极上各电势相等,因而这两种场在边界面上也满足相同类型的边界条件.当导体 A、B 间的电势差等于电极 A、B 间的电势差时,运用电动力学的理论可以证明:像这样具有相同边界条件的相同方程,其解也相同(电势可能相差一个常量).因此,我们可用恒定电流场来模拟静电场,通过测量恒定电流场的电势来求得所模拟的静电场的电势分布,这是一种模拟测量方法或称模拟法.极间电容等物理量也可用模拟法测量.

2. 模拟法描绘二维静电场的电势分布

(1)基本原理

与空间坐标 z 无关的二维静电场,用模拟法测量其电势分布,在实验操作上很简便.长同轴电缆内的电场、长平行输电线间的电场、长水平导线与大地(看作导体)间的电场,除靠近端部的区域外,都可近似看作与坐标 z 无关的二维场.二维场中电场强度 E 平行于 Oxy 平面,只要在电极间充以电导率较小的均匀导电介质薄层,电极用导体材料,即可模拟二维静电场.导电介质薄层可以是纸上的石墨薄涂层(导电纸),也可以是盘中的导电液体薄层.对于厚度为 b 的薄层,(c′)式中的面积分可化为一个回路积分,其积分回路取为沿电极与薄导电层界面一周,可得

$$I = \oint \sigma b E_n \mathrm{d}l \tag{2-18-1}$$

上式中 E_n 是电场的法向分量.沿 z 轴的单位长度极间电导为

$$G/b = \frac{I/b}{V_A - V_B} \tag{2-18-2}$$

所模拟的静电场中单位长度电极上的电荷和电容分别为

$$Q/b = \oint \varepsilon E_n \mathrm{d}l \tag{2-18-3}$$

$$C/b = \frac{Q/b}{V_A - V_B} \tag{2-18-4}$$

对于二维恒定电流场,可很方便地用实验方法直接测出各点的电势,画出等势线,然后作等势线的垂线得出电场线.为保证恒定电流场与所模拟的静电场一致,实验条件首先要求一定区域内 σb 为常量,其次要求测量电势的仪表中基本无电流流过.从本质上说是要保证测量时恒定电流场的电势分布函数在区域内及边界上不会因测量操作而改变,始终与被模拟的静电场一致.

由上述磁场理论知道,恒定电流的电场和相应的静电场的空间形式是一致的,只要电极形状一定,电极的电势不变,空间介质均匀,在任何一个考察点,均有 $U_{恒定} = U_{静电}$ 或 $E_{恒定} = E_{静电}$.下面以同轴圆柱形电缆的"静电场"和相应的"恒定电流场"为例来讨论这种等效性,如图 2-18-3(a)所示,圆柱导体 A(半径为 a)和圆柱壳导体 B(半径为 b)同轴放置,分别带等值异号电荷,A 和 B 间为真空,由高斯定理可知,其电场线沿径向由 A 向 B 辐射分布,其等势面为一簇同轴圆柱面,因此,只要研究任一垂直轴的横截面 P 上的电场分布即可.

如图 2-18-3(b)所示,半径为 r 处的各点电场强度为

$$E = \frac{\lambda}{2\pi\varepsilon_0 r} \tag{2-18-5}$$

式中,λ 为 A(或 B)的电荷线密度,其电势为

$$U_r = U_a - \int_a^r E \mathrm{d}r = U_a - \frac{\lambda}{2\pi\varepsilon_0} \ln \frac{r}{a} \tag{2-18-6}$$

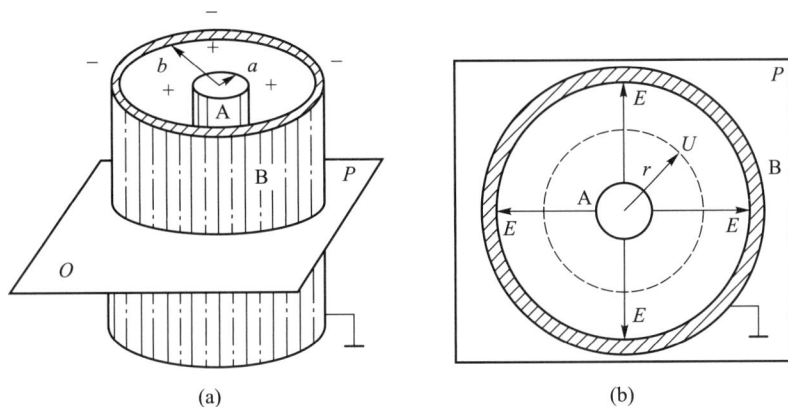

(a) (b)

图 2-18-3

令 $r=b$ 时, $U_b=0$, 则有

$$\frac{\lambda}{2\pi\varepsilon_0} = \frac{U_a}{\ln\dfrac{b}{a}}$$

代入 (2-18-6) 式得

$$U_r = U_a - \frac{\ln\dfrac{b}{r}}{\ln\dfrac{b}{a}} \tag{2-18-7}$$

距中心 r 处的电场强度为

$$E_r = -\frac{\mathrm{d}U_r}{\mathrm{d}r} = \frac{U_a}{\ln\dfrac{b}{a}} \times \frac{1}{r} \tag{2-18-8}$$

若 A 和 B 间不是真空,而是充满某种不良导体(其电阻率为 ρ),且 A 和 B 分别与电池的正极和负极相连,如图 2-18-4(a) 所示, A 与 B 之间形成径向电流,建立了一个恒定电流场,同样地,我们可取厚度为 δ 的同轴圆柱片来研究,半径为 r 到 $r+\mathrm{d}r$ 之间的圆柱片的径向电阻为

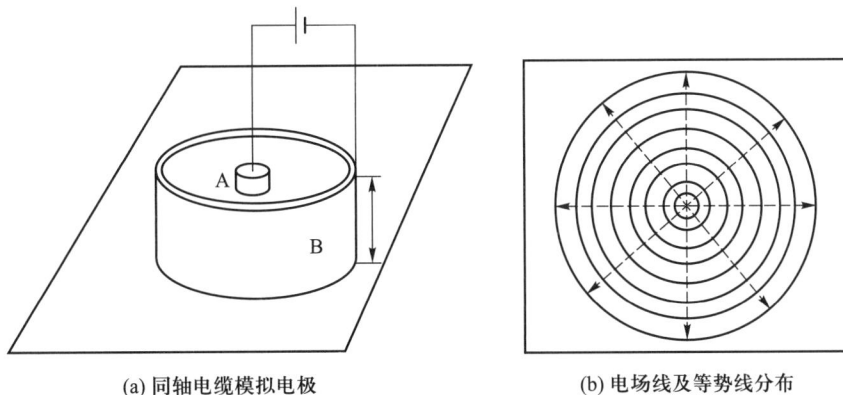

(a) 同轴电缆模拟电极   (b) 电场线及等势线分布

图 2-18-4

$$dR = \frac{\rho}{2\pi\delta} \times \frac{dr}{r}$$

半径由 r 到 b 之间的圆柱片电阻为

$$R_{rb} = \frac{\rho}{2\pi\delta} \ln \frac{b}{r} \qquad\qquad (2-18-9)$$

半径由 a 到 b 之间的圆柱片电阻为

$$R_{ab} = \frac{\rho}{2\pi\delta} \ln \frac{b}{a} \qquad\qquad (2-18-10)$$

若设 $U_b = 0$，则径向电流为

$$I = \frac{U_a}{R_{ab}} = \frac{U_a 2\pi\delta}{\rho \ln \dfrac{b}{a}} \qquad\qquad (2-18-11)$$

距中心 r 处的电势为

$$U_r' = IR_{rb} = U_a \frac{\ln \dfrac{b}{r}}{\ln \dfrac{b}{a}} \qquad\qquad (2-18-12)$$

可见 $(2-18-12)$ 式和 $(2-18-7)$ 式具有相同的形式，说明恒定电流场与静电场的电势分布是相同的，显而易见，恒定电流的电场 E' 与静电场 E 的分布也是相同，因为

$$E' = -\frac{dU_r'}{dr} = -\frac{dU_r}{dr} = E$$

由于恒定电流的电场和静电场具有这种等效性，因此，欲测绘静电场的分布，只要测绘相应的恒定电流的电场就行了.

实际模拟时，由于电极周围的电场是空间分布的，等势面是一簇互不相交的曲面，为简单起见，在此仅研究横截面上的平面电场分布，如图 2-18-4(b) 所示. 图 2-18-5 中(a)、(b)分别为平行输电线的模拟电极和横截面上的电场分布.

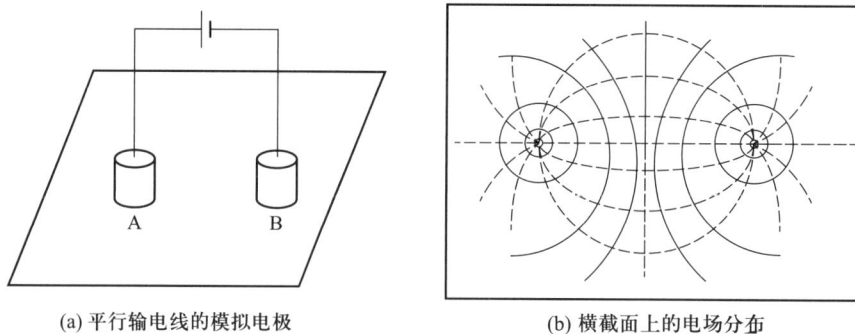

(a) 平行输电线的模拟电极　　　　(b) 横截面上的电场分布

图 2-18-5

（2）模拟条件

与静电场中空气介质（或真空）相对应，恒定电流场中的导电物质应是不良导体，本实验

中的导电物质是自来水,其电导率远比金属电极低,且分布均匀,符合模拟条件.

（3）同轴电缆电场和电势分布

由上面讨论可知同轴电缆的等势线是一簇同心圆,距离轴心 r 处的电势 U_r 由（2-18-7）式决定,可导出等势线半径 r 的表达式为

$$r = \frac{b}{\left(\dfrac{b}{a}\right)^{U_r/U_a}} \qquad (2-18-13)$$

或

$$r = a^n \times b^{1-n} \qquad (2-18-14)$$

式中,$n = U_r/U_a$.

（2-18-13）式的物理意义很明显,电势 U_r 越高（越接近 U_a）,其相应的等势线半径 r 越小,同轴电缆的电场强度 E_r 由（2-18-8）式决定. 电场强度的大小 E 与半径 r 成反比,越靠近内电极 A,电场强度越大,电场线越密.

（4）静电场的测绘方法

在实验测绘中,考虑到电场强度 E 是矢量,电势 U 是标量,测定电势就比测定电场强度容易实现. 可先测绘出等势线,再根据等势线与电场线处处垂直的关系,即可画出电场线. 而电场线上任一点的切线方向就是该点电场强度的方向,电场线的疏密程度则代表了电场的强弱. 这样,通过恒定电流场的等势线和电场线就能形象地表示电场的分布情况.

[实验内容]

1. 模拟长平行圆柱间的电场.

2. 模拟平行板间的电场.

3. 模拟点对平面的电场.

4. 模拟长同轴电缆中的静电场.

[实验步骤]

1. 单笔测量描图法步骤:

（1）把待测模拟板上的电极用导线与面板上 A、B 端子连接.

（2）连接电源,打开"电源开关"置于开方向.

（3）"工作状态选择"开关置"工作电源"挡时,调节"电源电压调节"电位器使电压指示值为 8 V 或 10 V. 电压设置完毕（实验中不再调整该电位器,且在以上调整时检流计应显示零）.

（4）"工作状态选择"开关置"测量"挡,调节"测量电压调节"电位器使电压指示值为 2 V（可自定）,开始测量;

（5）持 C 端子连接的红色测量笔,触及模拟板上平面,检流计应显示一定数值;移动测量笔直至检流计显示零,此时测量笔尖所在位置的点就为 2 V（可自定）的等电势点,如此找出多个等电势点,连接这些等电势点所描出的曲线或直线就是 2 V 等电势曲线或直线;

（6）重复步骤（4）、（5）进行实验,可描绘出 4 V,5 V 等多条等电势曲线;

2. 电阻率双笔测量法:用 C、D 测量笔,在待测极板的不同位置测取多组等间距电阻,用电

压示值鉴别是否均匀.

　　3. 根据以上测量结果画出静电场分布图.

　　模拟理论图形如表 2-18-1 所示

表 2-18-1

极型	模拟板型式	等势线、电场线理论图形
双点平行模拟板		
平面平行模拟板		
点对平面平行板		
同轴电缆模拟板		

[注意事项]

　　1. 若指示灯不亮,检查是电源线接触不良还是电源开关损坏,查出原因并更换相应器件.

　　2. 模拟板装配:取螺丝 1 个,上穿一铁平垫后从不导电面(即光面)上穿过模拟板电极孔后加导电垫,最后螺母用力固定.(忌用工具以免过力使得导电模板破碎.)若阶段使用后出现接触不良,可用鱼夹直接接触覆盖电极膜鉴别模拟板接触是否良好.

　　3. 各输出和输入电极不可长时间短路或接触.

[思考题]

　　1. 用恒定电流场模拟静电场的依据是什么?

　　2. 电场线与等势线有何关系?电场线起于何处,止于何处?

　　3. 实验电极的电导率为什么要远大于电介质的电导率?

　　4. 若改变电源输出的频率,对模拟的效果会有什么影响?

实验 19 铁磁质磁滞回线的测量

[实验目的]

1. 了解用示波器测铁磁物质动态磁滞回线的基本原理.
2. 进一步了解磁性材料的特性.

[实验仪器]

音频信号发生器,示波器,万用表,标准互感器,电阻,电容.

[实验原理]

铁磁性物质的磁化过程很复杂,这主要是因为它具有磁性. 一般都是通过测量磁化场的磁场强度 H 和磁感应强度 B 之间的关系来研究其磁化规律的.

1. 磁化曲线

如果在由电流产生的磁场中放入铁磁物质,则磁场将明显增强,此时铁磁物质中的磁感应强度比单纯由电流产生的磁感应强度增大百倍,甚至千倍. 铁磁物质内部的磁场强度 H 与磁感应强度 B 有如下的关系:

$$B = \mu H \tag{2-19-1}$$

对于铁磁物质而言,磁导率 μ 并非常量,而是随 H 的变化而改变的物理量,即 $\mu = f(H)$,为非线性函数. 所以如图 2-19-1 所示, B 与 H 也是非线性关系.

铁磁材料的磁化过程为:其未被磁化时的状态称为去磁状态,这时若在铁磁材料上加一个由小到大的磁化场,则铁磁材料内部的磁场强度 H 与磁感应强度 B 也随之变大, B-H 曲线如图 2-19-1 所示. 当 H 增加时, B 先是缓慢增加,然后经过一段快速增加后,进入缓慢增加段,但当 H 增加到一定值(H_s)后, B 几乎不再随 H 的增加而增加,说明磁化已达饱和,我们将饱和磁感应强度记为 B_s. 从未磁化到饱和磁化的这段磁化曲线称为材料的起始磁化曲线. 如图 2-19-1 中的 OS 段曲线所示.

2. 磁滞回线

铁磁材料的磁化达到饱和之后,如果将磁化场减小,则铁磁材料内部的 B 和 H 也随之减小,但其减小的过程并不沿着磁化时的 OS 段退回. 而且当磁化场撤消, $H=0$ 时,磁感应强度仍然保持一定的数值: $B = B_r$,称为剩磁(剩余磁感应强度),如图 2-19-2 所示.

若要使被磁化的铁磁材料的磁感应强度 B 减小到 0,必须加上一个反向磁场并逐步增大. 当铁磁材料内部反向磁场强度增加到 $H = -H_c$ 时(图 2-19-2 上的 c 点),磁感应强度 B 才减小到 0,达到退磁. 图 2-19-2 中的 bc 段曲线为退磁曲线, H_c 为矫顽磁力. 继续增加反向磁场,铁磁质的磁化达到反向饱和. 如果减小反向磁场强度,同样出现剩磁现象. 如图 2-19-2 所示,所形成的封闭曲线 $abcdefa$ 称为磁滞回线. 这种 B 的变化始终落后于 H 的变化的现象,称为磁滞现象.

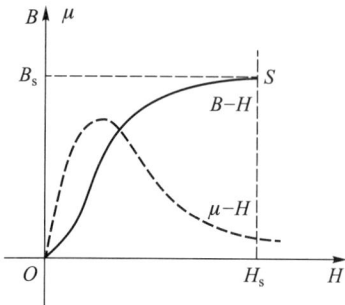

图 2-19-1　磁化曲线和 μ-H 曲线

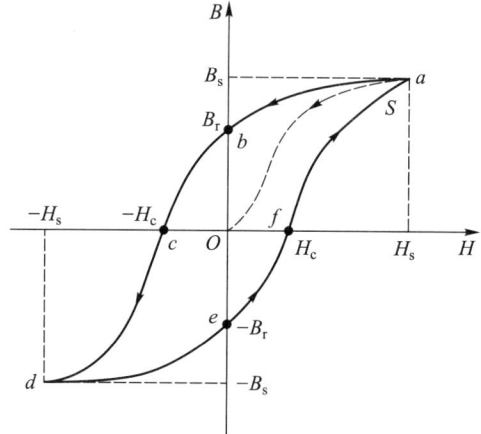

图 2-19-2　起始磁化曲线与磁滞回线

　　当从初始状态($H=0,B=0$)开始周期性地改变磁场强度的幅值时,在磁场由弱到强单调增加的过程中,可以得到面积由大到小的一簇磁滞回线,如图 2-19-3 所示,其中最大面积的磁滞回线称为极限磁滞回线.

　　把图 2-19-3 中原点 O 和各个磁滞回线的顶点 $a_1,a_2,\cdots a$ 所连成的曲线,称为铁磁性材料的基本磁化曲线. 不同的铁磁材料,其基本磁化曲线是不相同的. 为了使样品的磁特性可以重复出现,也就是指所测得的基本磁化曲线都是由原始状态($H=0,B=0$)开始,因此在测量前必须进行退磁,消除样品中的剩余磁性,以保证外加磁场 $H=0,B=0$. 在理论上,要消除剩磁 B_r,只需通一反向励磁电流,使外加磁场正好等于铁磁材料的矫顽磁力即可. 实际上,矫顽磁力的大小通常并不知道,因而无法确定退磁电流的大小. 我们从磁滞回线得到启示:如果使铁磁材料磁化达到磁饱和,然后不断改变励磁电流的方向(如采用交变电流),与此同时逐渐减小励磁电流,直到为零,则该材料的磁化过程就是一连串逐渐缩小而最终趋于原点的环状曲线,如图 2-19-4 所示. 当 H 减小到零时,B 亦同时降为零,达到完全退磁.

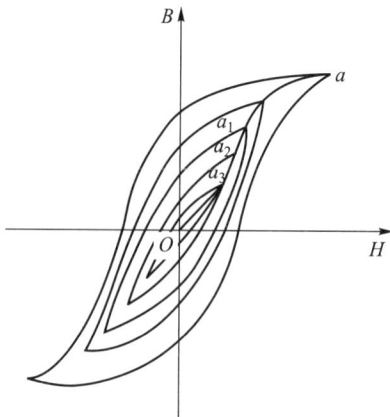

图 2-19-3

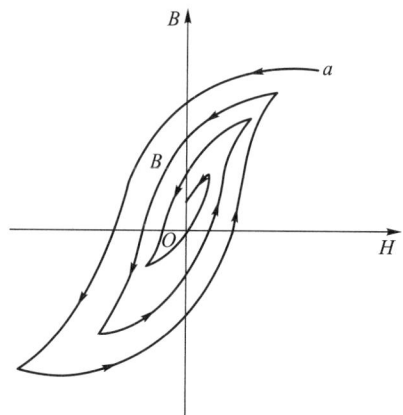

图 2-19-4

实验表明,经过多次反复磁化后,B-H 的量值关系形成一个稳定的闭合的"磁滞回线",通常以这条曲线来表示该材料的磁化性质. 这种反复磁化的过程称为"磁锻炼". 本实验使用交变电流,所以每个状态都经过充分的"磁锻炼",随时可以获得磁滞回线.

3. 示波器法观测磁滞回线原理

用示波器测量 B-H 曲线的实验线路如图 2-19-5 所示. 介质的磁化规律反映了磁场强度 H 和磁感应强度 B 之间的关系. 为了测量介质的磁化规律,一般将待测的磁性材料做成环状样品,在样品一侧均匀地绕满漆包线作为初级线圈,然后在另一侧绕上若干漆包线作为次极线圈,如果我们在线圈的初级线圈通上交流电流 I,则线圈的次级线圈会产生感生电动势 $\mathscr{E}$,只要测出感生电动势 $\mathscr{E}$,就可以算出磁感应强度 B.

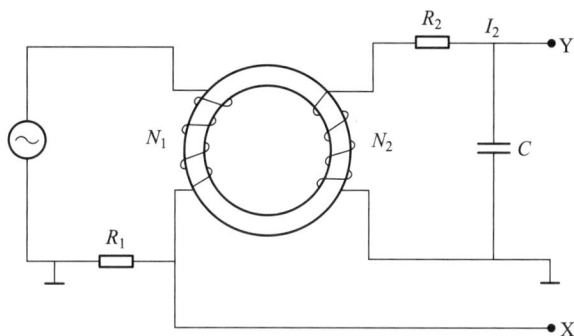

图 2-19-5

在圆环状磁性样品上绕有励磁线圈 N_1 匝(初级线圈)和测量线圈 N_2 匝(次级线圈). 当初级线圈通以交变电流 i_1 时,样品内将产生磁场,根据安培定律有

$$i_1 = \frac{HL}{N_1} \tag{2-19-2}$$

式中,L 为环状样品的平均磁路长度. R_1 两端的电压 U_{R1} 为

$$U_{R1} = \frac{LR_1}{N_1}H \tag{2-19-3}$$

上式表明磁场强度 H 与 U_{R1} 成正比,将 R_1 两端的电压输入示波器的 X 输入端,即 $U_X = U_{R1}$,则示波器 X 方向偏转量的大小反映了磁场强度 H 的大小.

为了测量磁感应强度 B,在次级线圈 N_2 上串联一个电阻 R_2 与电容 C 构成一个回路,同时 R_2 与 C 又构成一个积分电路. 线圈 N_1 中交变磁场 H 在铁磁材料中产生交变的磁感应强度 B,因此在线圈 N_2 中产生感应电动势,其大小为

$$\mathscr{E}_2 = \frac{\mathrm{d}\Phi}{\mathrm{d}t} = N_2 S \frac{\mathrm{d}B}{\mathrm{d}t} \tag{2-19-4}$$

式中,S 为线圈 N_2 的横截面积. 回路中的电流为

$$i_2 = \frac{\mathscr{E}_2}{\sqrt{R_2^2 + (1/\omega C)^2}} \tag{2-19-5}$$

式中,ω 为交流电源角频率. 若适当选择 R_2 和 C,使 $R_2 \gg \omega C$,则:

$$i_2 \approx \frac{\mathscr{E}_2}{R_2} \qquad\qquad (2-19-6)$$

电容 C 两端的电压为

$$U_C = \frac{Q}{C} = \frac{1}{C}\int i_2 \mathrm{d}t = \frac{N_2 S}{C R_2}B \qquad\qquad (2-19-7)$$

将电容 C 两端电压输入示波器的 Y 输入端，即 $U_Y = U_C$，则示波器 Y 方向偏转量的大小反映了磁感应强度 B 的大小.

可见，只要通过示波器测出 U_X、U_Y 的大小，即可得到相应的 H 和 B 的值. 当励磁电流周期性变化，并由小到大调节信号发生器的输出电压时，能在荧光屏上观察到由小到大扩展的磁滞回线图形. 如果逐次记录其正顶点的坐标，并在坐标纸上把它连成光滑的曲线，就得到样品的基本磁化曲线.

[实验内容]

1. 用示波器调试理想的磁滞回线

（1）熟悉示波器各旋钮的作用，并调节示波器的光点在屏幕坐标的中心位置.

（2）连接线路，在确认调压器的输出为 0 V 后，接通电源.

（3）逐渐升高调压器的输出电压，屏幕上应出现磁滞回线的形状. 将调压器的输出电压升至 80 V 左右后，调节示波器的分度旋钮，使磁滞回线充满整个屏幕后，对被测样品退磁. 退磁的过程为：不断改变磁化电流的方向，同时不断减小磁化电流至零.

2. 基本磁化曲线的测量

（1）从 0 V 开始，逐渐增加调压器的输出电压为 0 V、10 V、20 V、30 V、40 V、50 V、60 V、70 V、80 V，90 V，分别记下对应的每条磁滞回线的顶点坐标，原点与各磁滞回线顶点坐标的连线，就是基本磁化曲线. 或者单调增加磁化电流，即缓慢顺时针调节幅度调节旋钮，使磁滞回线顶点在 X 方向读数分别为 0、0.40、0.80、1.20、1.60、2.00、2.40、3.00、4.00、5.00，单位为格（指一大格），记录磁滞回线顶点在 Y 方向上读数.

表 2-19-1

序号	1	2	3	4	5	6	7	8	9	10
X/格	0	0.40	0.80	1.20	1.60	2.00	2.40	3.00	4.00	5.00
Y/格										

注意：测量过程中保持示波器上 X、Y 输入偏转因数旋钮和 R、R_2 电阻值固定不变，并记录下列数据：

$R_1 =$ ___ Ω ；$R_2 =$ ___ Ω ；$C =$ ___ F ；

$S_X =$ ___ V/格（X 偏转因数调节钮的读数）；

$S_Y =$ ___ V/格（Y 偏转因数调节钮的读数）.

（2）计算相应的 $H(\mathrm{A/m})$ 和 $B(\mathrm{mT})$ 的值.

根据 X、Y 的读数可以得到输入示波器 X 偏转板和 Y 偏转板上的电压：

$$U_{R1} = U_X = S_X - X \qquad (2\text{-}19\text{-}8)$$

$$U_C = U_Y = S_Y - Y \qquad (2\text{-}19\text{-}9)$$

根据(2-19-3)式、(2-19-7)式计算 H、B.

（3）根据得到的 H 和 B 的值绘制磁化曲线,并给出饱和磁感应强度的大小.

3. 磁滞回线测量

（1）当示波器显示的磁滞回线的顶点在 X 方向上读数为$(-5.00, +5.00)$格时(即在饱和状态),记录磁滞回线在 X 坐标分别为-5.00、-4.00、-3.00、-2.00、-1.50、-1.00、-0.50、0.00、0.50、1.00、1.50、2.00、3.00、4.00、5.00 格时,相对应的 Y 坐标,将数据填入表 2-19-2.

表 2-19-2

序号	1	2	3	4	5	6	7	8	9	10	11	12	13	14	15
X/格	−5.00	−4.00	−3.00	−2.00	−1.50	−1.00	−0.05	0.00	0.50	1.00	1.50	2.00	3.00	4.00	5.00
Y_1/格															
Y_2/格															

（2）计算相应的 H 和 B 的值,并绘制 B-H 图(磁滞回线).

（3）给出剩磁和矫顽力的大小.

[注意事项]

1. 励磁电流在实验过程中只允许单调增大或减小,不能时增时减.

2. 在频率较低时,由于相位失真,磁滞回线经常会出现如图 2-19-6 所示的畸变. 这时需要选择合适的 R_1、R_2 和 C 的阻值,可避免这种畸变,得到最佳磁滞回线图形.

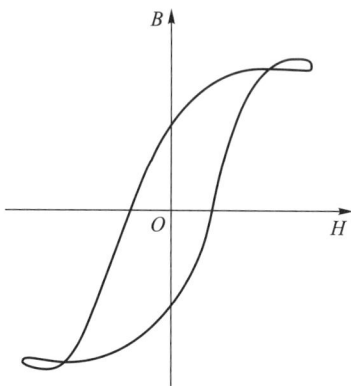

图 2-19-6

3. 示波器输入:由于 $H \propto I$,$B \propto \mathscr{E}$,因此只要把 I 转换成电压信号并输入到示波器的 X 偏转板上,将 $\mathscr{E}$ 加到示波器的 Y 偏转板上,就可以在示波器上显示出磁滞回线的形状,并利用公式计算出相应的 H 和 B 的值.

[思考题]

1. 什么叫磁滞回线？测绘磁滞回线和磁化曲线为何要先退磁？

2. 怎样使样品完全退磁,使初始状态在 $H=0,B=0$ 点上？

3. 用示波器观测磁滞回线时,通过什么方法获得 B 和 H 两个磁学量？

4. 如何判断铁磁材料属于软磁材料还是硬磁材料？

5. 磁滞回线的形状随交流信号频率如何变化？为什么？

第 3 章
光学实验

光学实验基础知识

光学实验技术在现代科技中发挥着越来越重要的作用,为天文学、化学、生物学、医学等领域提供了重要的实验手段. 在光学实验中,可以通过研究最基本的光学现象,学习和掌握光学实验的基本知识、基本方法和实验技术. 光学实验仪器(如激光器、测微目镜、分光计等)比较精密,仪器的调节比较复杂,只有在了解了仪器结构性能的基础上建立清晰的物理图像,才能选择有效而准确的调节方法,判断仪器是否处于正常的工作状态.

一、常用光源

1. 白炽灯

白炽灯是以热辐射形式发射光能的电光源. 它以高熔点的钨丝为发光体,通电后温度约为 2 500 K 从而达到白炽发光. 玻璃泡内抽成真空,充进惰性气体,以减少钨的蒸发. 白炽灯可作白光光源和一般照明用. 照明用白炽灯在通电时,其灯丝受热而辐射出连续光谱的可见光与红外光. 实验室中常用碘钨灯与溴钨灯.

使用低压灯泡应特别注意是否与电源电压相适应,光学实验在暗室环境中进行,白炽灯的工作电压有 220 V、12 V、6 V 等,因此要注意灯泡的额定电压是否与电源电压一致,以避免误接电压较高的电插座造成事故. 作强光源的白炽灯温度非常高,点亮时可能烤坏附近的塑料,甚至引燃纸张. 刚关灯时灯具还非常烫,不要去触摸.

2. 辉光放电管(光谱管)

辉光放电管是一种气体放电光源,主要用于光谱实验. 如图 3-0-1 所示,辉光放电管大多在两个装有金属电极的玻璃泡 A 和 C 之间连接一段细玻璃管 B,内充极纯的气体(He 或 Ne 等). 两极间加高电压,管内气体因辉光放电发出具有该种气体特征光谱成分的光辐射. 它发光稳定,谱线宽度小,可用于光谱分析实验作波长标准参考. 验电笔中的氖管、广告的霓虹灯也都是辉光放电管.

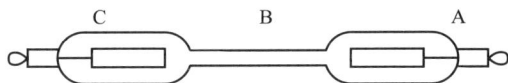

图 3-0-1　辉光放电管结构示意图

霓虹灯变压器的输出端需接在放电管的两个电极上. 因各元素光谱放电管起辉电压不同,所以在霓虹灯变压器的输入端需接一个调压器,调节电压到放电管稳定发光为止. 辉光放电管内气压小于 10^3Pa,所通电流仅几毫安,但需几千伏的高电压,实验室中常用霓虹灯变压器或感应圈作其电源,不可接普通变压器,否则会被烧毁.

3. 低压汞灯

汞灯是一种气体放电光源(在弧光放电管内装入某种金属,金属受热产生金属蒸气,金属原子中电子在放电时被激发,返回基态时放出光子). 工作时汞蒸气气压小于 10^5Pa 的称为低压汞灯. 常用的低压汞灯,其玻璃管胆内的汞蒸气气压很低(约几十到几百帕),发光效率不高,是小强度的弧光放电光源,可用它产生汞元素的特征光谱线. 低压汞灯发出绿白色光,在可见光范围内的主要特征谱线是:579.07 nm、576.96 nm、546.07 nm、491.60 nm、435. 83 nm、407.78 nm、404.66 nm. 照明用的日光灯是一种低压汞灯,只是在管壁内涂上了荧光粉,荧光物质能吸收汞发出的紫外线将其转为波长较长的可见光. 不同的荧光粉可发出不同的光,也可复合使用,如"节能灯"是三基色荧光灯,显色性稍好一些. 使用时需注意以下几点.

（1）汞灯工作时必须串接适当的镇流器,否则灯丝会烧断.

（2）为了保护眼睛,不要直接注视强光源.

（3）正常工作的泵灯如因临时断电或电压有较大波动而熄灭,须等待灯泡逐步冷却,汞蒸气降到适当压强之后才可以重新发光. 通常情况下,汞灯关闭后要过大约 10 min 才允许重新启动.

4. 低压钠灯

钠灯是钠蒸气放电灯,结构如图 3-0-2 所示. 灯内在高真空条件下放入金属钠,并充入适量的惰性气体,灯泡壳由耐钠腐蚀的特种玻璃制成. 灯丝通电后,惰性气体电离放电,灯管温度逐渐升高,金属钠逐渐气化,然后产生钠蒸气弧光放电,发出较强的钠黄光. 钠光谱在可见光范围内有 589.59 nm 和 588.99 nm 两条波长很接近的特强光谱线,实验室通常取其平均值,以 589.3 nm(D 线)的波长直接当近似单色光使用. 此时其他的弱谱线被忽略.

弧光放电有负阻现象,为防止钠灯发光后电流急剧增大而烧坏灯管,在钠灯供电电路中须串入相应的限流器. 由于钠是一种难熔金属,一般通电后要过十余分钟钠蒸气才能达到正常的工作气压而稳定发光.

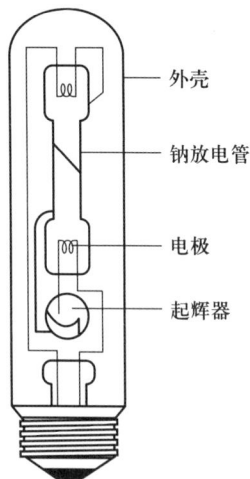

图 3-0-2　低压钠灯
结构示意图

5. 氦氖激光器(He-Ne 激光器)

氦氖激光器是一种单色性好、方向性强、亮度高、相干性好的常用光源,发出波长为 632.8 nm. 实验室用激光器的功率虽然不高,但功率密度高,因此亮度极亮,常用于定向光源及相干光源. 普通物理实验中常用的氦氖激光器结构如图 3-0-3 所示. 小型激光管的谐振腔反射镜封固在装有氖气、氦气混合气体的放电管两端的,称为内腔式氦氖激光器. 若反射镜装在放电管之外,则称为外腔式氦氖激光器. 若放电管窗口与管轴成布儒斯特角,则发出线偏振光.

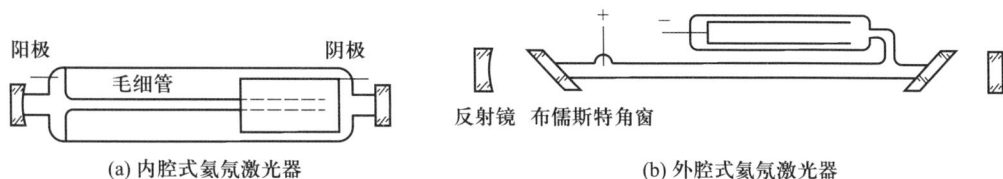

(a) 内腔式氦氖激光器　　　　　(b) 外腔式氦氖激光器

图 3-0-3　氦氖激光器结构示意图

激光器的发光机理是受激辐射. 激光管内充有一定配比的氦气和氖气,在管端两极加上直流高压才能激发出光. 使用时需注意以下几点.

（1）腔长 250 mm 的激光管的工作电压约为 1 600 V,启动时的激发电压就更高,使用中应注意人身安全.

（2）要注意区分激光管的正、负电极,不能把高压电源的正极接激光管的负极,否则会造成阴极溅射,污染激光管两端的反射镜,影响激光器正常工作.

（3）激光器打开后要过半小时才能达到稳定输出,因此在实验中激光器不可轻易开关.

（4）由于激光会聚后光强很大,严禁用肉眼直接迎面观看激光,这将导致眼睛视网膜损伤,绝不允许把激光射入别人的眼中.

（5）激光器关闭后,不能马上触及两电极,否则电源内的电容器高压会造成电击伤人.

6. 滤光片

滤光片是能够从白光或其他复色光分选出一定的波长范围或某一准单色辐射成分（光谱线）的光学元件. 最为常见的是吸收滤光片和干涉滤光片. 吸收滤光片是利用化合物基体本身对辐射具有的选择吸收作用制成的滤光片. 干涉滤光片的显著优点是既有窄通带,同时又有较高透射率. 干涉滤光片的主要光学性能由中心波长 λ_0、通带半宽度 $\Delta\lambda$ 和峰值透射率决定.

常见的透射干涉滤光片是利用多光束干涉原理制成的. 一种最简单的结构是:在一块平面玻璃板上先镀一层反射率较高的金属膜,然后镀一层介质膜,在这层膜上再镀一层金属反射膜,最后盖封一块平面玻璃板. 使光束垂直通过滤光片,则直接透过的光束与经金属膜两次反射后再透过的光束之间的光程差为 $\delta = 2nd$,其中 n 为介质膜的折射率,d 为膜的厚度. 如果波长为 λ 的光的光程差 $\delta = m\lambda(m=1,2,3,\cdots)$,那么有

$$\lambda = \frac{2nd}{m}$$

当该波长的透射光都是干涉加强时,则其他接近此波长的透射光急剧减弱.

（1）当忽略折射率随波长的变化时,设 $nd = 5.46 \times 10^{-5}$ cm,则在可见光范围的透射光峰值波长为 546 nm,这就是能够滤出汞光谱绿线的干涉滤光片.

（2）如果以多层介质膜取代上述金属膜,就可获得高透射率的窄带滤光片.

（3）选择普通吸收滤光片做干涉滤光片的基板（保护板）还可以控制透射光的截止区域.

二、常用光学仪器

普通物理实验中常用的光学仪器有光具座、望远镜、测微目镜、移测显微镜、分光计等.

1. 光具座

（1）结构

光具座是一种多功能的通用光学仪器. 用于物理实验的光具座由导轨、滑动座（光具凳）、光源、可调狭缝、像屏和各种夹持器组成（图 3-0-4）,按实验需要另配光学元件（如透镜、棱镜、偏振片等）组成光学系统. 常用的导轨长度为 1~2 m,导轨上有米尺,滑动座上有定位线,便于确定光学元件的位置.

（2）等高共轴调节

① 调节要求

实验中常把各种元件组合成光学系统,首先应把各元件主轴调整到一条直线上,且光束均处在傍轴状态（既能保证透镜成像公式及其他公式所需的傍轴近似,又能避免各种像差以获

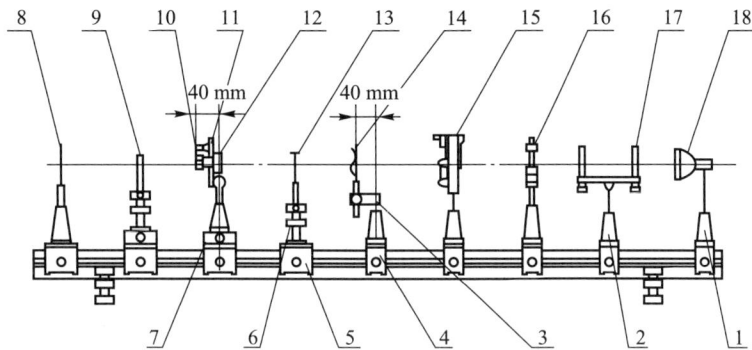

1、2—不同高度的支座；3—弯头架；4、5—不同宽度的光具凳；6—垂直微调支座；
7—横向微调组件；8—像屏；9—测微目镜架；10—可调狭缝；11—可转圆盘；
12—偏振片圈；13、14—大小弹簧夹片屏；15，16—透镜夹；17—激光管架；18—光源

图 3-0-4　光具座

得优质的图像).如果不共轴现象严重,光束可能通不过透镜等元件的有限通光孔径,实验也就无法进行了,如图 3-0-5 所示.因此,实验前有必要对光具座进行等高共轴调节.

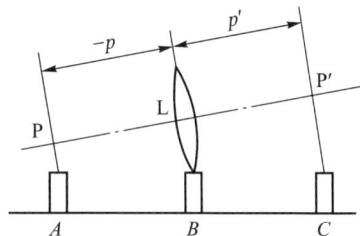

图 3-0-5　光轴不平行于导轨,从读数结果算得的物距、像距有系统误差

等高:各元件的中心位于光具座正上方,高度相等,此时系统光轴与光具座平行(要从侧面与上面两种方向加以检查),以保证在光具座上读取的位置和距离准确、在移动光学元件时其中心不会偏离系统的主轴.

共轴:各元件轴线在同一条直线上,要调整各元件的中心位于一条直线,且各元件所在平面与该直线垂直.

② 调节步骤

(a)粗调:先将物屏、像屏、透镜等元件安装在光具凳上并在光具座上尽量靠拢,用眼睛观察,调整插杆高度,使各元件中心在导轨正上方与之平行的同一条直线上.是否平行要从两个方向检查,并使各元件所在平面均与导轨垂直.

(b)细调:在粗调基础上,按照成像规律或借助其他仪器做细致调节.如图 3-0-6 所示,二次成像法测凸透镜焦距的实验光路,常用于光具组的共轴调节.当物屏与像屏距离大于两倍焦距时,移动透镜时可成两次像.若已达到等高共轴要求,两次成像的中心部位会重合在像屏中央.若两次成像不重合,就说明物屏的中心偏离光轴或者光轴与导轨不平行,此时调整物屏 P 或透镜 L 的位置、高低或左右,反复调整,直至两次成像的中心部位 P' 和 P'' 重合在像屏中央.

2. 测微目镜

(1)结构及读数原理

测微目镜可装在各种显微镜、望远镜上用于测量中间(实)像的大小,也可单独使用,其结构如图 3-0-7 所示.固定分划尺上刻有毫米刻度,格值 1 mm,共 8 mm,但有效测量范围为 6 mm.读数鼓轮转动时通过传动测微螺旋推动

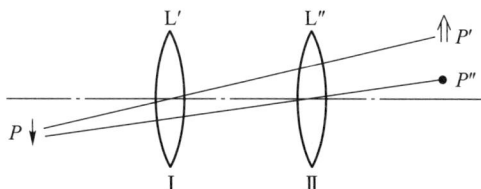

图 3-0-6　用二次成像法检查物屏是否在透镜光轴上

叉丝分划板移动;鼓轮反转时,叉丝分划板因受弹簧回复力作用而反向移动.鼓轮周边刻 100 格,每转一圈叉丝分划板移动 1 mm,叉丝分划板上刻有准线(用于读毫米数)及叉丝(用于对准待测目标),因此鼓轮上每一分格对应于横向移动 0.01 mm,应再估读到下一位.

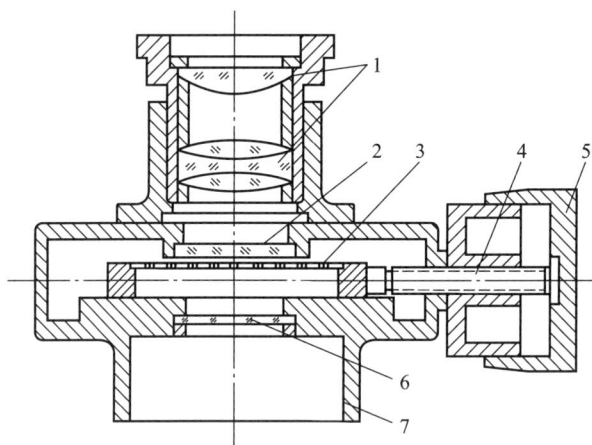

1—无畸变型复合目镜;2—有毫米刻度的固定玻璃板(分划尺);
3—刻有十字叉丝的分划板;4—传动测微螺旋;5—读数鼓轮;6—防尘玻璃;
7—接头装置,可配在各种显微镜和准直管上(或其他类似仪器上)使用

图 3-0-7　测微目镜

（2）测微目镜

为测微目镜视场内的标尺和叉丝.测量前应先调节目镜,使叉丝与标尺(已由目镜放大,见图 3-0-8)均清晰可见;再调节待测像,使之既清晰又与叉丝无视差.让整个测微目镜绕自身光轴转动,使待测长度方向与分划板标尺平行.

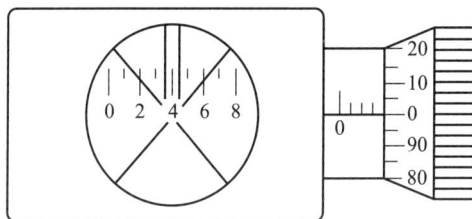

图 3-0-8　测微目镜视场内的标尺和叉丝

注意:为防止螺旋间隙造成的空程误差,每次测量应先退回少许,再让鼓轮沿同一方向旋转,不得中途反向.万一旋过了,必须退回几圈再依原方向旋转推进重新对准读数,应尽量避免这种情况.因此快到待测标志时需要旋转得慢些.其他有螺旋读数装置的仪器都应遵循以上的调整步骤及读数规则.

3. 移测显微镜

显微镜由物镜、分划板和目镜组成光学显微系统.位于物镜焦点前的物体经物镜成放大倒立实像于目镜焦点附近,并与分划板的刻线在同一平面上.目镜的作用如同放大镜,人眼通过它观察放大后的虚像. 为精确测量小目标,有的移测显微镜配备测微目镜,以取代普通目镜.

移测显微镜是利用螺旋测微器控制镜筒(或工作台)移动的一种测量显微镜,结构如图 3-0-9 所示. 移测显微镜可分为测量架和底座两大部分,在测量架上装有显微镜筒和螺旋测微装置. 显微镜的目镜用锁紧圈和锁紧螺钉紧固于镜筒内,物镜用螺纹与镜筒连接. 整体的镜筒可用调焦手轮对被测物调焦. 旋转测微鼓轮,镜筒能够沿导轨横向移动,使用应遵循测微目镜的调整步骤及读数规则.

使用注意事项:

(1) 使用前先调整目镜,对分划板(叉丝)聚焦清晰后,再转动调焦手轮,同时从目镜观察,使被测物成像清晰,无视差.

(2) 为了测量准确,必须使待测长度与显微镜筒移动方向平行.

1—目镜;2—物镜;3—底座;
4—测微鼓轮;5—调焦手轮

图 3-0-9 移测显微镜

(3) 应使镜筒单向移动到起止点读数,以避免由于螺旋空程产生的误差.

4. 分光计

分光计(光学测角计)主要用于精确测量平行光束的偏转角度,借助它并利用折射、衍射等物理现象可完成偏振角、折射率、光波波长等物理量的测量,其用途十分广泛. 在物理光学实验中,加上分光元件(棱镜、光栅)即可作为分光仪器使用,可用来观察光谱,测量光谱线的波长等.

(1) 分光计的结构

分光计由准直管、载物台、自准直望远镜、读数装置和底座组成,每部分都有特定的调节螺钉. 图 3-0-10 是 JJY 型分光计的外貌.

① 底座:要求平稳而坚实,在底座的中央固定着中心轴,刻度盘和游标盘套在中心轴上,可以绕中心轴旋转.

② 准直管:固定在底座的立柱 21 上,用来产生平行光. 它的一端是装有狭缝的套管,另一端是装有消色差的准直物镜. 当被照明的狭缝位于物镜焦平面上时,通过镜筒出射的光成为平行光束. 螺钉 24 和 25 能调节其光轴的方位. 狭缝可沿光轴移动和转动,缝宽可在 0.02 ~2 mm 内调节.

③ 自准直望远镜:用于确定平行光束方向. 安装在支臂 14 上,支臂与转座固定连接套在刻度盘上. 松开螺钉 16,转座与刻度盘皆可单独转动;旋紧这个螺钉,转座与刻度盘即可一起转动. 旋紧止动架和底座上的止动螺钉 17 时,利用螺钉 15 能够微调望远镜的方位. 调节望远镜光轴的两个螺钉是 12 和 13. 目镜 10 可用手轮 11 调焦,松开螺钉 9,目镜筒可前后移动.

自准直望远镜的结构如图 3-0-11 所示. 它由目镜、全反射棱镜、叉丝分划板和物镜等组成. 目镜、全反射棱镜和叉丝分划板以及物镜分别装在可以前后移动的 3 个套筒中. 分划板上刻有调整叉丝、测量叉丝和十字叉丝,并且调整叉丝与十字叉丝对称分布于测量叉丝两侧,如图 3-0-12(a)所示,全反射棱镜的一个直角边紧贴在十字叉丝上. 开启照明灯,光线经全反射棱镜透过十字叉丝. 当分划板在物镜的焦平面上时,经物镜出射的光即为一束平行光. 若有一平面反射镜将这束平行光反射回来,再经物镜成像于分划板上,于是从目镜中可以同时看清十

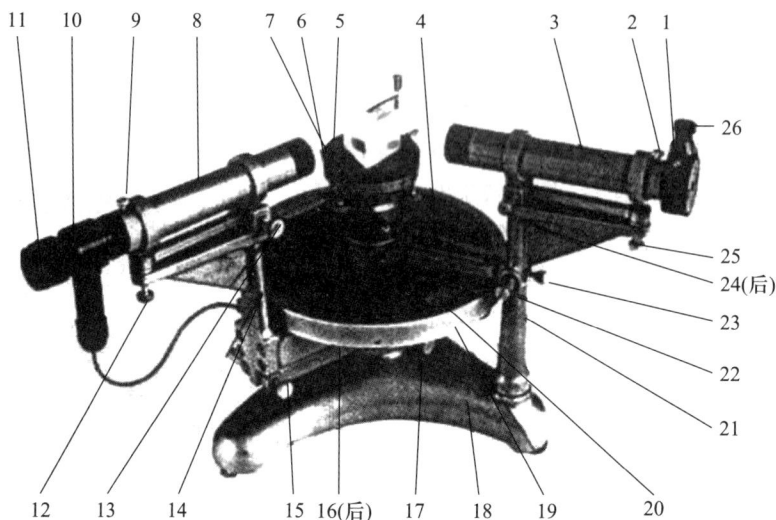

1—狭缝装置;2—狭缝装置锁紧螺钉;3—准直管;4—游标盘止动架;5—载物台;

6—载物台调平螺钉(3 个);7—载物台锁紧螺钉;8—自准直望远镜;9—目镜锁紧螺钉;

10—阿贝式自准直目镜;11—目镜调节手轮;12—望远镜光轴高低调节螺钉;

13—望远镜光轴水平调节螺钉;14—支臂;15—望远镜微调螺钉;

16—转座与刻度盘止动螺钉;17—望远镜止动螺钉;18—底座;19—刻度盘;

20—游标盘;21—立柱;22—游标盘微调螺钉;23—游标盘止动螺钉;

24—准直管光轴水平调节螺钉;25—准直管光轴高低调节螺钉;26—狭缝宽度调节手轮

图 3-0-10 JJY 型分光计

字叉丝和十字叉丝反射像,并且无视差,见图 3-0-12(b);如果望远镜光轴垂直于平面反射镜,那么十字叉丝反射像将与调整叉丝重合,见图 3-0-12(c).

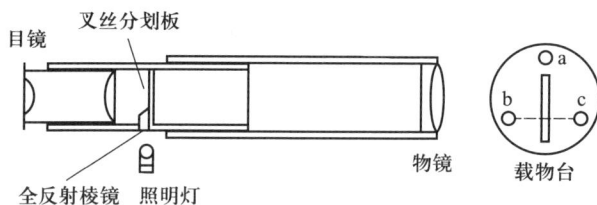

图 3-0-11 自准直望远镜

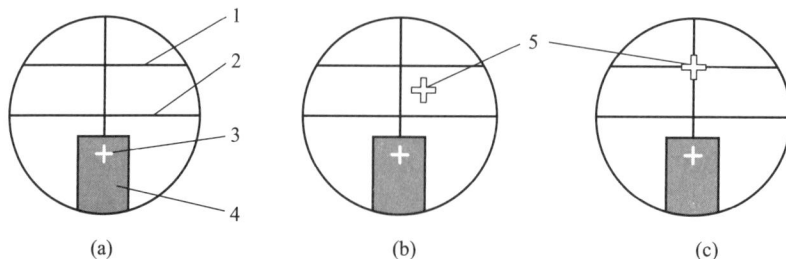

1—调整叉丝;2—测量叉丝;3—十字叉丝;4—绿色背景;5—十字叉丝反射像(绿色)

图 3-0-12 叉丝分划板和十字叉丝反射像

④ 分光计上控制望远镜和刻度盘转动的有三套系统,正确运用它们对于测量很重要,分别是:望远镜止动和微动控制系统、分光计游标止动和微动控制系统、望远镜和刻度盘的离合控制系统. 转动望远镜或移动游标位置时,都要先松开相应的止动螺钉;微调望远镜及游标位置时要先拧紧止动螺钉. 注意:要改变刻度盘和望远镜的相对位置时,应先松开它们间的离合控制螺钉,调整后再拧紧;一般是将刻度盘的 0°线置于望远镜下,可以减少在测角度时,0°线通过游标引起的计算上的不便.

⑤ 载物台:是一个用以放置棱镜、光栅等光学元件的圆形平台,套在游标内盘上,可以绕平台中心轴转动和升降. 当平台和游标盘(刻度内盘)一起转动时,控制其转动的方式与望远镜一样,也有粗调和微调两种;平台下有三个调平螺钉,可以改变平台台面与竖直轴的夹角角度.

⑥ 读数装置:望远镜和载物台的相对方位可由刻度盘上的读数确定. 主刻度盘上有 0°~360°的圆刻度,分度值为 0.5°. 为了提高角度测量的精密度,在内盘上相隔 180°处设有两个游标 $V_左$ 和 $V_右$,游标上有 30 个分格,它和主刻度盘上 29 个分格相当,因此分度值为 1′. 读数方法参照游标原理,如图 3-0-13 所示读数应为 167°11′.

注意:(a) 记录测量数据时,必须同时读取两个游标的读数(为了消除刻度盘的刻度中心和仪器转动轴之间的偏心差). (b) 安置游标位置时要考虑

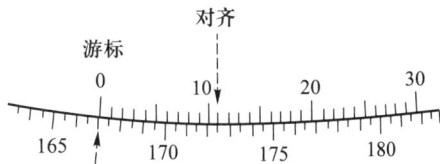

图 3-0-13 分光计的刻度盘

具体实验情况,主要应使读数方便,且尽可能保证在测量时刻度盘 0°线不通过游标.(c) 记录与计算角度时,左、右游标应分别进行,应防止混淆算错角度.

(2) 分光计的调节要求

分光计是在平行光中观察相关现象和测量角度的仪器,要求:① 分光计的光学系统要适应平行光(望远镜能接收平行光和准直管发出平行光);② 从刻度盘上读出的角度要符合观测现象中的实际角度(即要求分光计观测系统中读值平面、观察平面和待测光路平面相互平行,否则会引入系统误差). 分光计观测系统的三个平面如图 3-0-14 所示.

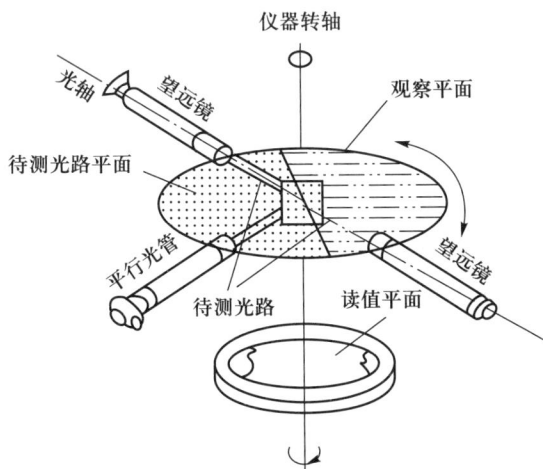

图 3-0-14 分光计的观测系统

读值平面:这是读取数据的平面,由刻度盘和游标盘绕中心轴旋转时形成,对每一个具体的分光计,读值平面都是固定的,且和中心轴垂直.

观察平面:由望远镜光轴绕仪器中心轴旋转时所形成.只有当望远镜与中心轴垂直时,观察面才是一个平面,否则,将形成一个以望远镜光轴为母线的圆锥面.

待测光路平面:由准直管的光线和经过待测光学元件(棱镜、光栅等)作用后,所反射、折射和衍射的光线所共同确定.调节载物台下方的三个调平螺钉,可以将待测光路平面调节到所需方位.

因此,分光计调节应满足:① 望远镜调焦至无穷远,其光轴垂直于仪器主轴;② 从准直管出射光为平行光束,其光轴也垂直于仪器主轴,在此基础上针对不同元件(棱镜、光栅等)的观测要求,调节载物台.

(3)分光计的调节方法

① 粗调

(a)旋转目镜调节手轮(即调节目镜与叉丝之间的距离),看清测量叉丝[图 3-0-12(c)].

(b)用望远镜观察尽量远处的物体,前后调节目镜镜筒(即调节物镜与叉丝之间的距离),使远处的物体的像和目镜中的十字叉丝同时清晰.

(c)将载物台平面和望远镜光轴尽量调成水平(目测).

在分光计调节中,粗调很重要,如果粗调不认真,可能给细调造成困难.

② 细调

如图 3-0-15 所示,将平面反射镜放在载物台上(注意放置方位如图所示,应由一个螺钉控制一个反射面的倾斜方向).

(a)应用自准直原理调节望远镜以适合平行光.

i)点亮"十字叉丝"照明灯.

ii)将望远镜垂直对准平面镜的一个反射面,如果从望远镜中看不到绿色"十字叉丝"的

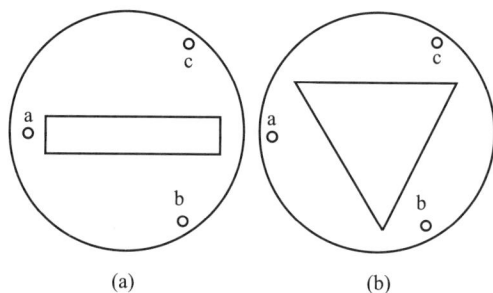

图 3-0-15　载物台

反射像,就要慢慢左右转动载物台去寻找(如果粗调认真进行,就不难找到反射像),如果仍然找不到反射像,就要稍许调一下图 3-0-15 中的控制该反射面的螺钉 b,再慢慢左右转动载物台去找.

iii)看到绿色"十字叉丝"的反射像[图 3-0-12(b)]后,再前后微调目镜镜筒,使十字叉丝反射像清晰且和测量叉丝间无视差.此时望远镜状态已适合平行光,后续实验时不允许再改变望远镜的调焦状态.

(b)用逐次逼近法调节望远镜光轴与中心轴垂直(即将观察面调成平面,观察平面与读数平面平行).

i)由望远镜反射的十字叉丝反射像和调整叉丝如果不重合,应调节望远镜倾斜使两个叉丝间的偏离减小一半,再调节载物台螺钉 b,使二者重合.

ii)转动载物台,使另一镜面对准望远镜,左右慢慢转动平台,看到反射的十字叉丝反射

像,如果它和调整叉丝不重合,再同上述操作由望远镜和螺钉 b 各调回一半. 注意:时常发现从平面镜的一面看到了绿色小十字像,而在另一面则找不到,这可能是粗调不细致所造成的,经第一面调节后,望远镜光轴和载物台面均显著不水平,这时要重新粗调;如果望远镜光轴及载物台面无明显倾斜,这时往往是十字叉丝反射像在调节叉丝视场之外,可适当调望远镜倾斜度(使目镜一侧升高些)去找.

iii) 反复进行以上调整,直至不论转到哪一反射面,十字叉丝反射像均能和调整叉丝重合,则望远镜光轴与中心轴已垂直. 此调节法称为逐次逼近法或各半调节法.

(c) 调节准直管使其产生平行光,并使其光轴与望远镜的光轴重合.

i) 关闭望远镜十字叉丝照明灯,用光源照亮准直管狭缝;转动望远镜,将其对准准直管.

ii) 适当调窄狭缝宽度,前后移动狭缝,使从望远镜能看到清晰的狭缝像,并且狭缝像和测量叉丝之间无视差. 这时狭缝已位于准直管准直物镜的焦平面上,即从准直管出射平行光束;调节准直管倾斜度,使狭缝像的中心位于望远镜测量叉丝的交点上,这时准直管和望远镜的光轴平行,并近似重合.

三、光学实验注意事项

光学仪器一般都比较精密,光学元件都是用光学玻璃等材料用多项技术加工而成的,其光学表面加工尤其精细,有的还镀有膜层,因此使用时要特别小心. 若使用或维护不当很容易造成光学元件破损和光学表面的污损. 使用和维护光学仪器时应注意以下方面.

1. 在使用仪器前必须认真阅读仪器说明书,详细了解仪器的结构、工作原理,调节光学仪器时要耐心细致,切忌盲目动手. 必须详细了解仪器的使用方法和操作要求后才能对仪器进行操作.

2. 使用和搬动光学仪器时,应轻拿轻放,避免受震磕碰和失手跌落. 光学元件使用完毕,应当放回光学元件盒内.

3. 不准用手触摸仪器的光学表面,如必须要用手拿某些光学元件(如透镜、棱镜、平面镜等)时,只能接触其非光学表面部分,即磨砂面(如透镜的边缘、棱镜的上、下底面).

4. 光学表面若有轻微的污痕或指印,可用特制的擦镜纸或清洁的鹿皮轻轻揩去,不能加压力硬擦,更不准用手帕或其他纸来擦拭.

5. 在暗室中应先熟悉各仪器和元件安放的位置,在黑暗环境中摸索光学仪器时,手要贴着桌面,动作要轻而缓慢,以免碰倒或带落仪器、元件等物品.

6. 光学仪器的机械结构较精细,操作时动作要轻,应缓慢进行,用力要均匀平稳,不得强行扭动,也不能超出其行程范围. 若使用不当,仪器准确度会大大降低.

7. 光学仪器的装配很精密,拆卸后很难复原,因此严禁私自拆卸仪器.

实验 1　薄透镜焦距的测定

透镜是组成各种光学仪器的基本光学元件,焦距是透镜的重要参量.在实际工作中常常需要选定合适的透镜或透镜组.因此,掌握测量透镜焦距的方法、透镜成像规律及光路的调节技术是光学实验工作的基本要求.测定透镜焦距的方法很多,应根据不同的透镜、不同的精度要求和具体实验条件选择合适的方法.

［实验目的］

1. 掌握透镜成像的基本规律和测薄透镜焦距的基本方法.
2. 掌握光学系统的“等高共轴”调节.
3. 学习转换法的设计思想和会用“左右逼近法”判定成像的准确位置.

［实验仪器］

光具座,凸透镜,凹透镜,物屏,像屏,平面反射镜,光源等.

［实验原理］

1. 薄透镜成像公式

透镜分为会聚透镜和发散透镜两类,当透镜厚度与焦距相比很小时,这种透镜称为薄透镜.如图 3-1-1 所示,设薄透镜的焦距为 f,物距为 u,对应的像距为 v,在近轴条件下,透镜成像的高斯公式为

$$\frac{1}{f}=\frac{1}{-u}+\frac{1}{v} \tag{3-1-1}$$

$$f=\frac{uv}{u-v} \tag{3-1-2}$$

应用(3-1-2)式时,必须参照各物理量所适用的符号规则.本书规定:自参考点(透镜光心)量起,与光线进行方向一致时为正,反之为负.运算时已知量需添加符号,未知量则根据求得结果中的符号判断其物理意义.

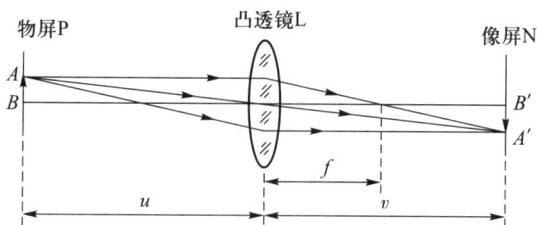

图 3-1-1　薄透镜成像的光路图

注意:薄透镜成像公式在近轴光线条件下成立,为满足这个条件,必须选择小物体,或在透镜前适当位置放置光阑.对于几个透镜组成的透镜组光路,应使各光学元件的主光轴重合,这

样才能满足近轴光线要求.

2. 凸透镜焦距的测量方法及原理

（1）物距像距法

根据（3-1-2）式,只要测出物距 u 与像距 v,就能计算出透镜的焦距.

（2）共轭法（二次成像法）

如图 3-1-2 所示,设物屏与像屏的相对位置 L 保持不变,而且 $L>4f$. 当凸透镜在物屏与像屏之间移动时,可实现两次成像. 透镜在位置Ⅰ时,成倒立、放大的实像;透镜在位置Ⅱ时,成倒立、缩小的实像. 透镜在两次成像位置之间的距离为 d,透镜位于位置Ⅰ和位置Ⅱ时,由光的可逆原理知 $-u_1=v_2$,$-u_2=v_1$,由图 3-1-2 可看出 $L=(-u_2)+v_2$,$d=(-u_2)-v_2$,解得 $-u_2=\dfrac{L+d}{2}$,$v_2=\dfrac{L-d}{2}$,将物距 u、像距 v 代入（3-1-2）式可得

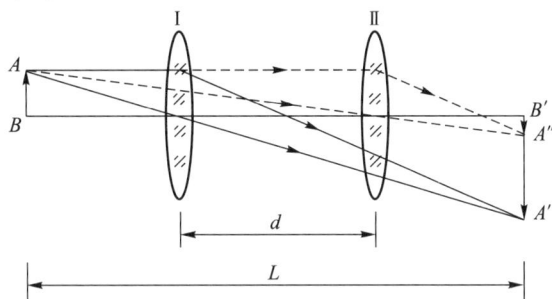

图 3-1-2　共轭法测凸透镜焦距

$$f=\frac{L^2-d^2}{4L} \tag{3-1-3}$$

实验中,只要测量出光路图中的物屏与像屏的距离 L 和透镜两次成像移动的距离 d,代入（3-1-3）式就可算出透镜的焦距. 由于焦距是通过透镜两次成像而求得的,因而这种方法称为共轭法或二次成像法.

共轭法的优点:把对焦距的测量转换为对可以精确测量的 L 和 d 的测量,避免了在测量物距和像距时,由于估计透镜光心位置不准确所带来的误差（因为在一般情况下,透镜的光心并不与它的对称中心重合）.

注意:采用共轭法测量时,L 不可取得太大,否则像会缩得太小而不易判断成像位置.

（3）自准法

如图 3-1-3 所示,当物体处在凸透镜的焦平面上时,物体上各点发出的光线经透镜折射后成为平行光,如果在透镜 L 的像方垂直于主轴放置一个平面反射镜 M,那么平面镜将此平行光反射回去,反射光再次透过透镜后仍会聚于透镜的焦平面上,这个像与原物体大小相等,是倒立的实像. 此时物体与透镜中心的距离为所测透镜的焦距,这种测量透镜焦距的方法称为自准法.

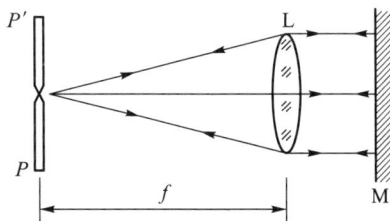

图 3-1-3　自准法测凸透镜焦距

其优点是能比较迅速直接地测得焦距的数值．自准法不仅用于测透镜焦距，也常用于光学仪器的调节．

3. 凹透镜焦距的测量方法及原理

（1）物距像距法

如图 3-1-4 所示，设物体 AB 发出的光经辅助透镜 L_1 后，成实像于 $A'B'$，将一个焦距为 f 的凹透镜 L_2 置于 L_1 和 $A'B'$ 之间，然后移动 L_2 至合适的位置，由于凹透镜具有发散作用，像点将移到 $A''B''$ 点，对于凹透镜 L_2 来说，$A'B'$ 为虚物体，$A''B''$ 为实像，$|O_2B'|$ 为物距，$|O_2B''|$ 为像距，即 $|O_2B'|=u$，$|O_2B''|=v$，由（3-1-2）式即可求出焦距．

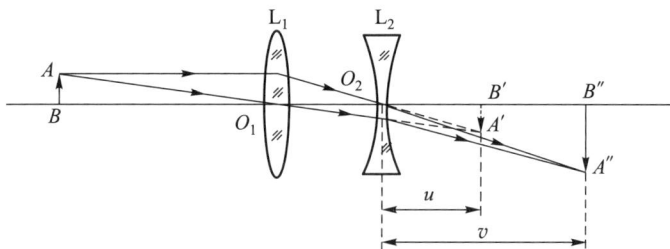

图 3-1-4　凹透镜焦距测量原理

（2）自准法

如图 3-1-5 所示，将物点 A 放在凸透镜 L_1 的主光轴上（最好放在凸透镜焦距的两倍距离之外，这样用自准法在 A 点成像较清晰），测出它的成像位置 F，固定凸透镜 L_1，并在 L_1 和像点 F 之间插入待测凹透镜 L_2 和平面反射镜 M，使 L_2、L_1 的光心 O_2、O_1 在同一轴上．移动凹透镜 L_2 使由平面镜反射回去的光线经 L_2 和 L_1 后，仍成像于 A 点．此时，从凹透镜到平面镜上的光是一束平行光，F 点就是由 M 反射回去的平行光束的虚像，也就是凹透镜 L_2 的焦点，测出 L_2 的位置，则 $|O_2F|$ 就是待测凹透镜的焦距．

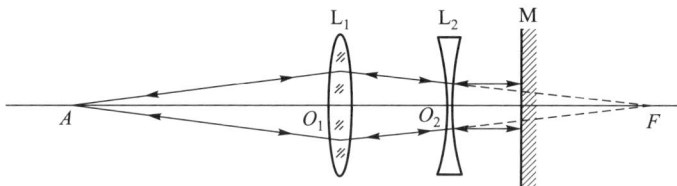

图 3-1-5　自准法测凹透镜焦距

4. 光路"等高共轴"的调节

为了读数准确且避免不必要的像差，需要对光学系统进行"等高共轴"的调节．各光学元件主轴重合并平行于光具座，称为"等高共轴"．调节的具体方法如下．

（1）粗调：将光源、物屏、待测透镜、像屏依次放在光具座上，并使它们尽量靠拢，用眼睛观察，调节各元件的上下、左右位置，使各元件的中心大致在与导轨平行的同一直线上，并使物平面、透镜平面和像屏平面三者相互平行且垂直于光具座的导轨．

（2）细调：打开光源，利用透镜二次成像法来判断各元件是否共轴，并进一步将它们调至共轴. 若物体的中心偏离透镜的光轴,则移动透镜两次成像所得的大像和小像的中心将不重合,如图 3-1-6 所示,就垂直方向而言,如果大像的中心 C' 高于小像的中心 C'',说明此时透镜位置偏高(或物体偏低),这时应将透镜降低(或将物体升高). 反之,如果 C' 低于 C'',便应将透镜升高(或将物体降低). 调节时,以小像中心为目标,调节透镜(或物体)的上下位置,逐渐使大像中心 C' 靠近小像中心 C'',直至 C' 与 C'' 重合. 至于横向上的调节,其道理和方法与高低调节一样.

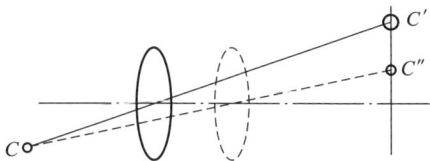

图 3-1-6　光路等高共轴调节原理

(3) 如果光学系统有多个透镜,应先按上述步骤调节包含一个透镜的系统共轴,然后加入其他透镜,使每次所加透镜与原系统共轴.

5. "左右逼近法"判定成像的准确位置

能否准确判定成像最清晰时某个光学元件(像屏、或透镜、或物屏等)的位置,对测量结果的误差有很大影响. 由于人眼视觉误差的存在,可能光学元件在导轨上移动较大的范围(甚至大到几厘米)能看到的像都是清晰的,尤其是当成像光束会聚角较小时. 这时采用"左右逼近法"有助于判定成像的准确位置.

左右逼近法:(1) 先将光具座上的光学元件由左向右移动,当像变得清晰时,观察光学元件移动到的位置和像的清晰程度,继续向右移动,当像将变模糊时停下,观察此时光学元件的位置,由此判断成像最清晰时光学元件的位置就在这个区间;(2) 再将光学元件由右向左移动,重复上述操作⋯⋯在反复移动和比较中,找到成像最清晰的位置.

注意:在左右逼近的过程中,不要去读标尺上的读数,以免先入为主的印象影响下一次测量,找到成像最清晰的位置时再读数.

[实验内容]

1. 光路"等高共轴"的调节.

2. 测量凸透镜的焦距.

(1) 用简单直接的方法,粗测待测凸透镜的焦距 f(方法自行考虑).

(2) 用物距像距法测量凸透镜的焦距

如图 3-1-1 所示,置透镜于某一位置,移动像屏,使像最清晰,记录物屏、像屏及透镜的位置. 由(3-1-2)式计算出透镜焦距. 改变透镜的位置,重复测量几次,将实验数据填入表 3-1-1,并求其平均值.

(3) 自准法测量凸透镜的焦距

如图 3-1-3 所示,放置各光学元件,平面镜要尽量靠近凸透镜. 前后移动凸透镜,并适当调节平面镜的方位,沿光轴方向可看到物屏上出现倒立的像,调节透镜位置,使像最清晰. 记录物屏和透镜的位置,二者之差即透镜焦距. 重复测量几次,将实验数据填入表 3-1-2,求其平均值.

(4) 共轭法测量凸透镜的焦距

如图 3-1-2 所示,放置各光学元件,固定物屏和像屏的位置,且使其距离 L 大于 $4f$,前后移动透镜,在像屏上两次得到清晰的像,记录物屏、像屏及两次成像时透镜的位置. 代入(3-1-3)式求出透镜焦距. 改变 L,重复测量几次,将实验数据填入表 3-1-3,求其平均值.

3. 测量凹透镜的焦距(辅助透镜法).

(1)物距像距法测凹透镜焦距

如图 3-1-4 所示,放置物屏、凸透镜、像屏,前后移动凸透镜,找到光线经凸透镜 L_1 后成的缩小倒立实像 $A'B'$,记录此时物屏(像 I)的位置,然后在凸透镜和像屏之间插入凹透镜 L_2,移动像屏,找到清晰的像 $A''B''$,记录此时凹透镜及像屏(像 II)的位置,计算出物距及像距,按(3-1-2)式计算出焦距. 改变凹透镜的位置,重复测量几次,将实验数据填入表 3-1-4,求出平均值.

(2)自准法测凹透镜焦距

具体步骤参考原理部分. 改变凹透镜的位置,重复测量几次,将实验数据填入表 3-1-5,求出平均值.

[实验数据记录及处理]

依据下列实验原始数据,代入相应公式,求出薄透镜焦距的平均值及其标准不确定度.

1. 凸透镜焦距的测量

表 3-1-1　物距像距法测凸透镜焦距

测量次数	物位置/cm	透镜位置/cm	像位置/cm	u/cm	v/cm	焦距 f/cm
1						
……						
平均值						

表 3-1-2　自准法测凸透镜焦距

测量次数	物屏位置/cm	透镜位置/cm	焦距 f/cm
1			
……			
平均值			

表 3-1-3　共轭法测凸透镜焦距

测量次数	物位置 /cm	像位置 /cm	透镜 I 位置/cm	透镜 II 位置/cm	d/cm	L/cm	焦距 f/cm
1							
……							
平均值							

2. 凹透镜焦距的测量

表 3-1-4　物距像距法测凹透镜焦距

测量次数	像 I 位置/cm	凹透镜位置/cm	像 II 位置/cm	u/cm	v/cm	焦距 f/cm
1						
……						
平均						

表 3-1-5　自准法测凹透镜焦距

测量次数	像 F 位置/cm	凹透镜位置/cm	焦距 f/cm
1			
……			
平均			

[注意事项]

因人眼对成像的清晰度分辨能力有限,加之球差的影响,会使清晰成像位置偏离高斯像. 为减小视觉误差和像差等对实验结果的影响,应该用"左右逼近法"判断清晰像的准确位置, 然后测量光学元件位置.

[思考题]

1. 为什么要调节光学系统共轴?应怎样调节?

2. 测凹透镜的焦距时,为什么要在物屏与凹透镜之间放一个凸透镜?不放可以吗?

3. 凸透镜成大像和小像实验时,大像中心在上,小像中心在下,说明物体的位置是在光轴 的上面还是下面?请画光路图分析.

4. 在用共轭法测凸透镜焦距 f 时,为什么要选取物屏和像屏的距离 L 大于 $4f$?共轭法有 何优点?

实验 2　光具组基点的测定

[实验目的]

1. 了解测节器测定光具组的工作原理.
2. 加深对光具组基点的理解和认识.
3. 学会用测节器测定光具组基点和焦距的方法.

[实验仪器]

光具座,测节器,薄透镜(几片),物屏,光源,准直透镜(焦距大一些),平面反射镜,光具组,尖头棒,T 形辅助棒,白屏.

[装置介绍]

测节器是一个可调透镜架,其上有一个可绕竖直轴 OO' 转动的水平滑槽 R,待测基点的光具组 L_s(由两个薄透镜组成的共轴系统)放置在滑槽上,位置可调,槽上的刻度尺可以指示 L_s 的位置,如图 3-2-1 所示.测量时,轻轻地转动滑槽 R,通过观察白屏 P' 上的像是否移动,判断节点 N' 是否位于 OO' 轴上.

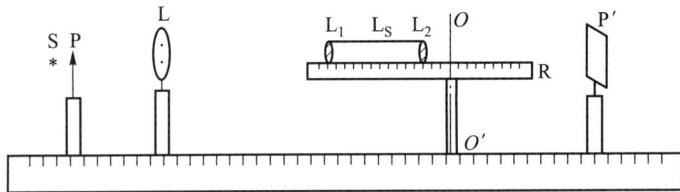

图 3-2-1　用测节器测定光具组基点的实验装置图

[实验原理]

在实验中,有些透镜的厚度是不可忽略的,为了纠正像差,光学仪器中常用多个透镜组合成共轴的透镜组(光具组).光具组最后成像的位置和性质,可利用作图法确定,也可用逐次成像法或各透镜的焦距和透镜间隔计算出来.任何光具组都有三对基点(一对主点 H 和 H'、一对节点 N 和 N'、一对焦点 F 和 F')和三对基面(一对主平面、一对节平面和一对焦平面).在实际应用中,常把透镜组等效为一个整体的光学元件,如图 3-2-2 所示.

1. 光具组的基点

主点(H 和 H'):是光具组主光轴上横向放大率 $\beta=+1$ 的一对共轭点.把平面物体(实物或虚物)垂直于主轴放置在物方主点 H 上,经过光具组折射后,必在像方主点 H' 处成一个等大、正立的像(实像或虚像),即横向放大率等于 1.

节点(N 和 N'):是光具组主光轴上角放大率 $\alpha=+1$ 的一对共轭点.从主轴上物方节点 N 斜入射的光线,经过光具组折射后,仍沿原入射方向从像方节点 N' 出射.此时,出射光线平行于入射光线,且出射光线(或延长线)和主轴的交点为 N'.

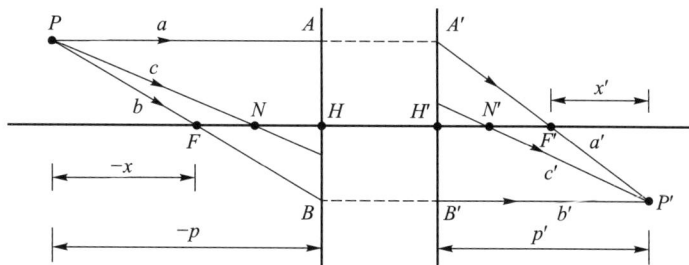

图 3-2-2　光具组基点和基面示意图

焦点(F 和 F')：由位于光具组主轴某点发出的同心光束经过光具组折射后成为平行于主轴出射的平行光束，则该点称为物方焦点(F)；平行于主轴入射的平行光束经过光具组折射后会聚于(或反向延长线会聚于)主轴上某点，该点称为像方焦点(F').

2. 光具组的基面

过物方主点 H(或像方主点 H')与光具组主轴垂直的平面，称为物方主平面(或像方主平面). 过物方节点 N(或像方节点 N')与光具组主轴垂直的平面，称为物方节平面(或像方节平面). 过物方焦点 F(或像方焦点 F')与光具组主轴垂直的平面，称为物方焦平面(或像方焦平面).

3. 光具组的物方焦距 f 和像方焦距 f'

物方主点 H 到物方焦点 F 的距离为物方焦距 f. 像方主点 H' 到像方焦点 F' 的距离为像方焦距 f'. 若出射光线与入射光线所处的介质折射率 n 相同，则物方主点 H 与节点 N 重合，像方主点 H' 与节点 N' 也重合，且 $-f = f'$.

对于真空中两个共轴薄透镜组成的光具组，设两个透镜的像方焦距分别为 f_1' 和 f_2'，透镜间隔为 d，则光具组的焦距为

$$f' = -\frac{f_1'f_2'}{\Delta}, \quad f = -f' \tag{3-2-1}$$

第一透镜光心到物方主点 H 的距离为

$$l = -\frac{f_1'd}{\Delta} \tag{3-2-2}$$

第二透镜光心到像方主点 H' 的距离为

$$l' = \frac{f_2'd}{\Delta} \tag{3-2-3}$$

第一透镜像方焦点和第二透镜物方焦点之间的距离称为光学距离 Δ，则有

$$\Delta = d - (f_1' + f_2') \tag{3-2-4}$$

对于薄透镜而言，两个主点和两个节点都在其光心上，主面就是透镜所在平面.

4. 利用测节器测定光具组的节点位置

如图 3-2-3 所示，一束平行光射到由两片薄透镜组成的光具组，与光具组共轴的平行光束经过光具组后，会聚于光屏上的 Q 点(此处亦是光具组的像方焦点 F'). 光具组节点位置的判断方法：利用测节器转动光具组，找到 Q 点不发生横向移动时转动轴的位置，这个位置就是光具组的像方节点 N' 的位置；将光具组转动 $180°$ 重复上述操作，找到光具组的物方节点 N 的

位置.

　　转动轴恰好通过光具组的像方节点 N' 时,光屏上 Q 点不发生横向移动. 因为入射物方节点 N 的光线必从像方节点 N' 射出,且出射光方向平行于入射光方向. 如图 3-2-4 所示,当光具组绕着通过像方节点 N' 且垂直于纸面的转轴转动一个角度时,入射光方向不变,其出射光仍会聚于焦平面上的 Q 点. 但是,此时光具组的焦点 F' 已不在 Q 点,转动后像的清晰度稍差.

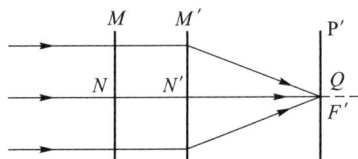

图 3-2-3　平行光入射光具组示意图　　　　图 3-2-4　光具组绕像方节点 N' 转动后的示意图

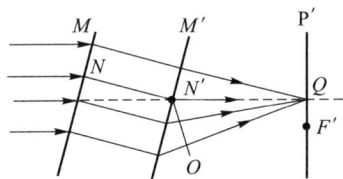

[实验内容]

　　1. 利用平行光分别测量两个透镜 L_1 和 L_2 的焦距 f'_1 和 f'_2.

　　调节平行光通过透镜中心,采用"左右逼近法"移动光屏获得一个清晰的像点,由光具座标尺读出透镜位置和焦点位置,两者之差即凸透镜的焦距. 改变位置,重复以上操作测量几次.

　　2. 将 L_1 和 L_2 组成的光具组置于测节器 R 的滑槽上,满足透镜间隔 $d<(f'_1+f'_2)$.

　　3. 按图 3-2-1 所示实验装置图,将光源 S、物屏 P、准直物镜 L、测节器 R 及光屏 P'依次置于光具座上,进行"等高共轴"调节.

　　4. 用自准直方法调节物屏 P 位于准直物镜 L 的物方焦平面上,调好后,P 和 L 的位置固定不动.

　　5. 照亮物屏 P,移动光屏 P'得到清晰的像;轻轻少许转动测节器,通过观察像的移动情况判断像方节点 N' 的位置. 转动测节器时,若光屏上的像有横向移动,可逐渐移动光具组 L_S 在滑槽的位置,直至转动测节器时,光屏上的像不再发生横向移动(可用放大镜配合观察像). 此时,像方节点 N' 在转轴 OO' 上,记录 OO' 轴和焦点 F' 相对于 L_2 的位置,重复操作测量几次.

　　6. 将测节器旋转 180°,此时原来的物方节点 N 成为此时的像方节点 N',重复步骤 5 进行操作.

[实验数据记录及处理]

　　1. 利用平行光测量两个透镜 L_1 和 L_2 的焦距.

　　自拟表格记录原始数据,分别求出两个透镜的焦距 f'_1 和 f'_2.

　　2. 用测节器测定光具组像方节点 N' 的位置和第二个透镜到像方主点的距离 l'.

　　自拟表格记录原始数据,求出 N' 的位置的平均值和距离 l' 的平均值.

　　3. 用测节器测定光具组物方节点 N 的位置和第一个透镜到物方主点的距离 l.

　　自拟表格记录原始数据,求出 N 的位置的平均值和距离 l 的平均值.

　　4. 绘图表示光具组的基点和基面的位置,计算光具组的像方焦距 f'. 利用(3-2-1)式、(3-2-2)式、(3-2-1)式,计算 f'、l 和 l' 的理论值,并计算实验测量值与理论值的相对误差.

[思考题]

1. 对于两个薄透镜组成的光具组,在什么条件下物方主平面靠近第一个透镜,像方主平面靠近第二个透镜?

2. 由一个凸透镜和一个凹透镜组成的光具组,如何测量其基点(距离 d 可自己设定)?

3. 如何从像的移动方向来判断节点 N' 在测节器的右方还是左方?

实验 3 望远镜和显微镜

[实验目的]

1. 熟悉显微镜和望远镜的构造及其放大原理.
2. 学会一种测定显微镜和望远镜放大率的方法.
3. 掌握显微镜的正确使用方法,并学会利用显微镜测量微小长度.
4. 理解光学仪器分辨本领的物理意义,并测定望远镜和显微镜的分辨本领.

[实验仪器]

显微镜,望远镜,米尺及标尺,十字叉丝光阑,生物显微镜,目镜测微尺,标准石英尺,测微目镜,待测样品(如光刻板、光栅、标本玻片等).

[实验原理]

显微镜和望远镜都是用途极为广泛的助视光学仪器.显微镜主要用来帮助人眼观察近处的微小物体,而望远镜则主要用来帮助人眼观察远处的目标.它们的作用都在于增大被观察物体对人眼的张角,起着视角放大的作用.

显微镜和望远镜的视角放大率 M 定义为

$$M = \frac{用仪器时虚像所张的视角\ \alpha_o}{不用仪器时虚像所张的视角\ \alpha_e} \qquad (3\text{-}3\text{-}1)$$

显微镜和望远镜的光学系统十分相似,都是由物镜和目镜两部分组成.以显微镜为例,其构造一般可认为由两个会聚透镜共轴组成.如图 3-3-1 所示,实物 PQ 经物镜 L_o 成倒立实像 $P'Q'$ 于目镜 L_e 的物方焦点 F_e 的内侧,再经目镜 L_e 成放大的虚像 $P''Q''$ 于人眼的明视距离处.理论计算可得显微镜的放大率为

$$M = M_o \cdot M_e = -\frac{\Delta \cdot s}{f'_o \cdot f'_e} \qquad (3\text{-}3\text{-}2)$$

式中,M_o 是物镜的放大率,M_e 是目镜的放大率,f'_o,f'_e 分别是物镜和目镜的像方焦距,Δ 是显微镜的光学间隔($\Delta = |\,F'_o F_e\,|$,现代显微镜均有定值,通常是 17 cm 或 19 cm),$s = -25$ cm,为正常人眼的明视距离.由上式可知,显微镜的镜筒越长,物镜和目镜的焦距越短,放大率就越大.一般 f'_o 取得很短(高倍的只有 1~2 mm),而 f'_e 在几厘米左右.在镜筒长度固定的情况下,如果物镜和目镜的焦距给定,则显微镜的放大率也就确定了.通常物镜和目镜的放大率是标在镜头上的.

对于望远镜,两透镜的光学间隔几乎为零,即物镜的像方焦点与目镜的物方焦点近乎重合.望远镜可分两类:若物镜和目镜的像方焦距均为正(即两个都是会聚透镜),则为开普勒望远镜;若物镜的像方焦距为正(会聚透镜),目镜的像方焦距为负(发散透镜),则为伽利略望远镜.如图 3-3-2 所示为开普勒望远镜的光路示意图.远处物体 PQ 经物镜 L_o 后在物镜的像方焦点 F'_o 上成一倒立实像 $P'Q'$,像的大小取决于物镜焦距及物体与物镜间的距离.像 $P'Q'$ 一般

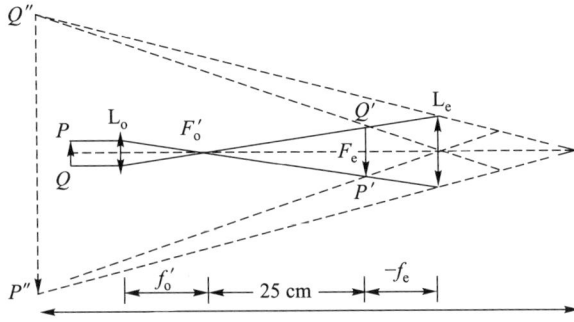

图 3-3-1　显微镜的构造示意图

是缩小的,近乎位于目镜的物方焦平面上,经目镜 L_e 放大后成虚像 $P''Q''$ 于观察者眼睛的明视距离与无穷远之间.

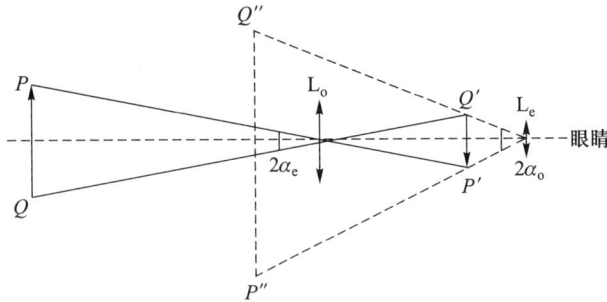

图 3-3-2　开普勒望远镜的光路示意图

由理论计算可得望远镜($\Delta = 0$)的放大率为

$$M = -\frac{f'_o}{f'_e} \tag{3-3-3}$$

上式表明,物镜的焦距越长,目镜的焦距越短,望远镜放大率越大.开普勒望远镜($f'_o > 0, f'_e > 0$),放大率 M 为负值,系统成倒立的像;而伽利略望远镜($f'_o > 0, f'_e < 0$),放大率 M 为正值,系统成正立的像.因实际观察时,物体并不真正位于无穷远,像亦不成在无穷远,但(3-3-3)式仍近似适用.

用显微镜或望远镜观察物体时,一般视角均很小,因此视角之比可用其正切之比代替,于是光学仪器的放大率 M 可近似地写成

$$M = \frac{\tan \alpha_o}{\tan \alpha_e} \tag{3-3-4}$$

测定显微镜和望远镜放大率最简单的方法如图 3-3-3 所示.仍以显微镜为例,设长为 l_0 的目的物 PQ 直接置于观察者的明视距离处,其视角为 α_e,从显微镜中最后看到的虚像亦在明视距离处,其长度为 $-l$,视角为 $-\alpha_o$,于是有

$$M = \frac{\tan \alpha_o}{\tan \alpha_e} = \frac{l}{l_0} \tag{3-3-5}$$

因此,若用一刻度尺作为目的物,取其一段分度长为 l_0,把观察到的尺的像投影到尺面上,设被投影后像在刻度尺上的长度是 l,则由(3-3-5)式就可求得显微镜的放大率.

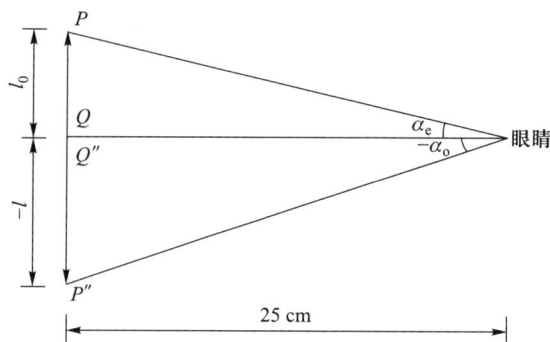

图 3-3-3　测定显微镜和望远镜放大率的方法

　　当望远镜对无穷远调焦时,望远镜镜筒的长度(即物镜与目镜之间的距离)就可认为是 $f_o' + f_e'$.这时如果将望远镜的物镜卸下,在它原来的位置放一长度为 l_1 的目的物(十字叉丝光阑);于是,在距离目镜 d 处,得到该物经目镜所成的实像.设其像长为 $-l_2$,则根据透镜成像公式得

$$\frac{l_1}{-l_2} = \frac{f_o' + f_e'}{d} \tag{3-3-6}$$

及

$$\frac{1}{d} + \frac{1}{f_o' + f_e'} = \frac{1}{f_e'} \tag{3-3-7}$$

从(3-3-6)和(3-3-7)两式中消去 d,得

$$M = -\frac{f_o'}{f_e'} = \frac{l_1}{l_2} \tag{3-3-8}$$

因此只要测出光阑的长度 l_1 及其像长 l_2,即可算出望远镜的放大率.

[实验内容]

　　1. 测定显微镜和望远镜的放大率

　　(1) 测定移测显微镜的放大率

　　① 如图 3-3-4(a)所示,将显微镜夹持好,在垂直于显微镜光轴方向距离目镜 25 cm 处放置一个毫米分度的米尺 B,在物镜前放置另一毫米分度的短尺 A. 调节显微镜,使从显微镜中能看到短尺 A 的像. 用一只眼睛通过显微镜观察短尺 A 的像,另一只眼睛直接看米尺 B. 经过多次观察,调节眼睛使得显微镜中看到 A 尺的像被投影到靠近米尺 B 时,如图 3-3-4(b)所示,选定 A 尺的像上某一分度 l_0,记录其相当于 B 尺上的分度 l,即得放大率 $M = l/l_0$. 重复几次,取其平均值.

　　② 显微镜镜筒改变以后,光学间隔随之改变,因而放大率也随之变化. 将显微镜镜筒稍作改变,再测一次放大率. 重复几次,取其平均值.

　　(2) 望远镜放大率的测定

　　① 把望远镜调焦到无穷远,也就是使望远镜能清楚地看到远处的物体.

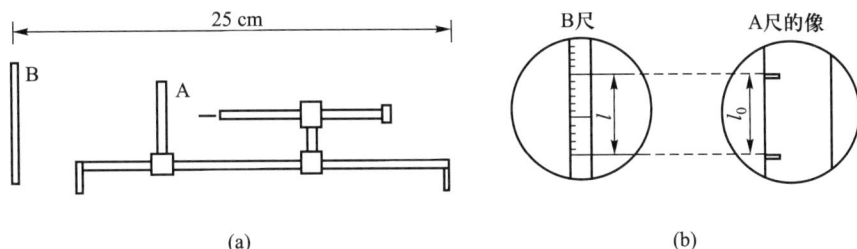

图 3-3-4　测定移测显微镜的放大率实验装置图

② 卸下望远镜物镜,并在原物镜位置装一个十字叉丝光阑.

③ 利用移测显微镜测出由望远镜目镜所成十字叉丝像的长度,并用移测显微镜直接读出光阑上十字叉丝的长度.

设十字叉丝的长度分别为 l_1 和 l_1',它们经望远镜目镜所成的像的长度分别是 l_2 与 l_2',于是由(3-3-8)式可得望远镜的放大率:

$$M = \frac{1}{2}\left(\frac{l_1}{l_2} + \frac{l_1'}{l_2'}\right)$$

将所得结果与其标称值进行比较.

2. 用显微镜测量微小长度

(1) 利用显微镜、目镜测微尺及石英尺测量微小长度

① 将所需测量的样品或标本放在载物台上夹住.

② 将各倍率的物镜顺序装于物镜转换器上,选择适当倍率的目镜,并把目镜测微尺放入目镜镜筒,然后插入显微镜镜筒中.

③ 根据需要调节聚光镜、反光镜及光阑,使目镜中观察到强弱适当且均匀的视场.

④ 熟悉显微镜的机械结构,学会调节使用,尤其要熟悉粗调手轮和微调手轮的使用方法,知道镜筒的升降方法(顺时针转动手轮是下降,逆时针转动手轮是上升),做到熟练掌握.

⑤ 先用低倍物镜对物进行调焦,遵照操作规程先粗调、后微调,直至目镜视场中观察到最清晰的像. 如果被观察物的像不在视场中心,则可调节载物台移动手轮,将其移至视场中心进行观察.

⑥ 转动转换器,换用高倍物镜观察,略微调节微调手轮,直至所观察的像最为清晰.

⑦ 将观察的样品或标本取下,换上标准石英尺(常用的石英尺刻度部分全长 1 mm,共分为 100 小格,每格长度为 0.01 mm). 转动目镜镜筒,使目镜测微尺的刻度与视场中标准石英尺的刻度相平行,并移动载物台,使之重合,读取目镜测微尺上的几个分格在标准石英尺上的分格数,以定标目镜测微尺的分格值. 记下所用物镜的放大率,比较实验结果.

⑧ 取下标准石英尺,换上观察样品或标本. 测量其长度. 在不同部位或不同方位下测量几次,取其平均值.

(2) 利用显微镜配备的测微目镜测量微小长度. 与前述方法基本相同,所不同的是将显微镜上的目镜取下,换上测微目镜.

① 将标准石英尺放在显微镜载物台上夹住.

② 将显微镜上目镜卸下,换上测微目镜,调焦至物的像最为清晰.

③ 转动测微目镜鼓轮(或转动载物台移动手轮),使分划板上叉丝的取向与标准石英尺平行. 然后将叉丝移至和显微镜视场中标准石英尺某一刻度重合,记下测微目镜的读数(包括测微尺刻度和鼓轮刻度读数)m,如图 3-3-5 所示.

④ 转动测微目镜鼓轮,使叉丝在标准石英尺上移动 N 格,这时叉丝与标准石英尺上另一刻度线重合,记下测微目镜的读数 n.

⑤ 重复测量几次,求出 $|m-n|$ 的平均值,计算出测微目镜鼓轮每 1 小格所对应的叉丝实际移动的长度. 这样,测微目镜刻度便得到定标.

⑥ 取下标准石英尺,换上所需测量的标本玻片(图样、刻度等),对每一长度重复测量几次,取其平均值.

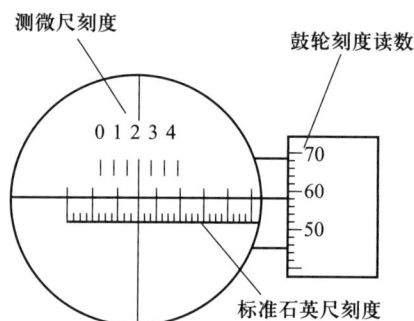

图 3-3-5　测微目镜读数示意图

[思考题]

1. 显微镜与望远镜有哪些相同之处与不同之处?

2. 显微镜测量微小长度时,用测微目镜测定标准石英尺 m 个分格的数值为 Δx,为什么它和标准石英尺相应分格的实际值 Δx_0 之比不等于物镜的放大率?

3. 评价天文望远镜时,一般不讲它是多少倍的,而是说物镜口径多大,这是为什么?

实验 4 　分光计的调节与三棱镜折射率的测定

1. 了解分光计的构造以及双游标读数消除误差的原理.
2. 掌握分光计的调节和使用方法.
3. 掌握用分光束法和自准直法测量三棱镜顶角的方法.
4. 用最小偏向角法测定棱镜玻璃的折射率.

[实验仪器]

分光计,(玻璃)三棱镜,平面反射镜,钠灯等.

[实验原理]

1. 分光计简介

分光计又称测角仪,是精密测量角度的仪器,测量光线经光学元件反射、折射、衍射后的角度(棱镜角、光束的偏向角等). 在光学实验中,分光计配合分光元件(棱镜和光栅)可作为分光仪器使用,用以观察光谱和测定某些物理量(折射率、衍射角、波长、角色散率等).

实验由 JJY 型分光计、三棱镜、钠灯($\lambda_0 = 589.3$ nm)、双面反射镜构成,见图 3-4-1. 只有同时达到以下三点要求,才能用分光计进行精确的测量:

(1) 平行光管发出平行光(平行光管的狭缝位于其物镜焦平面上,即调整物距可使狭缝成像清晰).

(2) 望远镜接收平行光(调焦于无穷远,即移动目镜可使目镜中叉丝的像清晰).

(3) 三个平面互相平行并垂直中心轴(读值平面、观察平面、待测光路平面三个平面;即载物台、游标刻度盘、光路水平平行).

分光计的构造及调节等相关内容,详见本章章首内容.

2. 用分光计测定三棱镜顶角 α 的方法

(1) 棱脊分束法

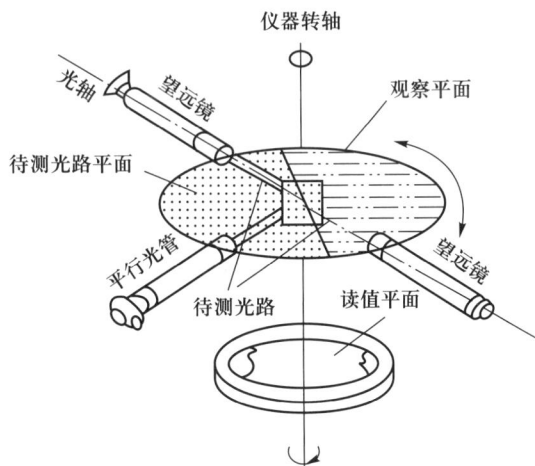

图 3-4-1 　分光计基本结构

使分光计平行光管中的光束照射到三棱镜的顶角棱上,光束被棱两侧的表面反射形成两束反射光,测量左右两束反射光的夹角 φ_L 和 φ_R,即可计算出顶角 α:

$$\alpha = \frac{1}{2} | \varphi_L - \varphi_R | \qquad (3-4-1)$$

为了消除分光计刻度盘的偏心误差,测量每个角度时,在刻度盘的两个角游标 Ⅰ 和 Ⅱ 上都

要读数,然后取平均值,于是有

$$\alpha = \frac{1}{4}(\,|\,\varphi_{\mathrm{L\,I}} - \varphi_{\mathrm{R\,I}}\,| + |\,\varphi_{\mathrm{L\,II}} - \varphi_{\mathrm{R\,II}}\,|\,) \tag{3-4-2}$$

（2）自准直法

$$\alpha = 180^\circ - \varphi = 180^\circ - \frac{|\,\varphi_{\mathrm{L\,I}} - \varphi_{\mathrm{R\,I}}\,| + |\,\varphi_{\mathrm{L\,II}} - \varphi_{\mathrm{R\,II}}\,|}{2} \tag{3-4-3}$$

如图 3-4-2 所示,转动望远镜,使其光轴垂直于 AB、AC 表面,测量望远镜两个位置间的夹角,即两面的法线方向夹角 φ,即可计算出顶角 α.

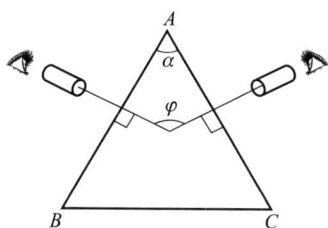

图 3-4-2　自准直法

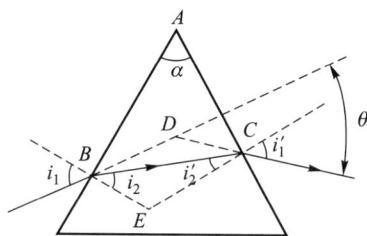

图 3-4-3　偏向角的测量

3. 用最小偏向角法测定三棱镜玻璃的折射率 n 的原理

如图 3-4-3 所示为一束单色平行光入射三棱镜时的主截面图. 光线通过三棱镜时,将连续发生两次折射,出射光线和入射光线之间的交角 θ 称为偏向角. i_1 为入射角,i_1' 为出射角,α 为三棱镜的顶角. 当 i_1 改变时,θ 随之改变. 可以证明,当 $i_1 = i_1'$ 时,偏向角 θ 有最小值 $\theta_{\min}$,此时入射角 $i_1 = (\theta_{\min} + \alpha)/2$,折射角 $i_2 = \alpha/2$,由折射定律 $n\sin i_2 = \sin i_1$ 可得三棱镜的折射率为

$$n = \frac{\sin\dfrac{\theta_{\min} + \alpha}{2}}{\sin\dfrac{\alpha}{2}} \tag{3-4-4}$$

因此,对于具有棱柱形的透明物体,只要用分光计测出最小偏向角 $\theta_{\min}$、入射面与出射面之间的夹角,就可由(3-4-4)式计算出三棱镜对该种光的折射率 n. 应当注意的是,通常所说的某物质折射率 n 是对钠黄光($\lambda = 589.3$ nm)而言的.

[实验内容]

1. 分光计的调整.

（1）调节分光计本体

① 调节望远镜(调目镜、调焦);

② 调望远镜的光轴与中心轴垂直;

③ 调平行光管,并使其光轴垂直于中心轴.

（2）调节待测光路平面与观察平面重合,即调节三棱镜折射的主截面垂直于仪器的中心轴.

① 待测三棱镜的放置方法

如图 3-4-4 所示,将待测三棱镜放置在载物台上,使折射面 AB 与平台调节螺钉 b_1、b_3 的连线相垂直. 此时调节螺钉 b_1 或 b_3 能改变 AB 面相对于中心轴的倾斜度,而调节螺钉 b_2 对 AB 面相对于主轴的倾斜度不产生影响.

② 调节三棱镜的主截面垂直于仪器主轴

三棱镜的顶角 α 是棱镜主截面上三角形两边之间的夹角. 应用分光计测量时,必须使待测光路平面与三棱镜的主截面一致. 在分光计的观察平面已调节好并垂直于仪器中心轴的基础上,调节三棱镜的主截面垂直于仪器中心轴,即调节三棱镜的两个折射面 AB 和 AC,使之都能垂直于望远镜的光轴.

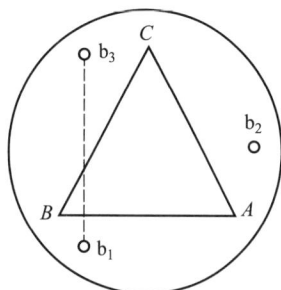

图 3-4-4　待测三棱镜的
放置方法

调节方法:(a)先用望远镜对准三棱镜的 AB 面,微调螺钉 b_1 或 b_3,使望远镜目镜视场中能看见清晰的绿色十字叉丝反射像,且像和调整叉丝重合.(b)旋转载物台,再将三棱镜的 AC 面对准望远镜,微调螺钉 b_2,又可见十字叉丝反射像呈现在视场中. 在一般情况下,视场中的两对叉丝在垂直方向上将不再重合.(c)依照各半调节法,反复进行调节,直至无论望远镜对准三棱镜的 AB 面或 AC 面时,十字叉丝反射像都能和调整叉丝无视差地重合(说明三棱镜的主截面和仪器的中心轴相垂直). 此时,已调节好的分光计可以用于测量.

注意:(1)调节好的分光计在使用中不要再调整,以免破坏已调好的条件;(2)明确分光计上可调的螺钉的作用,切勿在使用中误调而破坏调好的条件.

2. 用棱脊分束法测三棱镜的顶角 α.

(1)放置光源于平行光管的狭缝前,将三棱镜待测顶角 α 的顶点置于载物台中心,并对准平行光管,如图 3-4-5 所示. 由平行光管射出的平行光束被三棱镜的两个折射面分成两部分.

(2)固定分光计上的其余可动部分,将望远镜转动至 T_1 位置,观察由三棱镜的一个折射面所反射的狭缝像,使之与竖直叉丝重合,并记下左右游标的读数.

(3)再将望远镜转至 T_2 位置,使三棱镜另一个折射面反射的狭缝像与竖直叉丝重合,并记下左右游标读数. 望远镜的两位置所对应的游标读数之差为三棱镜顶角 α 的两倍.

(4)重复(2)和(3)操作测量 3 次.

注意:该方法在测量过程中必须将三棱镜的折射棱靠近载物台的中心放置,否则经三棱镜两个折射面的反射光将不能进入望远镜.

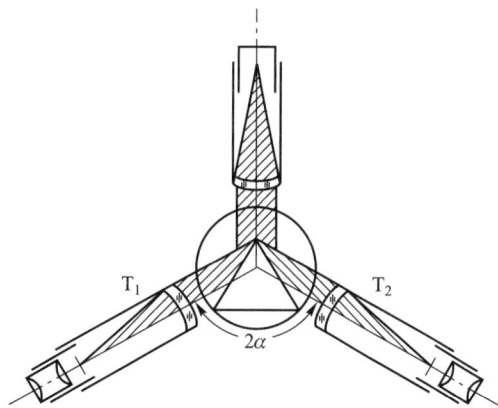

图 3-4-5　棱脊分束法测量顶角示意图

3. 用自准直法测三棱镜的顶角 α.

(1)如图 3-4-6 所示,将待测三棱镜放置在载物台上,点亮小灯照亮目镜中的十字叉丝,固定载物台,转动望远镜,使三棱镜的一个折射面与望远镜的光轴严格垂直(即令十字叉丝反射像和调整叉丝完全重合），记下左右游标的读数.

（2）再转动望远镜，同上述方法使望远镜光轴垂直于三棱镜第二个折射面，记下左右游标的数. 同一游标两次读数之差等于三棱镜顶角 α 的补角 φ.

（3）重复（1）和（2）操作测量 3 次.

4. 用最小偏向角法测定三棱镜玻璃的折射率 n.

（1）测三棱镜的最小偏向角 θ_{min}.

① 将三棱镜置于载物台上，应调整载物台使高度适当.

② 转动载物台，寻找最小偏向角. 可以先用目测找到出射光线，然后转动载物台，使偏向角变小，直至载物台转动方向不变，偏向角却开始

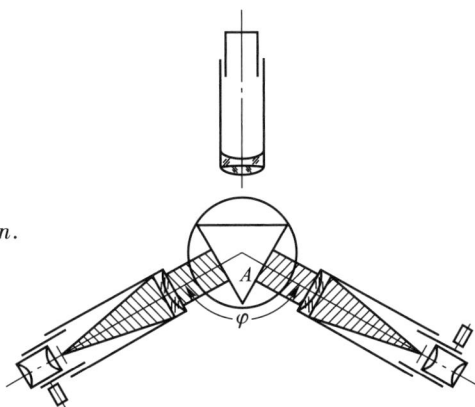

图 3-4-6　自准直法测顶角的示意图

变大. 这时再用望远镜精确地测定这个光线偏折方向发生改变时的临界角度 θ，此角度与光线无偏折（无三棱镜）时的角位置 θ_0 之差即棱镜的最小偏向角 θ_{min}.

③ 除了消除偏心误差，测量每个角度时，在刻度盘的两个角游标 Ⅰ，Ⅱ 上都要读数，然后取平均值，即

$$\theta_{min} = \frac{1}{2} \left| (\theta_{\mathrm{I}} - \theta_{0\mathrm{I}}) + (\theta_{\mathrm{II}} - \theta_{0\mathrm{II}}) \right|$$

（2）重复（1）操作测量 3 次.

[实验数据记录及处理]

1. 用棱脊分束法测三棱镜的顶角 α.

（1）根据实验内容，自行设计原始数据记录表格.

（2）依据（3-4-2）式求出三棱镜顶角 α 及其平均值，并求出其标准不确定度.

2. 用自准直法测三棱镜的顶角 α.

（1）根据实验内容，自行设计原始数据记录表格.

（2）依据（3-4-3）式求出三棱镜顶角 α 及其平均值，并求出其标准不确定度.

3. 用最小偏向角法测定三棱镜玻璃的折射率 n.

（1）根据实验内容，自行设计原始数据记录表格.

（2）求出最小偏向角 θ_{min} 及其平均值.

（3）将顶角 α 和最小偏向角 θ_{min} 代入（3-4-4）式，求出折射率 n 及其标准不确定度.

[注意事项]

1. 推动望远镜绕中心轴转动时，应推望远镜的支臂，切勿只推镜筒，以免破坏望远镜光轴与分光计中心轴的垂直关系，造成角度测量错误.

2. 需要仔细转动载物台或望远镜使待测目标与竖直叉丝对准时，应当用微调螺钉操作，以减小对线误差.

3. 切勿触摸三棱镜的折射面,光学元件要轻拿轻放,以免跌落摔坏.

4. 在测量顶角 α 和最小偏向角 θ_{min} 时,应避免三棱镜相对于载物台发生移动和转动,更不可转动载物台下的螺钉.

5. 为避免空程误差,应使望远镜在同一次测量中单向转动.

[思考题]

1. 分光计的调节要求有哪些? 调节的步骤是什么?

2. 为什么分光计要有两个游标刻度? (注意:望远镜回转轴和刻度盘中心一般是不完全一致的.)计算角度时应注意些什么?

3. 设计一种不通过测最小偏向角来测三棱镜玻璃折射率的方案(要求使用分光计测量).

实验 5 用掠入射法测定透明介质的折射率

[实验目的]

1. 掌握用掠入射法测定液体的折射率.
2. 了解阿贝折射计的工作原理,并熟悉其使用方法.

[实验仪器]

分光计,三棱镜(两块),钠灯,待测液体(水、酒精),读数灯,毛玻璃屏.

[实验原理]

将折射率为 n 的待测物质放在已知折射率为 n_1 的直角三棱镜的折射面 AB 上,且 $n < n_1$. 以单色的光源照射分界面 AB,从图 3-5-1 可以看出:入射角为 $\pi/2$ 的光线 I 将掠射到 AB 界面而折射进入三棱镜内. 显然,其折射角 i_c 应为临界角,因而满足关系式

$$\sin i_c = \frac{n}{n_1} \tag{3-5-1}$$

当光线 I 射到 AC 面,再经折射而进入空气时,设在 AC 面上的入射角为 ψ,折射角为 φ,则有

$$\sin \varphi = n_1 \sin \psi \tag{3-5-2}$$

除掠入射光线 I 外,其他光线例如光线 II 在 AB 面上的入射角均小于 $\pi/2$,因此经三棱镜折射最后进入空气时,都在 I′的左侧. 当用望远镜对准出射光方向观察时,视场中将看到以光线 I′为分界线的明暗半荫视场,如图 3-5-1 所示.

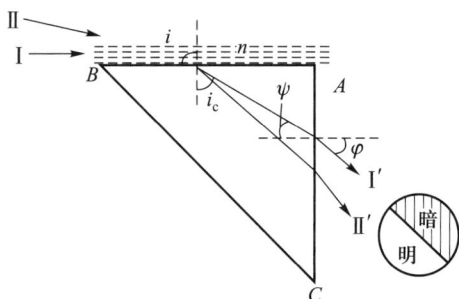

图 3-5-1 掠入射法测定透明介质折射率光路图

由图 3-5-2 可以看出,当三棱镜的棱镜角 A 大于临界角 i_c 时,A、i_c 和角 ψ 有如下关系:

$$A = i_c + \psi \tag{3-5-3}$$

由(3-5-1)(3-5-2)(3-5-3)三式消去 i_c 和 ψ 后可得

$$n = \sin A \sqrt{n_1^2 - \sin^2 \varphi} - \cos A \cdot \sin \varphi \tag{3-5-4}$$

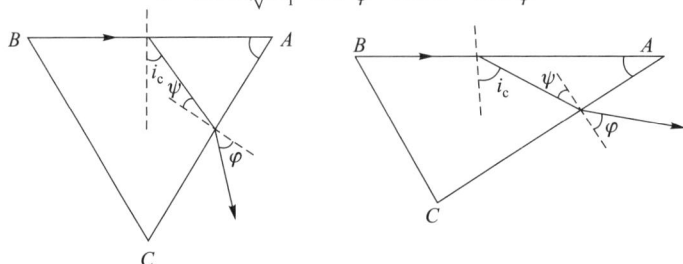

图 3-5-2 三棱镜的棱镜角 A 与角 i_c 关系示意图

如果棱镜角 $A=90°$，则上式简化为

$$n=\sqrt{n_1^2-\sin^2\varphi} \tag{3-5-5}$$

因此，当直角三棱镜的折射率 n_1 为已知时，测出 φ 角后即可计算出待测物质的折射率 n. 上述测定折射率的方法称为掠入射法，此方法基于全反射原理.（问：如果 $A<i_c$ 时，（3-5-3）（3-5-4）二式将有何变化？观察的现象有何变化？）

[实验内容]

1. 调节分光计. 应用自准直方法将望远镜对无穷远调焦，并使其光轴垂直于仪器的中心轴；调节三棱镜的主截面也和仪器的中心轴垂直.

2. 按图 3-5-3 所示将待测液体滴一两滴在直角三棱镜的 AB 面上，用 90°角作为棱镜顶角 A，并用另一辅助三棱镜 $A'B'C'$ 的一个表面 $A'B'$ 与 AB 面相合，使液体在两个三棱镜接触面间形成一均匀液层，然后置于分光计载物台上.（需注意三棱镜 ABC 的放置方法.）（问：可否不用辅助棱镜？）

3. 点亮钠灯照亮毛玻璃屏，将它放在折射三棱镜棱角 B 的附近，先用眼睛在出射光的方向观察半荫视场. 旋转载物台，改变光源和三棱镜的相对方向，使半荫视场的分界线位于载物台近中心处，将载物台固定. 转动望远镜，使望远镜叉丝对准分界线，记下两游标读数 (v_1,v_2)，重复测量几次，取平均值.

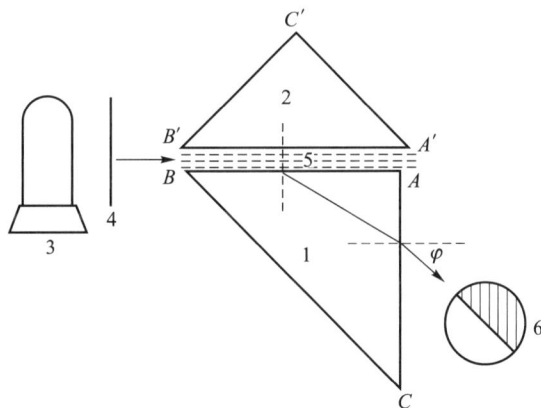

1—直角三棱镜；2—辅助三棱镜；3—钠灯；4—毛玻璃屏；
5—待测液体薄膜；6—用望远镜观察到的半荫视场
图 3-5-3　掠入射法测定透明介质折射率实验装置图

4. 再次转动望远镜，利用自准直的调节方法，测出 AC 面的法线方向（即使望远镜的光轴垂直于 AC 面），记下两游标读数 (v_1',v_2'). 重复测量几次，取平均值. 由此可得

$$\varphi=\frac{1}{2}\left[(v_1'-v_1)+(v_2'-v_2)\right]$$

5. 将 φ 的值代入（3-5-5）式，即得 $n=\sqrt{n_1^2-\sin^2\varphi}$. 如果棱镜角 $A\neq90°$，则须将 φ 的值代入（3-5-4）式计算 n.

6. 依照同样方法，重复以上步骤，测定另一种液体的折射率.

[注意事项]

1. 实验过程中看到的现象是否准确？如何判断？

2. 辅助三棱镜的作用是让较多的光线能投射到液层和折射三棱镜的 *AB* 面上,使观察到的分界线更为清楚. 两三棱镜之间的液层一定要均匀,不能含有气泡. 滴入液体不宜过多,以免大量液体渗漏在仪器上.

3. 当改换另一种被测液体时,必须先将三棱镜擦拭干净.

[思考题]

怎样用掠入射法测定玻璃三棱镜的折射率？简要说明实验方法并推导出折射率的计算公式.

实验 6　用透射光栅测光波波长

1. 进一步熟练掌握分光计的调节和使用.
2. 观察光线通过光栅后的衍射现象.
3. 用透射光栅测定光波波长、光栅常量和光栅角色散率.

分光计,透射式平面光栅,汞灯等.

1. 光栅简介

　　光栅是根据多缝衍射原理制成的一种分光元件. 在结构上可分为平面光栅、阶梯光栅和凹面光栅等几种;也可分为透射光栅(透射光衍射)和反射光栅(反射光衍射)这两类. 本实验选用的是透射式平面光栅. 透射式平面光栅是在光学玻璃上刻画大量等宽度、等间隔、相互平行的刻痕制成的. 精密光栅上每毫米刻画有几百至几千条刻痕. 当光照射在光栅上时,刻痕处由于散射不易透光,而未经刻画的部分就成了透光的狭缝.

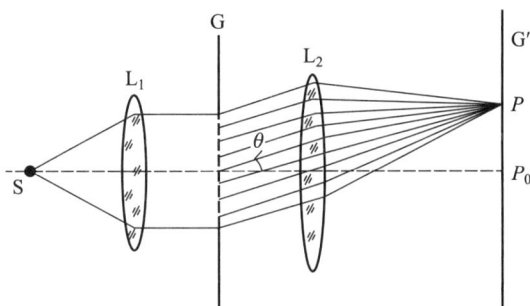

图 3-6-1　透射式平面光栅的夫琅禾费衍射光路示意图

2. 光栅的夫琅禾费衍射

　　当光源和光栅的距离为无穷远时会发生夫琅禾费衍射,即入射光和衍射光都是平行光. 在实验中常用如图 3-6-1 所示的装置,把光源 S 置于透镜 L_1 的焦平面处获得平行入射光,用透镜 L_2 将经光栅 G 后的衍射光会聚于 L_2 的焦平面(此处放置光屏),此时透镜 L_1 焦平面处的光源 S 和透镜 L_2 焦平面处的光屏则相当于距光栅无穷远的光源和光屏. 光屏上呈现的光栅衍射花样(屏的中央是最亮的明纹,两边是明暗相间、对称分布的直条纹;明纹细、亮,且被较宽的暗区隔开)是单缝衍射与多缝干涉叠加的总效果.

　　(1) 单色光入射

　　根据夫琅禾费衍射理论,当波长为 λ 的单色平行光束垂直入射光栅平面时,光波将在各个狭缝处发生衍射,经过所有狭缝衍射的光波又彼此发生干涉,这种由衍射光形成的干涉条纹是定域于无穷远处的. 若在光栅后面放置一个会聚透镜,则在各个方向上的衍射光经过会聚透镜后都会聚在它的焦平面上,得到的衍射光的干涉条纹,如图 3-6-2 所示. 衍射光谱中明纹位置由光栅方程决定:

$$(a+b)\sin\theta_k = \pm k\lambda$$

或

$$d\sin\theta_k = \pm k\lambda \quad (k=1,2,3,\cdots) \quad (3-6-1)$$

式中,$d=a+b$ 称为光栅常量,其中 a 为狭缝宽度,b 为刻痕宽度;λ 为入射光的波长,k 为明纹的级数,θ_k 是 k 级明纹的衍射角.

在实验中,为减小偏心差,分光计读数盘采用双游标,各级衍射光在中央明纹两侧对称分布,第 k 级衍射光谱的衍射角可以表示为

图 3-6-2　透射式平面光栅的结构示意图

$$\theta_k = \frac{(\theta_{k,R}-\theta_{-k,R})+(\theta_{k,L}-\theta_{-k,L})}{4} \quad (3-6-2)$$

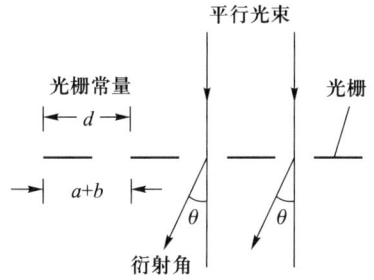

（2）复色光入射

如图 3-6-3 所示,如果入射光为复色光,则由(3-6-1)式可以看出,在中央明纹处($k=0$、$\theta_k=0$),各单色光的中央明纹重叠在一起. 除零级条纹外,对于其他的同级谱线,因各单色光的波长 λ 不同,其衍射角 θ_k 也各不相同,于是形成光栅光谱(即中央明纹由各色光重叠在一起,其两侧对称分布着各级谱线,且每级谱线按不同波长依次从短波向长波展开). 相同 k 值的谱线组成的光谱称为 k 级光谱.

（3）应用

① 如果已知光栅常量 d,用分光计测出 k 级光谱中某一条纹的衍射角 θ_k,按(3-6-1)式即可算出该条纹所对应的单色光的波长 λ.

② 若已知某单色光的波长为 λ,用分光计测出 k 级光谱中该色条纹的衍射角 θ_k,即可算出光栅常量 d.

3. 光栅的角色散率

将光栅方程(3-6-1)式对 λ 微分,得到光栅的角色散率:

$$D = \frac{\mathrm{d}\theta}{\mathrm{d}\lambda} = \frac{k}{d\cos\theta} \quad (3-6-3)$$

图 3-6-3　复色光入射形成光栅光谱的光路示意图

角色散率是光栅、棱镜等分光元件的重要参量,它表示单位波长间隔内两单色谱线之间的角间距. 光栅常量 d 越小,角色散率 D 越大;光谱的级次 k 越高,角色散率 D 也越大.

当光栅发生衍射时,如果衍射角不大,则 $\cos\theta$ 接近不变,光谱的角色散率几乎与波长无关,即光谱随波长的分布比较均匀,这和棱镜的不均匀色散有明显的不同. 当光栅常量 d 已知时,若测得某谱线的衍射角 θ 和光谱级数 k,可由(3-6-3)式计算这个波长的角色散率 D.

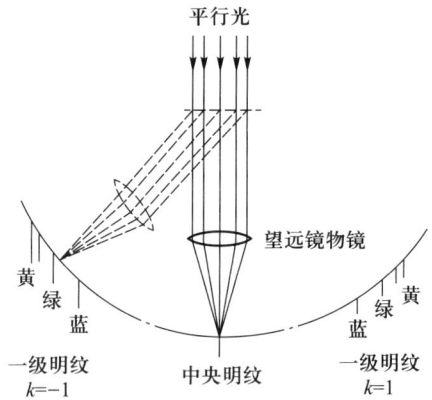

[实验内容]

1. 调整分光计.

为满足平行光入射的条件及衍射角的准确测量,分光计的调整必须满足下述要求:

(1) 平行光管发出平行光;

(2) 望远镜能观察平行光;

(3) 望远镜和平行光管共轴且与分光计中心轴正交.

分光计调整的详细方法,请参见本章章首仪器介绍.

2. 调节光栅.

要求达到以下两个条件.

(1) 光栅平面与平行光管的光轴垂直.

调节光栅平面与入射光垂直,也就是调节光栅平面与分光计平行光管的光轴垂直. 调节方法是:如图 3-6-4 所示,先用眼睛直接观察,调节分光计的刻度盘带动载物台,使光栅面与平行光管的光轴近似垂直;后转动望远镜,使望远镜中的分划板上的竖线与平行光管射过来的狭缝亮线相重合,此时,望远镜的光轴与平行光管的光轴平行;随之拧紧望远镜止动螺钉(底座右边)将望远镜的位置固定,再仔细转动刻度盘带动载物台,并结合调节载物台的两个螺钉 b_1 或 b_2,直到光栅面反射回来的绿色十字叉丝反射像位于分划板上方调整叉丝交点上,入射光即与光栅面垂直了;随即拧紧载物台锁紧螺钉,以保持光栅的位置不动.

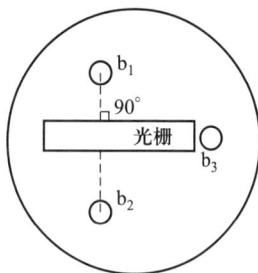

图 3-6-4　载物台

(2) 光栅刻线与分光计中心轴平行

调节方法:在调节前可先作定性观察. 如果光栅刻线与分光计中心轴不平行,将会发现左右衍射光线是倾斜的,可通过调节载物台下面的倾角螺钉 b_3 使望远镜中看到的调整叉丝交点始终处在各谱线的同一高度. 调好后,再检查光栅平面是否仍保持与中心轴平行,如果有了改变,就要反复多调几次,直到以上两个条件都满足为止.

3. 测量低压汞灯谱线中的紫线、绿线和双黄线共四条谱线的衍射角 θ_k.

用望远镜观察各条谱线,然后依次选择汞光谱黄光、紫光和绿光测出 k 级光谱的出射角,重复测量 3 次,实验原始数据分别填入表 3-6-1 和表 3-6-2.

[实验数据记录及处理]

1. 由出射角计算各级谱线衍射角的平均值

将表 3-6-1 和表 3-6-2 中的实验原始数据代入(3-6-2)式,计算出各级谱线的衍射角,并求出平均值.

2. 计算光栅常量 d

将汞光谱绿光波长 $\lambda = 546.07$ nm 的 1 级光谱的衍射角 θ_1 的平均值,代入(3-6-1)式求出光栅常量 d.

3. 计算未知波长 λ

利用上述已求出的光栅常量 d,将汞光谱紫光 1 级光谱的衍射角 θ_1 的平均值,代入(3-6-1)

式求出紫光的波长 λ.

4. 求光栅的角色散率 D

利用 1 级和 2 级光谱中双黄线的衍射角平均值,计算衍射角的差值 $\Delta\theta$. 双黄线的波长差 $\Delta\lambda$(汞光谱)为 2.06 nm,结合测得的衍射角之差 $\Delta\theta$,代入(3-6-3)式求角色散率 D.

表 3-6-1 一级谱线的出射角度

测量次数	1		2		3	
出射角度 θ	$\theta_{-1,L}$	$\theta_{-1,R}$	$\theta_{-1,L}$	$\theta_{-1,R}$	$\theta_{-1,L}$	$\theta_{-1,R}$
-1 级黄光 2						
-1 级黄光 1						
-1 级绿光						
-1 级紫光						
测量次数	1		2		3	
出射角度 θ	$\theta_{1,L}$	$\theta_{1,R}$	$\theta_{1,L}$	$\theta_{1,R}$	$\theta_{1,L}$	$\theta_{1,R}$
1 级紫光						
1 级绿光						
1 级黄光 1						
1 级黄光 2						

表 3-6-2 二级谱线的出射角度

测量次数	1		2		3	
出射角度 θ	$\theta_{-2,L}$	$\theta_{-2,R}$	$\theta_{-2,L}$	$\theta_{-2,R}$	$\theta_{-2,L}$	$\theta_{-2,R}$
-2 级黄光 2						
-2 级黄光 1						
测量次数	1		2		3	
出射角度 θ	$\theta_{2,L}$	$\theta_{2,R}$	$\theta_{1,L}$	$\theta_{1,R}$	$\theta_{1,L}$	$\theta_{1,R}$
2 级黄光 1						
2 级黄光 2						

[注意事项]

1. 零级谱线很强,长时间观察会伤害眼睛,观察时须在狭缝前加一两层白纸以减弱光强.

2. 汞灯的紫外线很强,不可直视,以免灼伤眼睛.

3. 汞灯在使用时不要频繁启闭,否则会降低其寿命.

4. 光栅为精密光学元件,严禁用手触摸刻痕,以免弄脏和损坏.

5. 从光栅平面反射回来的绿色十字叉丝反射像的亮度较微弱,应细心观察.

[思考题]

1. 对于同一光源,分别利用光栅分光和棱镜分光,所产生的光谱有何区别?

2. 如果光栅平面与中心轴平行,但刻痕与中心轴不平行,则整个光谱有什么异常?

3. 分析光栅平面和入射平行光不严格垂直对实验有何影响.

4. 如果光波波长都是未知的,能否用光栅测其波长?

5. 设计一种不用分光计,只用米尺和光栅去测量 d 和 λ 的方案.

实验 7　单色仪的定标

[实验目的]

1. 了解棱镜单色仪的分光原理及仪器结构和使用方法.
2. 学会用汞光谱对单色仪的读数系统进行定标.
3. 会作定标曲线.

[实验仪器]

单色仪,测微目镜(或读数显微镜),汞灯,短焦距凸透镜及支架.

[装置介绍]

1. 单色仪的分光原理

单色仪是用棱镜作为色散元件的光谱仪器,它通常由三部分组成,如图 3-7-1 所示.

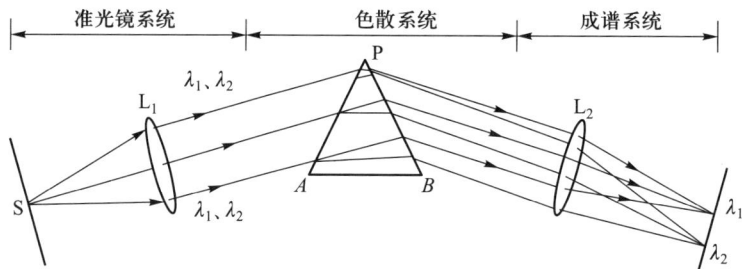

图 3-7-1　单色仪的组成

(1) 准光镜系统

由准直光物镜 L_1 和放在 L_1 焦平面上的狭缝 S 组成. 这个系统能够将来自光源 S 的复色光变成平行光.

(2) 色散系统

由棱镜 P 将来自准光镜系统的平行光均匀而广泛地照射在三棱镜 P 的折射面 A 上,经三棱镜 A、B 两个折射面的折射,分解成沿不同方向传播的单色光.

(3) 成谱系统

由物镜 L_2 和在其焦平面上的像屏(或谱面)组成. 物镜 L_2 将沿不同方向的平行光会聚于焦平面上,从而获得一幅彩色光谱线图,其中每一根谱线实质上是狭缝的一个像.(注意:凸透镜的焦距与入射光的波长有关,所以光谱像并不是呈现在垂直于透镜主光轴的焦平面上,而是在略有倾斜的平面上).

成谱系统采用的形式不同,光谱仪的名称也各不相同. 成谱系统若用的是望远镜(观察光谱用)则叫做"棱镜分光计";若用照相物镜和感光板进行摄谱,则叫做"棱镜摄谱仪";若在成谱物镜 L_2 的焦平面上放置一条狭缝(用以分离各条谱线)则叫做"单色仪",因为从该狭缝中射出的是单色光.

2. 单色仪(WDF 型)的设计思路和实际光路图

为了使谱线像差小、成像清晰、集光本领强、体积小等技术指标更趋完善和使用方便,人们在制造单色仪时,对某些具体结构作了重要改进.

(1) 将准光镜系统中的物镜 L_1 和成谱物镜 L_2,改用两块凹柱面反射镜 M_1、M_2 来代替. 因为薄凸透镜两面的曲率半径均为 r,其焦距为

$$f = \frac{r}{2(n-1)} \tag{3-7-1}$$

式中,n 为透镜材料的折射率,它随着光波的波长不同而不同,波长 λ 越长,折射率 n 就越小,焦距 f 就越大,反之亦然. 所以由三棱镜分解出来的各种不同波长的光波通过凸透镜折射后所成的像不在此透镜的单一焦平面上,而在与主光轴有倾斜角的准焦平面上.

凹面反射镜的焦距为

$$f = \frac{r}{2} \tag{3-7-2}$$

式中,r 为凹面镜的曲率半径,与入射的波长 λ 无关. 从(3-7-1)式和(3-7-2)式可以看出,用凹面反射镜代替凸透镜,使狭缝 S 射进来的复色光变成平行光的平行性最好,且凹面镜对各种不同波长的平行光会聚于焦平面上的像,不会有前后之分.

(2) 复色光中以"最小偏向角"经过三棱镜色散的单色光才能通过狭缝 S_2."偏向角"是指某一单色光入射三棱镜的方向与射出三棱镜的方向之间的夹角. 若入射方向为某一特定方向,则"偏向角"有一最小值,称为"最小偏向角". 当棱镜 P 绕其主截面底边的中心轴转动时,复色光中只有以最小偏向角通过棱镜的单色光才能射出出射狭缝 S_2. 最小偏向角的改变与三棱镜绕中心轴转动的角度一一对应,角度改变的情况与装在三棱镜转轴下的刻度鼓轮相连接(鼓轮借用了螺旋测微器原理制成). 这便是本实验用鼓轮刻度为各种不同波长定标的依据.

(3) 单色仪(WDF 型)的实际光路图如图 3-7-2 所示. S_1 为入射狭缝,被放在柱面凹面镜 M_1 的焦平面上,由 S_1 进入的复色光经 M_1 反射后成为平行光,平行光射到平面镜 M_2 上改变了方向,以适当的角度投射到三棱镜 P 的一个折射面上,其中有一组以最小偏向角 $\delta_{\min}(\lambda_i)$ 的单色平行光(波长为 λ_i)通过三棱镜投射到柱面凹面镜 M_3 上,并由其聚焦到出射狭缝 S_2 处,就得到了一束波长为 λ_i 的单色光.

3. 单色仪的结构与外形

单色仪的全部元件安装在一个钢制的圆筒内或其侧面上. 上面用钢盖盖好,以免空气中的水蒸气侵入和灰尘落入. 其中入射狭缝 S_1 和出射狭缝 S_2 装在钢筒的外侧,狭缝的宽度由它上面的螺旋调节,螺旋顺时针旋转时狭缝变宽,逆时针旋转时狭缝变窄. 狭缝刀口已经闭合时,若再用力旋转,刀口受到过大的压力会损坏,因此在调节狭缝时,务必注意不可在刀口闭合后继续逆时针旋转调节螺旋.

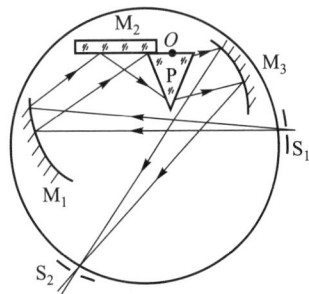

图 3-7-2　单色仪的光路图

平面镜 M_2 的表面与三棱镜 P 的底面平行,且都装在同一个基座上. 此基座以三棱镜底边的中心 O 为转轴,转轴与钢筒底座下的读数鼓轮相连接. 因读数鼓轮在钢筒底座下,读数不方便,所以在鼓轮旁装一个凹面镜 M_3,读数鼓轮在凹面镜上映出

清晰的像,可通过该凹面镜看到鼓轮上的读数.

柱凹面镜装在钢筒的内壁,且和平面镜表面都蒸镀了金属膜,反射系数极高.

[实验原理]

单色仪出厂时,一般都附有曲线的数据或图表供参阅,但经过长期的使用或重新装调后,其数据会发生改变,需要重新定标,对原数据进行修正.

单色仪的定标曲线是借助于波长已知的线光谱光源来完成的. 为了获得较多的定标点,必须有一组光源,常用汞灯、氢灯、钠灯、氖灯以及弧光灯作光源. 本实验用汞灯的已知光谱(可见光区域为 400~760 nm),对单色仪的读数鼓轮进行定标,具体方法是:当单色仪鼓轮转动时,带动三棱镜转动,对应单色仪出射狭缝 S_2 上有不同波长的谱线出现. 如果光谱线的波长是已知的,分别为 $\lambda_1, \lambda_2, \cdots, \lambda_n$,对应于鼓轮上的读数分别为 $L_1, L_2, \cdots, L_n$,定标完成. 定标后的单色仪对于未知波长的光谱,可由鼓轮上的读数值,在定标曲线上查出单色光波的波长.

[实验内容]

1. 入射光源的调节

将汞灯、凸透镜、WDF 单色仪,按如图 3-7-3 所示的顺序排列,使单色仪的狭缝 S_1 对准凸透镜和汞灯所发出的光线. 适当调节透镜和汞灯的位置,使汞灯发出的光成像在入射狭缝 S_1 上.

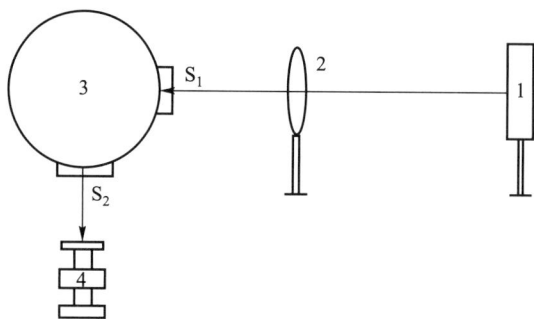

1—汞灯;2—短焦距凸透镜;3—单色仪;4—测微目镜

图 3-7-3　单色仪定标的实验装置图

2. 观测装置的调整

在出射狭缝 S_2 前放一个测微目镜或读数显微镜,调节测微目镜,直至看清叉丝. 然后调节其物镜,看清出射狭缝 S_2 和狭缝中的光谱线. 若谱线较粗,可调节入射狭缝 S_1 上端的调节螺旋,使狭缝宽度减小,边调边看,直到谱线清晰而又亮度足够,实验中必须要调节到能分清汞灯光谱中的双黄线为止.

3. 辨认汞灯谱线

汞灯光源在可见光波段有几十条谱线,容易观察到的约有 23 条. 初次接触单色仪的读者,可能会感到对其所分解出的光谱有如下困难:① 某些谱线看起来若隐若现. 这时,只有定下心来,耐心观察,才能看清楚. 如汞灯的红谱线有三条,其中一条波长为 725.00 nm 的暗谱线,看起来非常模糊. ② 对于颜色的界定不明确,特别是从一种颜色向另一种颜色过渡的过渡色很难分辨. 如橙色与红色,初次接触难以分清,只能边看边认识. ③ 观察光谱与个人眼睛的视力有很大关系,好的"眼力",可多看出一些谱线,"眼力"差一些,就只能少看到一些谱线.

4. 测量

为了准确测量,我们可以转动鼓轮,将汞灯光谱从红到紫来回多看几遍,并且将鼓轮的读数范围确定下来. 在基本辨认和熟悉全部 23 条谱线的颜色特征以后,调节观测装置,把测微目镜的叉丝对准出射狭缝中央,向一个方向缓慢转动鼓轮,从红到紫,读出每一条谱线所对应的鼓轮读数,重复读两次,并将数据填入表 3-7-1.

将上面的测量数据在方格坐标纸上作 L-λ 曲线,以 L 为纵轴,λ 为横轴,将表格中各点的数据描入直角坐标中,然后将各点用光滑的曲线连接起来,该曲线称定标曲线. 只要在单色仪上测出某谱线所对应的鼓轮读数 L_x,就可以在此曲线上查出波长 λ_x.

[实验数据记录及处理]

表 3-7-1　汞灯可见光谱线对应鼓轮读数记录表

颜色		红			橙			黄		
特征		暗	较亮	亮	暗	较亮	亮	暗	较暗	较亮	亮
波长/nm		725.00	696.75	671.62	623.44	612.33	607.26	589.02	585.94	579.07	576.96
鼓轮读数/nm	1										
	2										

颜色		绿			青			
特征		暗	较亮	亮	暗	较暗	较亮	亮
波长/nm		576.59	546.07	535.40	510.00	503.00	496.03	491.60
鼓轮读数/nm	1							
	2							

颜色		蓝			紫		
特征		暗	较亮	亮	暗	较亮	亮
波长/nm		435.84	434.75	433.92	410.84	407.78	404.66
鼓轮读数/nm	1						
	2						

[注意事项]

为了使测量准确,在基本辨认和熟悉全部 23 条谱线的颜色特征以后,调节观测装置,把测微目镜的叉丝对准出射狭缝中央,一定要沿同一个方向缓慢转动鼓轮,从红到紫,读出每一条谱线所对应的鼓轮读数,这样做的目的是为了减小空程误差.

1. 三棱镜的分光原理是什么? 单色仪为什么要用平行光通过三棱镜? 它是如何实现的?

2. 什么叫三棱镜色散的最小偏向角? 单色光实现最小偏向角的条件是什么?

3. 本实验中的单色仪是什么样的结构? 这样的结构有何优点?

4. 本实验如何对单色仪的读数装置进行定标?

实验 8　用双棱镜干涉测钠光波长

[实验目的]

1. 观察双棱镜产生的双光束干涉现象,进一步理解产生干涉的条件.
2. 学会用双棱镜测定光波波长.

[实验仪器]

双棱镜,可调狭缝,辅助透镜(两片),测微目镜,光具座,白屏,单色光源(钠灯).

[实验原理]

如果两列频率相同的光波沿着几乎相同的方向传播,并且这两列光波的相位差不随时间而变化,那么在两列光波相交的区域内,光强的分布不是均匀的,而是在某些地方表现为加强,在另一些地方表现为减弱(甚至可能为零),这种现象称为光的干涉.

菲涅耳利用图 3-8-1 所示装置,获得了双光束的干涉现象.图中双棱镜 AB 是一个分割波前的分束器,它的外形结构如图 3-8-2 所示.将一块平玻璃板的上表面加工成两楔形板,端面与棱脊垂直,楔角 A 较小(一般小于 1°).从单色光源 M 发出的光波经透镜 L 会聚于狭缝 S,使 S 成为具有较大亮度的线状光源.狭缝 S 发出的光波投射到双棱镜 AB 上,经折射后,其波前便分割成两部分,形成沿不同方向传播的两束相干柱波.通过双棱镜观察这两束光,就好像它们是由虚光源 S_1 和 S_2 发出的一样,故在两束光相互交叠区域 P_1P_2 内产生干涉.如果狭缝的宽度较小且双棱镜的棱脊和光源狭缝平行,便可在白屏 P 上观察到平行于狭缝的等间距干涉条纹.

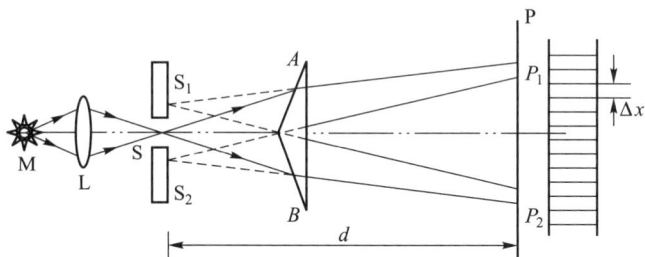

图 3-8-1　双棱镜干涉光路图

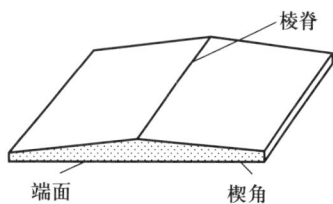

图 3-8-2　双棱镜示意图

设 d' 代表两虚光源 S_1 和 S_2 之间的距离,d 为虚光源所在的平面(近似地在光源狭缝 S 的平面内)至白屏 P 的距离,且 $d' \ll d$,干涉条纹宽度为 Δx,则实验所用光源波长 λ 可由下式表示:

$$\lambda = \frac{d'}{d} \Delta x$$

上式表明,只要测出 d'、d 和 Δx,就可算出光波波长.这是一种光波波长的绝对测量方法,通过使用简单的米尺和测微目镜,进行毫米量级的长度测量,便可推算出微米量级的光波波长.

由于干涉条纹宽度 Δx 很小,必须使用测微目镜进行测量. 两虚光源间的距离 d',可用一已知焦距为 f' 的会聚透镜 L'置于双棱镜与测微目镜之间(图 3-8-3),由透镜二次成像法求得. 只要使测微目镜到狭缝的距离 $d > 4f'$,前后移动透镜,就可以在 L'的两个不同位置上从测微目镜中看到两个虚光源 S_1 和 S_2 经透镜所成的实像 S_1' 和 S_2',其中一组为放大的实像,另一组为缩小的实像. 如果分别测得两个放大像的间距 d_1 和两个缩小像的间距 d_2,则根据下式:

$$d' = \sqrt{d_1 d_2}$$

即可求得两虚光源之间的距离 d'.

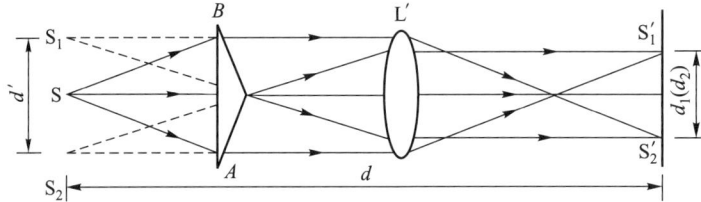

图 3-8-3　二次成像法测两虚光源间距的光路图

[实验内容]

1. 调节共轴

(1) 将单色光源 M、会聚透镜 L、狭缝 S、双棱镜 AB 与测微目镜 P,按图 3-8-1 所示次序放置在光具座上,用目镜粗略地调整它们的中心等高共轴,并使双棱镜的底面与系统的光轴垂直,棱脊和狭缝的取向大体平行.

(2) 点亮光源 M,通过透镜照亮狭缝 S,用手执白屏在双棱镜后面检查:

经双棱镜折射后的光束,有否叠加区 P_1P_2(应更亮些)?

叠加区能否进入测微目镜?

当白屏移动时叠加区是否逐渐向左、右(或上、下)偏移? 根据观测到的现象作出判断,再进行必要的调节(调节共轴).

2. 调节干涉条纹

在保证光学系统等高共轴、白屏上能够观察到叠加区、叠加区进入测微目镜的情况下,依次进行如下操作.

(1) 减小狭缝宽度(以提高光源的空间相干性),一般情况下可从测微目镜观察到不太清晰的干涉条纹.

(2) 绕系统光轴缓慢地逆时针或顺时针旋转狭缝 S,将会出现清晰的干涉条纹. 这时棱镜的棱脊与狭缝的取向严格平行.

(3) 为便于测量,在看到清晰的干涉条纹后,应将测微目镜前后移动,使干涉条纹的宽度适当. 同时只要不影响条纹的清晰度,可适当增加缝宽,以保持干涉条纹有足够的亮度.

双棱镜和狭缝的距离不宜过小,因为若减小它们的距离,S_1、S_2 间距也将减小,这对 d' 的测量不利.

3. 测量与计算

(1) 用测微目镜测量干涉条纹的宽度 Δx. 为了提高测量精度,可测出 n 条(10~20 条)干涉条纹的间距,再除以 n,即可得到 Δx.测量时,先使目镜叉丝对准某明纹的中心,然后旋转测微螺旋,使叉丝移过 n 个条纹,读出两次读数.重复测量几次,求出 Δx.

（2）用米尺测量出狭缝到测微目镜叉丝平面的距离 d,测量几次,取其平均值.

（3）用透镜二次成像法测两虚光源的间距 d'.保持狭缝与双棱镜原来的位置不变（问:为什么不许动? 可否移动测微目镜?）在双棱镜和测微目镜之间放置一个已知焦距为 f' 的会聚透镜 L′,移动测微目镜使它到狭缝的距离大于 $4f'$,分别测得两次清晰成像时实像的间距 d_1、d_2.各测量几次,取平均值,再计算 d' 的值.

（4）用所测得的 Δx、d'、d 的值,求出光源的光波波长 λ.

（5）计算波长测量值的标准不确定度.

［实验数据记录及处理］

根据实验需要,自拟表格记录实验数据,要求表格设计合理,能够体现数据处理过程和数据间的关系,并计算出待测波长的测量值和标准不确定度.

［注意事项］

1. 使用测微目镜时,首先要确定测微目镜读数装置的分格精度;要注意防止空程误差;旋转读数鼓轮时动作要平稳、缓慢;测量装置要保持稳定.

2. 在测量光源狭缝至观察屏的距离 d 时,因为狭缝平面和测微目镜的分划板平面均不与光具座滑块的读数准线共面,必须引入相应的修正（例如 GP-78 型光具座,狭缝平面位置的修正量为 42.5 mm,MCU-15 型测微目镜分划板平面的修正量为 27.0 mm）,否则将引入较大的系统误差.（请问:能否自己测出此修正量?）

3. 测量 d_1、d_2 时,受透镜像差的影响,实像 S_1' 和 S_2' 的位置确定不准确,将给 d_1、d_2 的测量引入较大误差,可在透镜 L′ 上加一个直径约为 1 cm 的圆孔光阑（用黑纸）以增加 d_1、d_2 测量的精确度.可对比一下加光阑和不加光阑的测量结果.

［思考题］

1. 双棱镜和光源之间为什么要放一个狭缝? 为什么狭缝要很窄才可以得到清晰的干涉条纹?

2. 试证明公式 $d' = \sqrt{d_1 d_2}$.

实验 9　等厚干涉——牛顿环

［实验目的］

1. 观察和研究等厚干涉现象,熟悉光的等厚干涉的特点.
2. 用干涉法牛顿环测量凸透镜的曲率半径.
3. 掌握读数显微镜的调整和使用.

［实验仪器］

牛顿环仪,钠灯,读数显微镜.

［装置介绍］

读数显微镜是测微螺旋和显微镜的组合体.它主要用来精确测定微小的或不能用量具夹持测量的物体,如毛细管内径、微小钢球的直径等.测量的准确度一般为 0.01 mm.

1. 读数显微镜的结构

读数显微镜的结构如图 3-9-1 所示,主要部分为显微镜、读数用的主尺及附尺.显微镜由目镜、物镜和十字叉丝组成,转动物镜调焦手轮使显微镜上下移动进行调焦.反射镜装在镜筒下面,根据光源方向,可转动反射镜来得到明亮的视场.

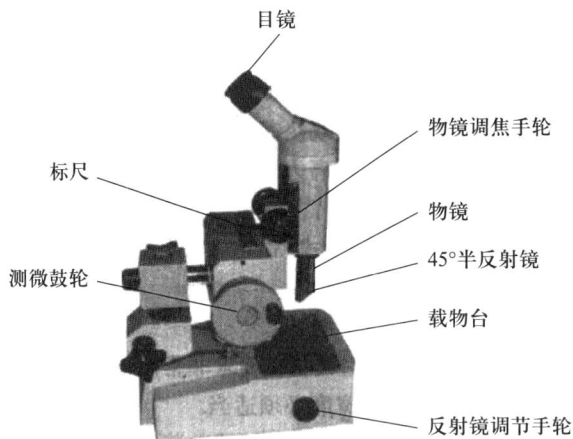

图 3-9-1　读数显微镜结构图

显微镜的读数与螺旋测微器的读数原理相同.旋转测微鼓轮,显微镜筒沿水平方向移动.鼓轮每旋转一周,显微镜沿水平方向移动 1 mm.测微鼓轮边缘上刻有 100 个分度,每移动一个分度就相当于读数显微镜的镜筒移动了 0.01 mm.

2. 读数显微镜的使用方法

（1）调整目镜,看清十字叉丝.

（2）将待测物安放在工作台上，旋转物镜，以得到适当亮度的视场.

（3）从显微镜外观察，旋转调焦手轮，使镜筒下降到接近物体表面（切勿接触物体表面），然后逐渐上升，直到看清干涉条纹为止.

（4）眼睛左右作微小移动检查是否有视差. 若像相对十字叉丝运动，说明有视差，需要重新调节镜筒和目镜，直至条纹清晰且无视差.

（5）转动目镜，使十字叉丝的横丝和主尺平行.

（6）转动测微鼓轮，使十字叉丝交点和被测物上一点（或一条线）对准，记下读数. 继续旋转鼓轮，使十字叉丝对准另一点，再记下读数，两次读数之差即所测两点间的距离.

3. 使用读数显微镜的注意事项

（1）视线在目镜里观察时，只能从下向上调节镜筒，禁止从上向下调节，以免物镜和待测物相碰.

（2）在整个测量过程中，十字叉丝的一条丝必须和主尺平行.

（3）为避免引入空程误差，测量时读数显微镜的测微鼓轮只能沿一个方向旋转，中途不得反转. 若测微鼓轮移动过多而不得不反转时，需要多反转一些，再沿原方向旋转，也可避免引入空程误差.

（4）由于暗纹是有宽度的，其中心不易找准，所以在测量干涉环直径的过程中，当十字叉丝的纵丝在圆心一侧时，都应与待测暗纹外侧相切后再读数；而在圆心另一侧时，都应与待测暗纹内侧相切后再读数.

（5）为尽量保证测量的是牛顿环的直径而不是某个弦长，镜筒移动时需要使十字叉丝经过牛顿环的圆心.

（6）由于读数显微镜量程较短（5 cm 左右），所以在测量前应将显微镜镜筒移到刻度尺中部，将牛顿环仪中部放在镜筒下，以防未测量完时镜筒已旋转到头.

（7）测量时动作要慢，以防待测物滑动.

[实验原理]

1. 等厚干涉

在两列光波其频率相同、振动方向相同、相位相同或相位差恒定，且振幅差别不太悬殊的情况下，它们在空间相遇时能够发生相干叠加，光的能量在空间重新分布，表现为空间各点的光振幅有大有小，这种在空间按一定规律分布的光强度稳定加强或减弱的现象称为光的干涉. 光的干涉是重要的光学现象之一，在对光的本质的研究中，光的干涉现象首先使人们认识到光的波动性质. 在科研、生产实践和生活中，光的干涉有着广泛的应用：常常利用光的干涉法做各种精密的测量，如薄膜厚度、微小角度、曲面的曲率半径等几何量，光的干涉也普遍应用于光波波长的测量、光学元件表面的光洁度和平整度的检验等.

获得相干光的方法可分为分振幅法和分波阵面法. 牛顿环是用分振幅法产生的干涉，并且是在膜厚相同处产生同一级干涉条纹，也称为等厚干涉. 形成等厚干涉的条件是：① 薄膜厚度（或折射率）不均匀；② 光从垂直方向入射薄膜并在垂直于薄膜的方向上观察. 本实验用牛顿环装置测量平凸透镜的曲率半径，由此可以深刻地理解等厚干涉现象及其应用.

2. 牛顿环

当一个曲率半径很大的平凸透镜的凸面与一个磨光平玻璃板相接触时,在透镜的凸面与平玻璃板之间将形成一个空气薄膜. 离接触点等距离的地方,薄膜厚度相同. 如图 3-9-2 所示.

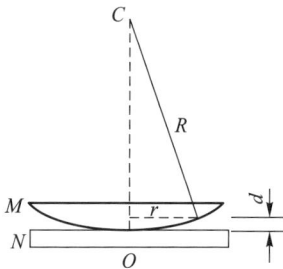

图 3-9-2　牛顿环仪

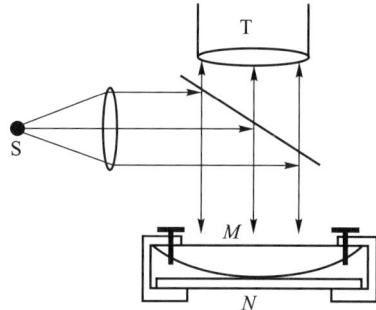

图 3-9-3　牛顿环光路图

若以波长为 λ 的单色光投射到这种装置上(图 3-9-3),则由空气膜上下表面反射的光波将互相干涉,形成的干涉条纹是膜的等厚各点的轨迹,这种干涉是一种等厚干涉. 在反射方向观察时,将看到一组以接触点为中心的亮暗相间的圆环形干涉条纹,而且中心是一个暗斑,如图 3-9-4(a)所示. 如果在透射方向观察,则看到的干涉条纹与反射光的干涉条纹的光强分布恰成互补,中心是亮斑,原来亮环处变为暗环,暗环处变为亮环,如图 3-9-4(b)所示. 这种干涉现象最早由牛顿发现,故称牛顿环.

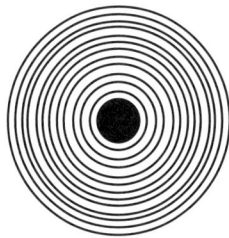

(a) 牛顿环的反射光干涉图样　　　　(b) 牛顿环的透射光干涉图样

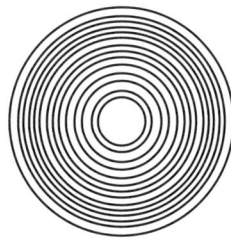

图 3-9-4　牛顿环干涉图样

设透镜 L 的曲率半径为 R,形成的 m 级干涉暗纹的半径为 r_m,m 级干涉亮纹的半径为 r_m',可知

$$r_m = \sqrt{mR\lambda}$$

$$r_m' = \sqrt{(2m-1)R\frac{\lambda}{2}}$$

以上两式表明:当 λ 已知时,只要测出第 m 级暗环(或亮环)的半径即可算出透镜的曲率半径 R;反之,当 R 已知时,也可算出 λ.

实验中观察牛顿环时将会发现,牛顿环中心不是一点,而是一个不清楚的或暗或亮的圆斑. 原因是透镜和平玻璃板接触时,因接触压力引起形变,接触处为一圆面;又因为镜面上可能有微小灰尘的存在,从而引起附加的光程差.所以近圆心处环纹比较模糊和粗糙,以致难以确切判定环纹的干涉级数 m,即干涉环纹的级数和序数不一定一致,这都会给测量带来较大的系统误差.为了减小误差,提高精确度,必须测量距中心较远的、比较清晰的两个环纹的半径.例如测量出第 m_1 和第 m_2 个暗环(亮环)的半径(这里 m_1 和 m_2 为环序数,不一定是干涉级数,若设 j 为干涉级修正值,则它们的干涉级数分别为 m_1+j 和 m_2+j),修正后为

$$r_m^2 = (m+j)R\lambda \tag{3-9-1}$$

进而有

$$r_{m_2}^2 - r_{m_1}^2 = [(m_2+j)-(m_1+j)]R\lambda = (m_2-m_1)R\lambda \tag{3-9-2}$$

上式表明,任意两环的半径平方差 $r_{m_2}^2 - r_{m_1}^2$ 和干涉级修正值 j 以及环序数 m 无关,只与两个环的序数差 m_2-m_1 有关,因此只要精确测定两个环的半径由两个半径的平方差值就可准确地算出透镜的曲率半径 R,牛顿环直径 D,即

$$R = \frac{r_{m_2}^2 - r_{m_1}^2}{(m_2-m_1)\lambda} \tag{3-9-3}$$

或

$$R = \frac{D_{m_2}^2 - D_{m_1}^2}{4(m_2-m_1)\lambda} \tag{3-9-4}$$

由(3-9-1)式还可以看出,r_m^2 与 m 成直线关系,如图 3-9-5 所示,其斜率为 $R\lambda$.因此,也可以测出一组暗环(或亮环)的半径 r,和它们相应的环序数 m,作 r_m^2-m 关系曲线,然后由直线的斜率算出透镜的曲率半径 R.

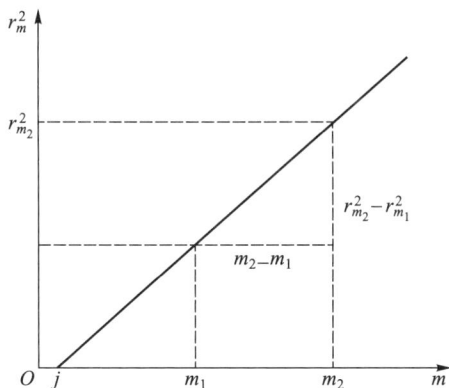

图 3-9-5　r_m^2 与 m 线性关系曲线

[实验内容]

1. 调整测量装置

调节移测显微镜的目镜,使目镜中看到的十字叉丝最为清晰.将移测显微镜对准牛顿环仪的中心,从下向上移动镜筒,对干涉条纹进行调焦,使看到的环纹尽可能清晰,并与显微镜的十字叉丝之间无视差(即眼睛左右微小移动时,像相对十字叉丝保持不动).测量时,显微镜的十字叉丝最好调节成其中一根叉丝与显微镜的移动方向相垂直,移动时始终保持这根叉丝与

干涉环纹相切,这样便于观察测量.

2. 观察牛顿环干涉条纹的分布特点.

3. 测量凸透镜的曲率半径 R.

从第 3 暗环到第 22 暗环,测出各环直径两端的位置 x_k 和 x_k',各环的直径 $D_k = |x_k' - x_k|$. 如图 3-9-6 所示,从最外侧的位置 x_{22} 开始单向连续测量,直至过牛顿环圆心后的另一端 x_{22}' 为止.

取 $m_2 - m_1 = 10$,采用逐差法可得

$$\Delta_1 = D_{13}^2 - D_3^2, \Delta_2 = D_{14}^2 - D_4^2, \cdots, \Delta_{10} = D_{22}^2 - D_{12}^2$$

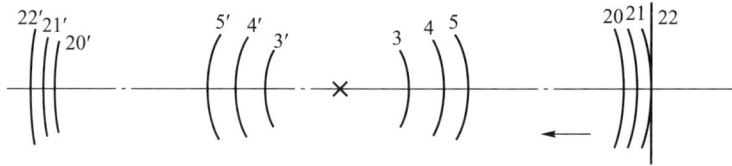

图 3-9-6　牛顿环测量环的观察

将上列 $\Delta_1, \Delta_2, \cdots, \Delta_{10}$ 代入(3-9-4)式可得 $R_1, R_2, \cdots, R_{10}$,求其平均值 $\bar{R}$. 钠黄光波长取 589.3 nm.

[**实验数据记录及处理**]

实验数据记录及处理可参考表 3-9-1,也可自拟表格.利用(3-9-4)式求得曲率半径 R,并计算其标准不确定度 $u_c(R)$.

实验结果表示为 $R = \bar{R} \pm u_c(R)$

测量相对误差为 $E_r = \dfrac{u_c(R)}{R} \times 100\%$

表 3-9-1　牛顿环实验数据记录及处理表格

钠灯的波长 $\lambda =$ ＿＿＿＿＿＿＿＿nm

级数	读数		$D_{k'}$/mm	级数	读数		D_k/mm	$(D_{k'} - D_k)$/mm	R_i/mm	$\bar{R}$/mm
	左方	右方			左方	右方				
22				12						
21				11						
20				10						
19				9						
18				8						
17				7						
16				6						
15				5						
14				4						
13				3						

注意:表中每一行的 $(m-n)$ 应为常量,一般取 5.

[注意事项]

1. 干涉环两侧的序数不要数错.

2. 应防止实验装置受震动以引起干涉环的变化.

3. 应防止读数显微镜的"空程误差".

4. 由于牛顿环的干涉条纹有一定的粗细度,为了准确测量干涉环的直径,可采用目镜瞄准用直线与圆心两侧的干涉环圆弧分别内切、外切的方法读数,且移动过程中应经过牛顿环的中心.

[思考题]

1. 透射光的牛顿环是如何形成的? 应如何观察? 它与反射光的牛顿环在明暗上有何关系? 为什么?

2. 在牛顿环实验中,假如平玻璃板上有微小的凸起,则凸起处空气薄膜厚度减小,导致等厚干涉条纹发生畸变. 试问:这时的牛顿(暗)环将局部内凹还是局部外凸? 为什么?

3. 在实验中我们实际观察到的牛顿环中心是什么样子的? 为什么?

4. 简述实验步骤. 在实验中要注意哪些问题? 什么是空程误差?

实验 10　劈尖干涉

[实验目的]

1. 通过实验加深对等厚干涉现象的理解.
2. 掌握用劈尖干涉测量薄片厚度(或细丝直径)的方法.
3. 通过实验熟悉读数显微镜的使用方法.
4. 学习用逐差法处理数据.

[实验仪器]

读数显微镜,钠灯,玻璃片(两片),薄片(或细丝).

[装置介绍]

钠灯的灯管内有两层玻璃泡,装有少量氩气和钠,通电时灯丝被加热,氩气即发出淡紫色的光,钠受热后气化,渐渐发出两条强谱线,通常称为钠双线,因两条谱线很接近,实验中可认为是比较好的单色光源,通常取平均值 589.3 nm 作为该单色光源的波长. 由于它的强度大,光色单纯,是最常用的单色光源.

使用钠灯时应注意:

(1) 钠灯必须与扼流线圈串联起来使用,否则会被烧坏.

(2) 灯打开后,需等待一段时间才能正常使用(起燃时间为 5~6 min).

(3) 每开、关一次都对钠灯的寿命有影响,因此不要轻易开、关钠灯. 另外,钠灯在正常使用下也有消耗,使用寿命只有 500 h,因此应做好准备工作,集中使用时间.

(4) 钠灯打开时应垂直放置,不得受冲击或震动,使用完毕须等冷却后才能颠倒或摇动,避免金属钠流动,影响它的性能.

[实验原理]

将两片光学玻璃片叠合在一起,并在其中一端垫入待测的薄片或者细丝,则在两玻璃片间形成一个空气劈尖,如图 3-10-1(a)所示. 当用一束单色平行光垂直照射劈尖时,在空气劈尖薄膜上、下两表面反射的两束光发生干涉,形成干涉条纹. 其干涉条纹是一簇平行于棱边的、间距相等、宽度相等的明暗相间的直条纹,如图 3-10-1(b)所示.

设在 P 点处的空气劈尖厚度为 d,则此处相遇的两反射光线的光程差为

$$\Delta = 2d + \frac{\lambda}{2}$$

根据明暗纹条件有

$$\Delta = 2d + \frac{\lambda}{2} = (2m+1)\frac{\lambda}{2} \quad m = 0,1,2,3,\cdots 时,为干涉暗纹;$$

$$\Delta = 2d + \frac{\lambda}{2} = 2m \cdot \frac{\lambda}{2} \qquad m = 1,2,3,\cdots 时,为干涉明纹.$$

显然,同一明纹或同一暗纹都对应相同厚度的空气层,因而是等厚干涉.同样可知,两相邻明纹(或暗纹)对应空气层厚度差都等于 $\dfrac{\lambda}{2}$;则第 m 级暗纹对应的空气层厚度为:$D_m = m\dfrac{\lambda}{2}$,假若夹薄片后劈尖正好呈现 N 级暗纹,则薄层厚度为

$$D = N\frac{\lambda}{2} \qquad (3-10-1)$$

用 α 表示劈尖形空气隙的夹角、s 表示相邻两暗纹间的距离、L 表示劈尖的长度,则有

$$\alpha \approx \tan \alpha = \frac{\lambda/2}{s} = \frac{D}{L}$$

则薄片厚度为

$$D = \frac{L}{s} \cdot \frac{\lambda}{2}$$

(a) 侧视

(b) 俯视

图 3-10-1　劈尖干涉测厚度示意图

由上式可见,如果求出空气劈尖上总的暗纹数,或测出劈尖的长度 L 和相邻暗纹间的距离 s,就可以由已知光源的波长 λ 测定薄片厚度(或细丝直径)D.

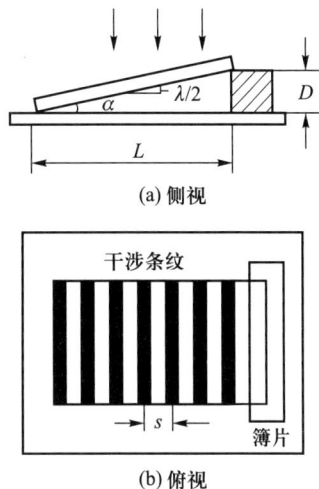

[实验内容]

1. 调节读数显微镜

先调节目镜到清楚地看到叉丝且分别与 X 轴、Y 轴大致平行,然后将目镜固定.调节显微镜的镜筒使其下降(注意:应该从显微镜外面看,而不是从目镜中看)靠近劈尖,再自下而上缓慢地上升,直到目镜中观察到清晰的干涉条纹,且与叉丝无视差.

2. 用劈尖干涉法测微小厚度(微小直径)

(1) 用显微镜观察并描绘劈尖干涉的图像.改变细丝在玻璃片间的位置,观察干涉条纹的变化.

(2) 数出劈尖长度上暗纹的总级数,测量三次劈尖的长度,为了提高暗纹间距 s 的测量准确度,用逐差法求 s,多次测量,每隔 10 条暗纹读一次数,直至第 80 条,数据记入表 3-10-1.

[实验数据记录及处理]

表 3-10-1　劈尖干涉实验数据记录及处理表格

k	读数 n_k/mm	$l_k(=\lvert n_{k+40}-n_k\rvert)$ /mm			$\bar{s}(=\bar{l}/40)$/mm	
0		l_{10}				
10		l_{20}				
20		l_{30}				
30		l_{40}				
40		l				
50		$L_i(=\lvert n_i-n_{0i}\rvert)$/mm			$\bar{L}$/mm	
60		n_{01}		n_1	L_1	
70		n_{02}		n_2	L_2	
80		n_{03}		n_3	L_3	

测量结果表示为:细丝直径为 $D(=\bar{D}\pm\Delta D)$/mm = ＿＿＿＿＿＿＿＿/mm

[注意事项]

1. 在读数显微镜在调节过程中要防止物镜与空气劈尖的玻璃片相碰.

2. 测量过程中为了避免螺距的空程误差,只能单方向推进读数显微镜.

3. 条纹数不能数错.

[思考题]

1. 单色光垂直照射空气劈尖时,观察到条纹的宽度为 $b=\lambda/2\theta$,问:相邻两暗纹处劈尖的厚度差为多少?

2. 劈尖干涉可作哪些应用? 应用于检测表面平整度时如何判断平面是凹的还是凸的?

3. 在读数显微镜的目镜中,看到的视野左边明亮、右边很暗,这是什么原因造成的? 应如何调整?

实验 11　迈克耳孙干涉仪的调整及使用

[实验目的]

1. 了解迈克耳孙干涉仪的结构和干涉花样的形成原理.
2. 学会迈克耳孙干涉仪的调整和使用方法.
3. 观察等倾干涉条纹,测量 He-Ne 激光的波长.
4. 观察等厚干涉条纹,测量钠黄光双线的平均波长和波长差.

[实验仪器]

迈克耳孙干涉仪(WSM-200 型),He-Ne 激光器,钠灯,毛玻璃屏,扩束镜.

[装置介绍]

　　1881 年,美国物理学家迈克耳孙(A. A. Michelson)为测量光速,依据分振幅法产生双光束实现干涉的原理精心设计了一种干涉测量装置,能够精确地测量微小长度. 迈克耳孙和莫雷(Morey)一起用该仪器完成了在相对论研究中有重要意义的"以太"漂移实验,否定了"以太"的存在,这个著名的实验为近代物理学的诞生和兴起开辟了道路,二人于 1907 年获诺贝尔物理学奖. 迈克耳孙干涉仪原理简明,设计巧妙,堪称精密光学仪器的典范. 随着仪器的不断改进,它现在还能用于光谱线精细结构的研究和利用光波标定标准米尺等实验. 目前,根据迈克耳孙干涉仪的基本原理所研制的各种精密仪器已广泛地应用于生产、生活和科技领域.

　　WSM-200 型迈克耳孙干涉仪的主体结构如图 3-11-1 所示,由下面六个部分组成.

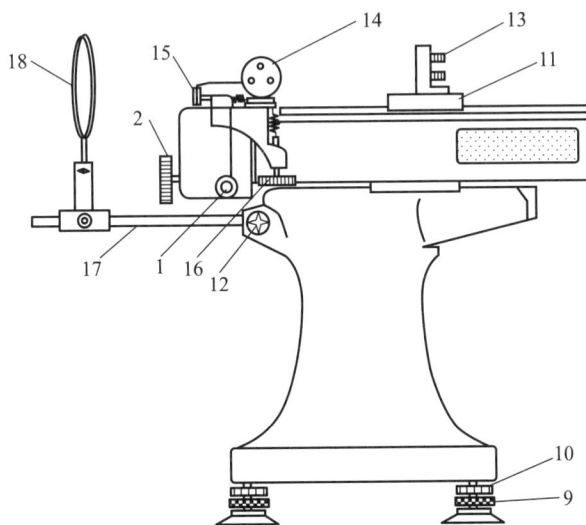

图 3-11-1　WSM-100 型迈克耳孙干涉仪的主体结构

1. 底座

底座由生铁铸成,较重,保证了仪器的稳定性.由三个调平螺丝 9 支撑,调平后可以拧紧锁紧圈 10 以保持座架稳定.

2. 导轨

导轨 7 由两根平行的长约 280 mm 的框架和精密丝杆 6 组成,被固定在底座上,精密丝杆穿过框架正中,丝杆螺距为 1 mm,如图 3-11-2 所示.

3. 拖板部分

拖板是一块平板,反面做成与导轨吻合的凹槽,装在导轨上,下方是精密螺母,精密丝杆穿过精密螺母,当丝杆旋转时,拖板能前后移动,带动固定在其上的移动镜 11(即图3-11-3 中的 M_1)在导轨面上滑动,实现粗动. M_1 是一块很精密的平面镜,表面镀有金属膜,具有较高的反射率,垂直地固定在拖板上,它的法线严格地与丝杆平行.平面镜的倾角可分别用它

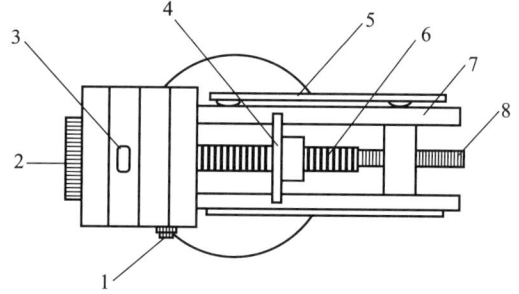

图 3-11-2　导轨

背后面的三颗滚花螺丝 13 来调节,各螺丝的调节范围是有限度的,如果螺丝向后顶得过松,在移动时,可能会因震动而使镜面有倾角变化,如果螺丝向前顶得太紧,则会导致条纹不规则,严重时,有可能导致螺丝丝口打滑或平面镜破损.

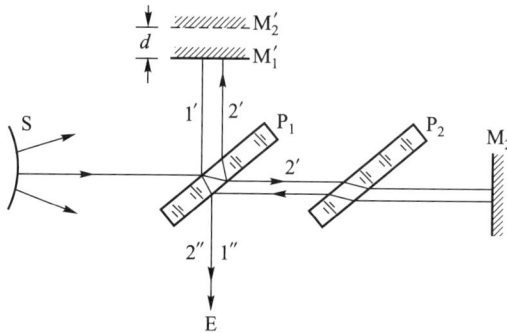

图 3-11-3　迈克耳孙干涉仪的相干光获得示意图

4. 定镜部分

定镜 M_2 与 M_1 是相同的一块平面镜,固定在导轨框架右侧的支架上.调节其上的水平拉簧螺钉 15 可使 M_2 在水平方向转过一个微小的角度,能够使干涉条纹在水平方向微动;调节其上的垂直拉簧螺钉 16 可使 M_2 在垂直方向转过一个微小的角度,能够使干涉条纹上下微动;与三颗滚花螺丝 13 相比,拉簧螺钉 15、16 改变 M_2 的镜面方位小得多.定镜部分还包括分光板 P_1 和补偿板 P_2.

5. 读数系统和传动部分

（1）移动镜 11(即 M_1)的移动距离可在机体侧面的毫米刻度尺 5 上直接读得.

（2）粗调手轮 2 旋转一周,拖板移动 1 mm,即 M_2 移动 1 mm,同时,读数窗口 3 内的鼓轮也转动一周,鼓轮的一圈被等分为 100 格,每格对应 10^{-2} mm,读数由窗口上的基准线指示.

（3）微调手轮 1 每转过一周,拖板移动 0.01 mm,从读数窗口 3 中可看到读数鼓轮移动一格,而微调鼓轮的一周被等分为 100 格,则每格表示 10^{-4} mm. 所以,最后读数应为上述三者之和.

6. 附件

支架杆 17 是用来放置像屏 18 的,由锁紧螺丝 12 固定.

［实验原理］

1. 迈克耳孙干涉仪的原理

（1）用分振幅法获得相干光的巧妙设计

如图 3-11-3 所示,M_1、M_2 为两个垂直放置的平面镜,分别固定在两个垂直的臂上. 材料和厚度完全相同的 P_1、P_2 平行放置,与 M_2 固定在同一个臂上,且与 M_1 和 M_2 的夹角均为 45°. M_1 由精密丝杆控制,可以沿臂轴前后移动. P_1 的第二面上涂有半透半反膜,能够将入射光分成振幅几乎相等的反射光 1'、透射光 2',所以 P_1 称为分光板（又称为分光镜）. 1'光经 M_1 反射后由原路返回再次穿过分光板 P_1 后成为 1"光,到达观察点 E 处;2'光到达 M_2 后被 M_2 反射后按原路返回,在 P_1 的第二面上形成 2"光,也被返回到观察点 E 处. 由于 1'光在到达 E 处之前穿过 P_1 三次,而 2'光在到达 E 处之前穿过 P_1 一次,为了补偿 1'、2'两光的光程差,便在 M_2 所在的臂上再放一个与 P_1 的厚度、折射率严格相同的 P_2 平面玻璃板,满足了 1'、2'两光在到达 E 处时无光程差的条件,所以称 P_2 为补偿板. 由于 1'、2'光均来自同一光源 S,在到达 P_1 后才被分成 1'、2'两光,所以两光是相干光.

综上所述,光线 2"是在分光板 P_1 的第二面反射得到的,这样 M_2 在 M_1 的附近（上部或下部）形成一个平行于 M_1 的虚像 M_2'. 因而,在迈克耳孙干涉仪中,经 M_1、M_2 反射的两光相当于经 M_1、M_2'反射获得,两反射光仍是相干光,且光程差由 M_1 和 M_2'的间距 d 决定. 也就是说,在迈克耳孙干涉仪中产生的干涉等效为厚度为 d 的空气“虚膜”所产生的薄膜干涉.

因 M_2'不是实物,故可方便地改变空气“虚膜”的厚度（即 M_1 和 M_2'的距离 d）,甚至可以使 M_1 和 M_2'重叠或相交,在某一平面镜面前还可根据需要放置其他被研究的物体,这些都为其广泛的应用提供了方便.

（2）干涉图样形成的原理

经厚度为 d 的空气“虚膜”M_1 和 M_2'分别反射的两束相干光,光程差为

$$\delta = 2dn_2 \cos i \qquad (3-11-1)$$

两束相干光产生明暗纹的条件为

$$\delta = 2dn_2 \cos i = \begin{cases} k\lambda & 明 \\ \left(k+\dfrac{1}{2}\right)\lambda & 暗 \end{cases} \qquad (k=0,1,2,3,\cdots) \qquad (3-11-2)$$

式中,i 为反射光 1'在平面镜 M_1 上的反射角,λ 为入射光波长,n_2 为空气薄膜的折射率（实验中 n_2 近似取 1）,d 为薄膜厚度.

凡是反射角 i 相同的光线,光程差相等,并且得到的干涉条纹随 M_1 和 M_2'的距离 d 而改变. 当 $i=0$ 时光程差最大,在 O 点处对应的干涉级数最高. 由（3-11-2）式得

$$2d\cos i = k\lambda \Rightarrow d = \frac{k}{\cos i} \cdot \frac{\lambda}{2} \tag{3-11-3}$$

$$\Delta d = N \cdot \frac{\lambda}{2} \tag{3-11-4}$$

由(3-11-4)式可得,当 d 改变 $\frac{\lambda}{2}$ 时,就有一个条纹"涌出"或"陷入",所以在实验时只要数出"涌出"或"陷入"的条纹个数 N,读出 d 的改变量 Δd 就可以计算出光波波长 λ 的值:

$$\lambda = \frac{2\Delta d}{N} \tag{3-11-5}$$

从(3-11-5)式可知,只要知道条纹移动个数 N 和改变量 Δd,就可求出待测波长 λ.

如图 3-11-4 所示,扩展光源上某一点光源 S_1 发出的在 M_2 的入射角均为 i 的圆锥面上所有光线 a,经 M_1 与 M_2' 的反射和透镜 L 的会聚于 L 的焦平面上以光轴为对称轴的同一点处;扩展光源上另一个点光源 S_2 上发出的与 S_1 中 a 平行的光束 b,只要反射角 i 相同,它就与 1′、2′ 的光程差相等,经透镜 L 会聚在半径为 r 的同一个圆上. 因此,扩展光源中各点光源是独立的、互不相干的,每个点光源都有自己的一套干涉条纹,在无穷远处,扩展光源上任意两个独立光源发出的光线,只要入射角相同,都将会聚在同一级干涉条纹上. 当"虚膜"厚度 d 均匀(即 M_1 和 M_2' 平行)时,在无穷远处就会见到清晰的等倾条纹;当"虚膜"厚度 d 不均匀(即 M_1 和 M_2' 不平行)时,用点光源在小孔径接收的范围内,或光源离 M_1 和 M_2' 较远的情况下,或光是正入射的情况下,在"膜"附近都会产生等厚条纹.

2. 干涉条纹的可见度

(1) 单色光入射

波长为 λ 的单色光经 M_1、M_2' 反射及 P_1、P_2 透射后,形成一系列明暗相间的同心圆环的干涉图样,Δd 的改变仅使"涌出"或"陷入"的条纹数 N 变化,其干涉条纹清晰度不变,即可见度 V 不变. 可见度为

$$V = \frac{I_{max} - I_{min}}{I_{max} + I_{min}} \tag{3-11-6}$$

(2) 复色光入射

若用波长相差很近的双波光源(如钠灯)λ_1 和 λ_2 照射,当光程差为

$$\delta = m\lambda_1 = \left(m + \frac{1}{2}\right)\lambda_2$$

时(其中 m 为正整数),两种光产生的条纹为重叠的明纹和暗纹,使得视野中条纹的可见度降低,若 λ_1 和 λ_2 的光的亮度相同,则条纹的可见度为零,即条纹消失了.

再逐渐移动 M_1 以增加(或减小)光程差,可见度又逐渐提高,直到 λ_1 的明纹与 λ_2 的明纹重合,暗纹与暗纹重合,此时可看到清晰的干涉条纹,再继续移动 M_1,可见度又下降,在光程

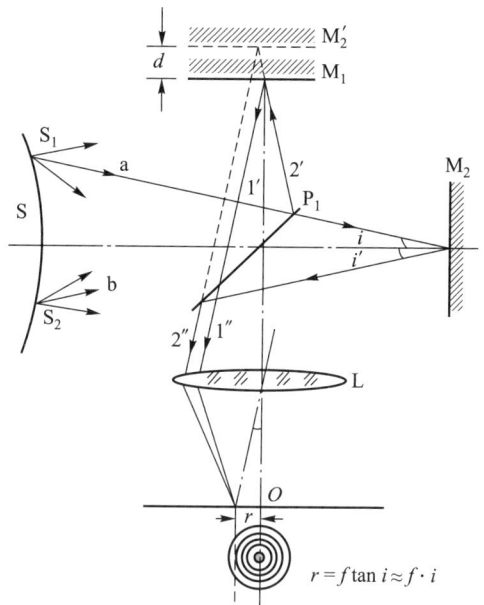

图 3-11-4　迈克耳孙干涉仪的光路图

差为

$$\delta+\Delta\delta=(m+\Delta m)\lambda_1=\left(m+\Delta m+\frac{3}{2}\right)\lambda_2$$

时,可见度最小(或为零).因此,从某一可见度为零的位置到下一个可见度为零的位置,其间光程差变化应为

$$\Delta\delta=\Delta m\cdot\lambda_1=(\Delta m+1)\lambda_2$$

化简后为

$$\Delta\lambda=\frac{\lambda_1\lambda_2}{\Delta\delta}=\frac{\overline{\lambda}^2}{\Delta\delta} \tag{3-11-7}$$

式中,$\Delta\lambda=|\lambda_1-\lambda_2|$,$\overline{\lambda}=\frac{\lambda_1+\lambda_2}{2}$.

当 M_1 在相继两次可见度为 0 时,移过 Δd 引起的光程差变化量为 $\Delta\delta=2\Delta d$,则

$$\Delta\lambda=\frac{\overline{\lambda}^2}{2\Delta d} \tag{3-11-8}$$

从(3-11-8)式可知,只要知道两个波长的平均值 $\overline{\lambda}$ 和 M_1 移动的距离 Δd,就可求出待测波长差 $\Delta\lambda$(如钠黄光双线的波长差).

3. 透明薄片折射率(或厚度)的测量

(1) 白光干涉条纹

干涉条纹的明暗取决于光程差 δ 与波长 λ 的关系.使用白光光源时,只有在 $d=0$ 的附近才能在 M_1、M_2' 交线处看到干涉条纹,这时对各种光的波长来说,其光程差 δ 均为 $\frac{\lambda}{2}$,故产生直线暗纹,即所谓的中央条纹,两旁有对称分布的彩色条纹.d 稍大时,因对各种不同波长的光来说,满足明暗纹的条件不同,所产生的干涉条纹明暗互相重叠,结果就显现不出条纹来.只有用白光才能判断出中央条纹(即直线暗纹),利用这一点可定出 $d=0$ 的位置.

(2) 固体透明薄片折射率(或厚度)的测定

在视场中出现中央条纹(即直线暗纹)之后,在 M_1 与 P_1 之间放入折射率为 n、厚度为 l 的透明物体,则此时光程差要比原来增大了 $\Delta\delta=2l(n-1)$,使得中央条纹移出视场范围.如果将 M_1 向 P_1 前移动 Δd,使 $\Delta d=\frac{\Delta\delta}{2}$,则中央条纹会重新出现,则有

$$\Delta d=l(n-1) \tag{3-11-9}$$

若已知厚度 l,测出 Δd,由(3-11-9)式可求出折射率 n;若已知折射率 n,测出 Δd,由(3-11-9)式可求出厚度 l.

[实验内容]

1. 迈克耳孙干涉仪的调整

(1) 按图 3-11-3 安装 He-Ne 激光器和迈克耳孙干涉仪.打开 He-Ne 激光器的电源开关,光强度旋钮调至中间,使激光束水平地射向干涉仪的分光板 P_1.

(2) 调整激光束对分光板 P_1 的水平方向入射角为 45°.

如果激光束对分光板 P_1 在水平方向的入射角为 45°,那么正好以 45° 的反射角向移动镜 M_1 垂直入射,原路返回,这个像斑重新进入激光器的发射孔. 调整时,先用一张纸片将定镜 M_2 遮住,以免 M_2 反射回来的像干扰视线,然后调整激光器或干涉仪的位置,使激光器发出的光束经 P_1 折射和 M_1 反射后,原路返回到激光出射口,这表明激光束对分光板 P_1 的水平方向入射角为 45°.

（3）调整定臂光路

将纸片从 M_2 上取下,遮住 M_1 的镜面. 发现从定镜 M_2 反射到激光发射孔附近的光斑有四个,其中光强最强的那个光斑就是要调整的光斑. 为了将此光斑调进发射孔内,应先调节 M_2 背面的 3 个螺丝,改变 M_2 的反射角度. 微小改变 M_2 的反射角度再调节水平拉簧螺钉 15 和垂直拉簧螺钉 16,使 M_2 转过一个微小的角度. 应特别注意的是,在未调 M_2 之前,这两个拉簧螺钉必须旋转到中间位置.

（4）拿掉 M_1 上的纸片后,两个臂上的反射光斑都应进入激光器的发射孔,且两组光斑在毛玻璃屏上应完全重合,若无此现象,应按上述步骤反复调整.

（5）用扩束镜使激光束产生面光源,按上述步骤反复调节,直至毛玻璃屏上出现清晰的等倾干涉条纹.

2. 测量 He-Ne 激光的波长

（1）迈克耳孙干涉仪的手轮操作和读数练习

连续向同一方向转动微调手轮,仔细观察屏上的干涉条纹"涌出"或"陷入"现象,先练习读毫米刻度尺、读数窗口和微调手轮上的读数. 掌握干涉条纹"涌出"或"陷入个数、速度与调节微调手轮的关系.

（2）经上述调节后,读出移动镜 M_1 所在的相对位置,此为"0"位置,然后沿同一方向转动微调手轮,仔细观察屏上的干涉条纹"涌出"或"陷入"的个数. 每隔 50 个条纹,记录一次移动镜 M_1 的位置. 共记录 250 个条纹,读出 6 个位置的读数,填入表 3-11-1 中.

3. 测量钠黄光双线波长差

（1）以钠黄光为光源,使之照射到毛玻璃屏上,使形成均匀的扩束光源以便于加强条纹的亮度. 在毛玻璃屏与分光镜 P_1 之间放一个叉丝(或指针). 在 E 处沿 EP_1M_1 的方向进行观察. 如果仪器未调好,则在视场中将见到叉丝(或指针)的双影. 这时必须调节 M_1 或 M_2 镜后的螺丝,以改变 M_1 或 M_2 镜面的方位,直至双影完全重合. 一般来说,这时即可出现干涉条纹,再仔细、缓慢地调节 M_2 旁的拉簧螺钉,使条纹成圆形.

（2）把圆形干涉条纹调好后,缓慢移动 M_1,使视场中心的可见度最小,记下 M_1 的位置 d_1,再沿原来方向移动 M_1 直至可见度最小,记下 M_1 的位置 d_2,得到 $\Delta d = |d_2 - d_1|$.

（3）按上述步骤重复测量 3 次,测量数据填入表 3-11-2 中.

[实验数据记录及处理]

1. 测量 He-Ne 激光的波长 λ

将原始数据代入(3-11-5)式计算出 He-Ne 激光的波长 λ,求其平均值 $\bar{\lambda}$,与公认值(632.8 nm)比较,并计算其相对误差.

表 3-11-1　测量 He-Ne 激光的波长 λ 的原始数据记录

M₁ 所在的 "0" 位置：_____mm

条纹数目	M₁ 位置/mm	Δd/mm	λ/nm	$\overline{\lambda}$/nm
"50"				
"100"				
"150"				
"200"				
"250"				

2. 测量钠黄光双线波长差 $\Delta\lambda$

整理原始数据,求得 M₁ 移动距离 Δd,代入(3-11-8)式,计算出钠黄光的双线波长差 $\Delta\lambda$ 及其平均值 $\overline{\Delta\lambda}$,取 $\overline{\lambda}$ = 589.3 nm.

表 3-11-2　测量钠黄光双线波长差 $\Delta\lambda$ 的原始数据记录

测量次数	d_1/mm	d_2/mm	Δd/mm	$\Delta\lambda$/nm	$\overline{\Delta\lambda}$/nm
1					
2					
3					

［注意事项］

1. 在调节和测量过程中,一定要非常细心和耐心,转动手轮时要缓慢、均匀.

2. 为了防止引进空程误差,进行每项测量时必须沿同一方向转动手轮,中途不能反向转动手轮.

3. 在用激光器测波长时,M₁ 的位置应保持在 30~60 mm 的范围内.

4. 为了使测量读数准确,使用干涉仪前必须对读数系统进行校正.

［思考题］

1. 简述本实验所用干涉仪的读数方法.

2. 分析扩束激光和钠光产生的圆形干涉条纹的差别.

3. 怎样利用干涉条纹的"涌出"和"陷入"来测定光波的波长?

4. 调节钠光的干涉条纹时,如果已使双影重合,但条纹并不出现,试分析可能产生的原因.

实验 12　用光电效应法测普朗克常量

[实验目的]

1. 了解光电效应的规律,加深对光的量子性的理解.
2. 测量截止电压 U_0 值,求出普朗克常量 h.
3. 测量光电管伏安特性.

[实验仪器]

GD-ⅢA 型普朗克常量测定仪(汞灯,干涉滤光片,光电管,微电流放大器,透镜).

[装置介绍]

GD-ⅢA 型普朗克常量测定仪(光电效应实验仪)可以采用"零电流法""拐点法"等进行实验,装置由测试台和测定仪组成.测试台如图 3-12-1 所示,测定仪的前面板如图 3-12-2 所示,后面板如图 3-12-3 所示.

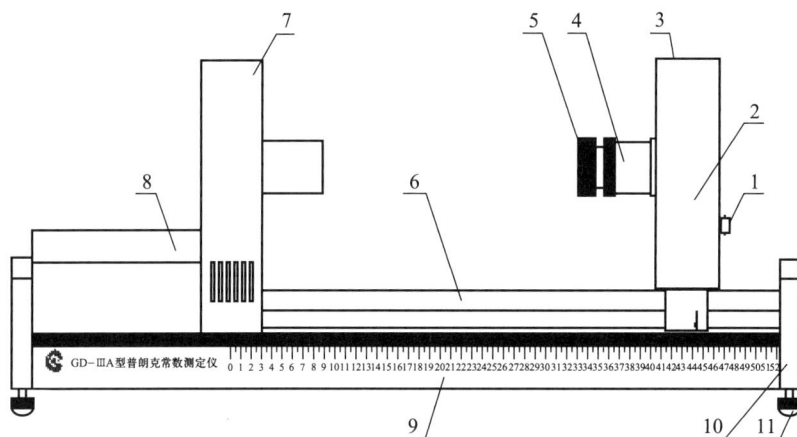

图 3-12-1　测试台结构示意图

1. 测试台各部件说明

(1) 两只 Q9 座:① 微电流输出 Q9 座,通过双头 Q9 连接线与测定仪主机连接将微电流输出.② 电压输入 Q9 座,通过双头 Q9 连接线与测定仪主机连接将电压输入.

(2) 光电管暗盒:内部装有光电管、滤色片旋转盘、光阑座,根据需要可整体在轨道上调节与汞灯盒 7 之间的距离,一般选择 30 cm 或 40 cm;如果光电管电流太小可减小距离.

(3) 滤色片旋转盘:内装有中心波长分别为 365.0 nm、404.7 nm、435.8 nm、546.1 nm、577.0 nm 的滤光片,根据需要选择使用.

(4) 光阑座:光阑分别为 $\Phi2$、$\Phi4$、$\Phi5$、$\Phi8$、$\Phi12$,根据需要选择使用.一般选择 $\Phi5$ 或 $\Phi8$;如果光电管电流太小可增大光阑孔径.

（5）聚光系统：前部装有可调透镜，以增加实验效果．

（6）轨道：装有高精度滑动轨道，可根据需要在轨道上极方便地调节暗盒与汞灯盒 7 之间的距离．

（7）汞灯盒：内部装有 50 W 汞灯管．

（8）汞灯电源：有电源插座和电源开关．

（9）标尺：用来测量汞灯盒 7 中汞灯与光电管暗盒中光电管中心之间的距离．

（10）测试台底座．

（11）调平底脚：调平底脚为四只，可方便地调节测试台的水平度．

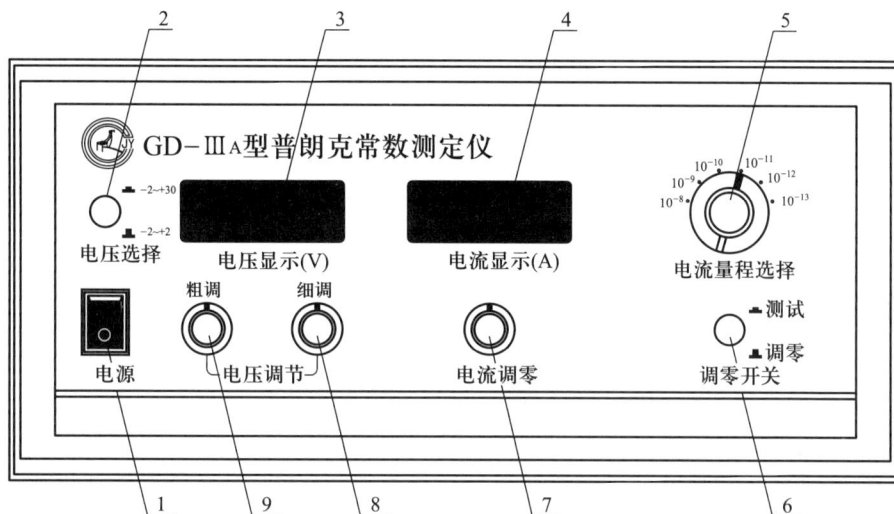

图 3-12-2　测定仪前面板

2. 测定仪前面板各部件说明

（1）电源开关．

（2）电压转换开关：选择 $-2\sim30$ V 时做伏安特性实验；选择 $-2\sim+2$ V 时做普朗克常量实验．

（3）电压表：显示加在光电管上的电压实时值，单位为 V．

（4）电流表：显示光电管的电流值（电流值＝实时电流显示值×电流量程选择开关选择的倍率，单位为 A）．

（5）电流量程选择开关：根据实际情况，选择合适的倍率，一般选择10^{-12}挡．

（6）电流调零按钮开关：按出状态时测定仪内部微电流输入端与光电管断开，可进行测定仪本机调零；按进状态时测定仪内部微电流输入端与光电管连接，测定仪处于测试状态，此时可进行光电流的测定．

（7）电流调零旋钮：在测定仪处于调零状态时进行本机调零，在测试状态时请不要再调节；此旋钮只有在测定仪处于调零状态时使用．

（8）电压细调旋钮：进行光电管电压微调．

（9）电压粗调旋钮：进行光电管电压粗调．

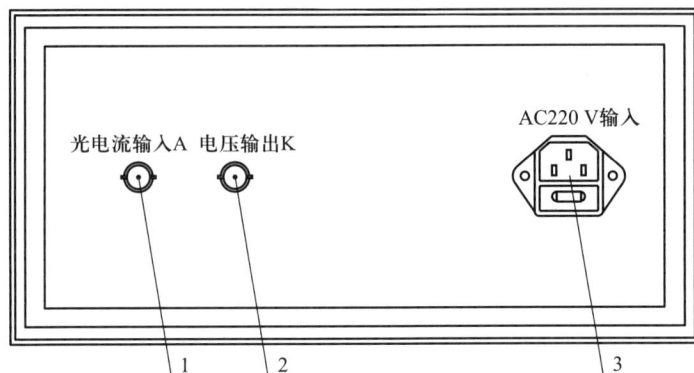

图 3-12-3　测定仪后面板

3. 测定仪后面板各部件说明

（1）光电流输入 Q9 座：通过双头 Q9 连接线与光电管暗盒对接将光电流输入.

（2）电压输出 Q9 座：通过双头 Q9 连接线与光电管暗盒对接将电压输出.

（3）电源插座：通过国标电源线接 220 V 电源；内装 1 A 保险丝 2 只.

[实验原理]

1. 验证爱因斯坦光电方程，求普朗克常量

当一定频率的光照射在金属表面上时，金属内部的电子会从表面逸出，我们称这一物理现象为光电效应，逸出的电子称为光电子. 1905 年，爱因斯坦推广了普朗克的量子假说，提出了"光子"的概念，从而成功地解释了光电效应的实验规律，使人们对光的本性认识有了新的飞跃. 按照这个理论，光能并不像波动理论认为的那样连续分布在波阵面上，而是以光量子的形式一份份地向外传递的. 对于频率为 ν 的光波，每个光子的能量如（3-12-1）式所示：

$$\varepsilon = h\nu \tag{3-12-1}$$

式中，$h = 6.626\ 070\ 15 \times 10^{-34}\ \text{J} \cdot \text{s}$，称为普朗克常量，是近代量子理论中的重要常量.

当频率为 ν 的光照射到金属表面时，光子的能量全部被电子所吸收. 电子获得的能量一部分用来克服金属表面对它的束缚，剩余的能量就成为逸出金属表面后光电子的动能. 由能量守恒定律得

$$h\nu = W_s + \frac{1}{2}mv_m^2 \tag{3-12-2}$$

（3-12-2）式为著名的爱因斯坦光电方程，解释了光电效应的基本实验事实. 式中，W_s 表示电子为脱离金属表面所必须做的功，称为逸出功. 它的大小与入射光频率 ν 无关，是金属本身的属性. $\frac{1}{2}mv_m^2$ 是光电子逸出金属表面后所具有的最大初动能. 光子的能量 $h\nu$ 小于 W_s 时，电子不能逸出金属表面，因而没有光电子产生；产生光电效应的入射光最低频率为 $\nu_0 = \dfrac{W_s}{h}$，称为光电效应的截止频率（又称红限）. 当入射光的频率 ν 小于 ν_0 时，不论光的强度如何，都不会产生光电效应. 光电流大小只取决于光的强度.

本实验采用"减速电势法"测量光电子的最大初动能，求出普朗克常量 h. 实验原理如

图 3-12-4所示.图中 K 为光电管阴极,A 为阳极.当频率为 ν 的单色光射到光电管阴极上时,电子从阴极逸出,向阳极运动,形成光电流.当 $U_{AK}(=U_A-U_K)$ 为正值时,U_{AK} 越大,光电流 I_{AK} 越大,当电压 U_{AK} 达到一定值时,光电流饱和,如图 3-12-5中虚线所示.若 U_{AK} 为负(即在光电管上施加减速电压),光电流逐渐减小,直到 U_{AK} 达到某一负值 U_s,光电流为零,U_s 称为遏止电压或截止电压.这是因为从阴极逸出的具有最大初动能的电子不能穿过反向电场到达阳极,即

$$eU_s = \frac{1}{2}mv^2 \tag{3-12-3}$$

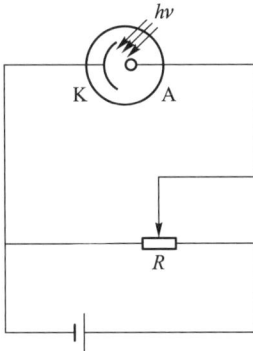

图 3-12-4　光电效应实验原理图
（理想光电管）

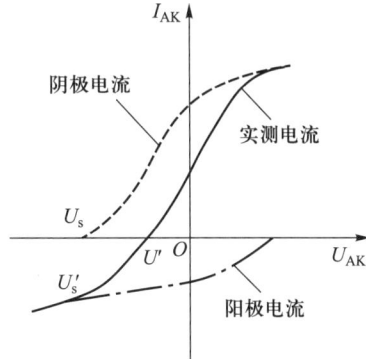

图 3-12-5　光电光伏安特性曲线

将(3-12-3)式代入(3-12-2)式得

$$h\nu = e\,|\,U_s\,| + W_s$$

当用不同频率的单色光照射时,有

$$h\nu_1 = e\,|\,U_s\,| + W_s$$
$$h\nu_2 = e\,|\,U_s\,| + W_s$$
$$\cdots\cdots$$

联立其中任意两个方程,得

$$h = \frac{e\,(U_{si}-U_{sj})}{\nu_i-\nu_j} \tag{3-12-4}$$

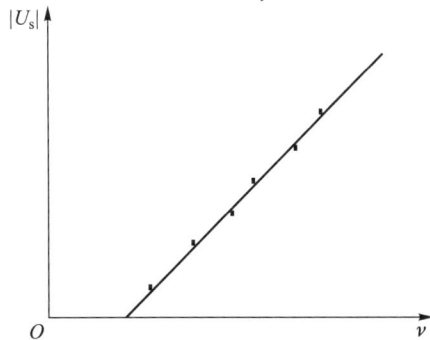

图 3-12-6　"减速电势法"测量普朗克常量的 $|U_s|-\nu$ 关系图

由此可见,爱因斯坦光电方程提供了一种测量普朗克常量的方法,如果从实验所得的 $|U_s|$-ν 关系是一条直线,如图 3-12-6 所示,其斜率为

$$k = h/e \qquad\qquad (3-12-5)$$

e 为电子电荷量的绝对值,由此可求出普朗克常量 h. 这也就证实了光电方程的正确性.

2. 光电管的实际 U-I 特性曲线(需另加装伏安特性光电管)

光电效应的实验原理如图 3-12-7 所示. 入射光照射到光电管阴极 K 上. 产生的光电子在电场的作用下向阳极 A 迁移构成光电流,改变外加电压 U_{AK},测量出光电流 I 的大小,即可得出光电管的伏安特性曲线.

光电效应的基本实验如下:

(1) 对应于某一频率,光电效应的 I-U_{AK} 关系如图 3-12-8 所示. 从图中可见,对一定的频率有电压 U_s,当 $U_{AK} \leqslant U_s$ 时,电流为零,这个相对于阴极的负值的阳极电压 U_s 被称为截止电压.

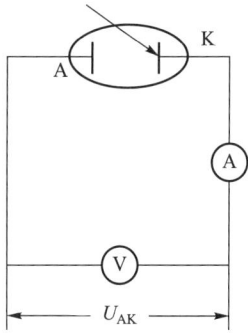

图 3-12-7　测定光电管的 U-I 特性
实验原理图

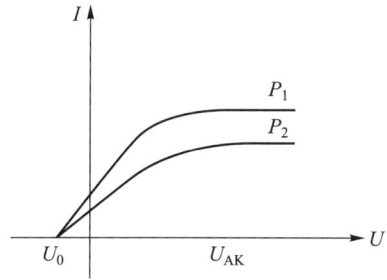

图 3-12-8　同一频率不同光强时光
电管的伏安特性曲线

(2) $U_{AK} \geqslant U_s$ 后,I 迅速增加然后趋于饱和,饱和光电流 I_M 的大小与入射光的强度 P 成正比.

(3) 对于不同频率的光,其截止电压的值不同,如图 3-12-9 所示.

(4) 截止电压 U_s 与频率 ν 的关系图如图 3-12-10 所示,U_s 与 ν 成正比关系. 当入射光频率低于某极限值 ν_0(ν_0 随不同金属而异)时,不论光的强度如何、照射时间多长,都没有光电流产生.

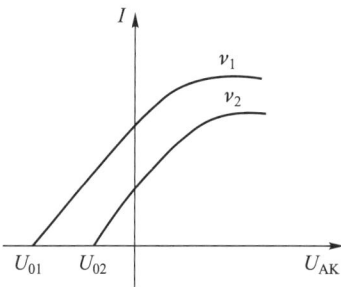

图 3-12-9　不同频率时光电管的
伏安特性曲线

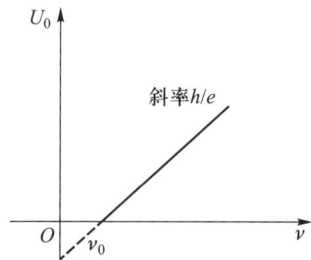

图 3-12-10　截止电压 U_s 与入射
光频率的 ν 的关系图

（5）光电效应是瞬时效应. 即使入射光的强度非常微弱,只要频率大于 ν_0,在开始照射后就立即有光电子产生,所经过的时间为 10^{-9} s 的数量级.

[实验内容]

1. 测试前准备

（1）认真阅读:"使用说明书",安放好仪器,旋转暗盒上光阑旋转盘选择光阑为盲点.

（2）用 Q9 连接线将光电管暗盒电压输入端与测定仪主机电压输出端（后面板上）连接起来;用 Q9 连接线将电流输出端与测定仪微电流输入端连接起来,调整光电管与汞灯距离为 40 cm 并保持不变（做普朗克常量测定时如果光电流太小而不稳定,可减小距离）.

（3）分别用电源连接线与汞灯电源输入座和测定仪连接起来;将"220 V"电源接入,打开电源开关,光源射出,预热 20 min.

（4）将电压调节开关调至电压显示表显示在 −2 ~ −2.5 V 之间.

（5）使用电流量程选择开关,选择所需量程在"10^{-12}"挡,调节电流调零旋钮进行测试前调零.

（6）调零步骤为按出电流调零按钮开关,使调零开关处于调零状态,再仔细调节电流调零旋钮,直至电流表显示 00.0;实验仪在开机或改变电流量程后,都需重新进行调零;调零后在测试过程中不可再调零.

2. 测量光电管的暗电流

（1）测试仪的"倍率"旋钮置"10^{-12}"挡,用暗盒上光阑旋转盘调至"盲点",此时光电管上无光线射入.

（2）顺时针缓慢旋转电压调节旋钮,并合适地改变电压量程. 仔细记录不同电压下的相应电流值（电流值＝倍率×电流表读数,单位为 A）,此时所读得的即为光电管的暗电流.

3. 测普朗克常量 h

本实验采用调零法进行普朗克常量的测定.

（1）选择光阑为 $\Phi5$ 或 $\Phi8$.

（2）转动滤色片旋转盘选择滤色片 365 nm,使用电流量程选择开关,选择所需量程一般在"10^{-12}"挡.

（3）使用电压转换开关选择电压在 −2 ~ +2 V 调节范围;调零前都应处在 −2 V 或小于 −2 V.

（4）按出电流调零按钮开关至调零状态.

（5）调节电流调零旋钮使"电流显示"窗口显为"00.0".

（6）再按进电流调零按钮开关使仪器进入测试状态.

（7）顺时针调节电压粗调旋钮,使电压从 −2 V 或小于 −2 V 开始调节电压,直至指示窗口显示为"00.0",记录截止电压 U_s 值并记入表 3−12−1.

（8）再转动滤色片旋转盘,依次选择滤色片直至 577 nm,分别重复步骤（7）,并记录相应数据.

注意:在整个过程中不可再进行调零.

4. 测量光电管伏安特性

（1）光阑选择直径 5 mm 的光阑，转动滤色片旋转盘，选定所选滤色片.

（2）选择合适的电流量程（一般为 10^{-12} 挡），调零状态下调节电流调零旋钮，使电流指示窗口显示为"00.0".

（3）进入测试状态，选择合适电压范围"-2~+30 V".

（4）顺时针缓慢调节电压调节旋钮，逐步增加电压值.

（5）记录不同电压 U_{AK} 下的光电流值 I，并记入表 3-12-2.

（6）改变不同波长 λ 的光波重复以上操作.

（7）改变不同光阑 Φ（2 mm、4 mm、5 mm、8 mm、12 mm）的光波重复以上操作.

（8）改变汞灯与光电管暗盒间的距离 L 重复以上操作.

[实验数据记录及处理]

1. 测普朗克常量 h

表 3-12-1　$U_s\text{-}\nu$ 关系实验数据记录及处理

入射距离 $L=$ _____cm　　　　　　光阑孔 $\Phi=$ _____mm

波长 λ/nm	365.0	404.7	436.8	546.1	577.0	$h\times10^{-34}\text{J}\cdot\text{s}$
频率 $\nu/(10^{14}\ \text{Hz})$	8.22	7.41	6.88	5.49	5.20	
截止电压 U_s/V						

（1）由表 3-12-1 的实验数据，得出不同频率下的截止电压 U_s 描绘在方格纸上，即作出 $U_s\text{-}\nu$ 曲线.

（2）如果光电效应遵从爱因斯坦光电方程，则 $U_s=F(\nu)$ 关系曲线应该是一根直线. 求出直线的斜率：$k=\Delta U_s/\Delta \nu$ 代入（3-12-5）式，求出普朗克常量 $h=ek$.

（3）算出测量值 h 与公认值 h_0 之间的误差，求出其相对误差：

$$E_r=\frac{h-h_0}{h_0}$$

式中，$e=1.602\times10^{-19}$ C，$h_0=6.626\ 070\ 15\times10^{-34}$ J·S.

2. 测绘光电管的伏安特性曲线

输出电压指示应在"-2~+30 V"状态. 电流量程应在 $10^{-9}\sim10^{-12}$，并重新调零. 测伏安特性曲线测量的最大范围为 -2~30 V，仪器功能及使用方法如前所述.

（1）根据表 3-12-2，记录数据并绘制光电管的伏安特性曲线 $I\text{-}U_{AK}$，验证光电管饱和光电流与入射光强成正比.

表 3-12-2　$I\text{-}U_{AK}$ 关系实验数据记录

$\lambda=$ _____nm　　　$L=$ _____mm　　　$\Phi=$ _____mm

U_{AK}/V								
$I/(10^{-12}\text{A})$								

也可分别改变入射波长 λ、入射距离 L 和光阑 Φ,同上记录数据并绘制光电管的伏安特性曲线 I-U_{AK} 关系,进行比较,验证光电管饱和光电流与入射光强成正比.

（2）在 U_{AK} 为 30 V 时,测量并记录同一入射波长 λ、同一入射距离 L,光阑 Φ 分别为 2 mm、4 mm、5 mm、8 mm、12 mm 所对应的电流值,填入表 3-12-3 中,验证光电管饱和光电流与入射光强成正比.

表 3-12-3　I_M-Φ 关系实验数据记录

U_{AK} = _____V　　　λ = _____nm　　　L = _____mm

Φ/mm					
I_M/（10^{-12} A）					

（3）在 U_{AK} 为 20 V 时,测量记录对同一入射波长 λ、同一光阑 Φ 时,光电管与入射光在不同距离 L（如 100 mm、400 mm 等）所对应的电流值,填入表 3-12-4 中,同样验证光电管的饱和光电流与入射光强成正比.

表 3-12-4　I_M-L 关系

U_{AK} = _____V　　　λ = _____nm　　　Φ = _____mm

L/mm			
I_M/（10^{-12} A）			

[注意事项]

1. 为了保证仪表工作正常,请勿打开机盖随意进行检修,更不允许调整和更换元件,否则将无法保证仪表测量的准确度.

2. 汞灯关停后,不能立即重新开启,需冷却后再启动,否则汞灯易烧坏,必须等待几分钟之后再开通电源.

3. 仪器不宜在强磁场、强电场、高湿度及温度变化率大的场合下工作.

4. 实验完毕后,旋转暗盒上光阑旋转盘选择光阑为盲点,避免强光照射而缩短光电管寿命.

[思考题]

1. 做本实验时,若改变光电管上的照度,对 I-U 曲线会有何影响?

2. 光电管的阴极上均涂有逸出功小的光敏材料,而阳极则选用逸出功大的金属来制作,这是为什么?

实验 13 物质旋光性的研究与应用

[实验目的]

1. 观察线偏振光通过旋光物质的旋光现象.
2. 了解旋光仪的结构原理.
3. 学习用旋光仪测旋光性溶液的旋光率和浓度.

[实验仪器]

WZX-1 型圆盘旋光仪,钠灯,试管(100 mm 或 200 mm),待测旋光性溶液.

[装置介绍]

1. 旋光仪的光学系统介绍

WZX-1 型圆盘旋光仪,其光学系统如图 3-13-1 所示.本仪器采用三分视界法来确定光学零位,可用于测量旋光物质的旋光度和浓度.为便于操作,仪器的光学系统倾斜 20°安装在基座上.光源采用 20 W 钠灯(波长 $\lambda = 589.4$ nm).钠灯的限流器安装在基座底部,无需外接限流器.仪器的偏振器均为聚乙烯醇人造偏振片.三分视界采用劳伦特石英板装置(半波片).转动起偏镜可调整三分视界的影荫角(本仪器出厂时调整在 3°左右).

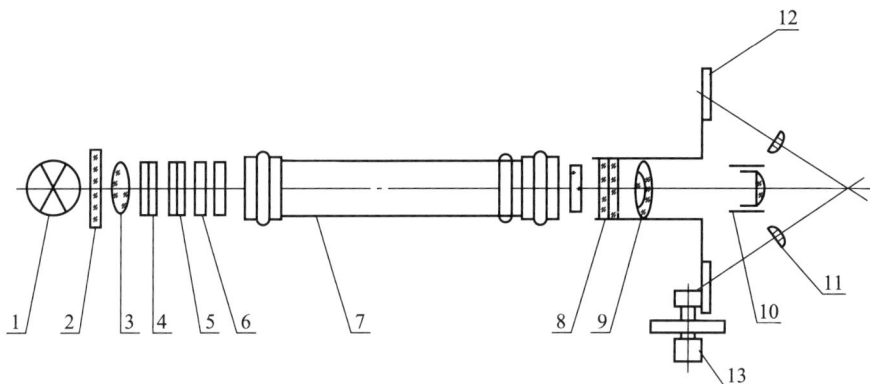

1—光源;2—毛玻璃;3—聚光镜;4—滤色镜;5—起偏镜;
6—半波片;7—试管;8—检偏镜;9—物镜、目镜组;10—调焦手轮;
11—读数放大镜;12—刻度盘及游标;13—刻度盘转动手轮

图 3-13-1 旋光仪的光学系统图

测量时,先将旋光仪中起偏镜和检偏镜的偏振面调到相互正交,这时在目镜中看到最暗的视场;然后装上测试管,转动检偏镜,使因偏振面旋转而变亮的视场重新达到最暗,此时检偏镜的旋转角度即表示被测溶液的旋光度.

因为人的眼睛难以准确地判断视场是否最暗,故多采用半荫法比较相邻两光束的强度是否相等来确定旋光度. 半荫片结构如图 3-13-2 所示,在起偏镜后面再加一个石英片,此石英片和起偏镜的一部分在视场中重叠,将视场分为三部分. 同时在石英片旁装上一定厚度的玻璃片,以补偿由石英片产生的光强变化. 取石英片的光轴平行于自身表面,并与起偏镜的偏振化方向成一个角度 θ(仅几度). 由光源发出的光经起偏镜后成为线偏振光,其中一部分光再经过石英片(其厚度恰使在石英片内分成的 o 光和 e 光的相位差为 π 的奇数倍,出射的合成光仍为线偏振光),其振动面相对于入射光的偏振面转过了 2θ,所以进入旋光物质的光是振动面间的夹角为 2θ 的两束线偏振光.

2. 三分视场

在图 3-13-1 中,从光源 1 射出的光线,依次经过聚光镜 3、滤色镜 4、起偏镜 5 后成为线偏振光,在半波片 6 处产生三分视场,再通过检偏镜 8 及物镜、目镜组 9 可以观察到如图 3-13-3 所示的三种情况. 转动检偏镜,只有在零度时(仪器出厂前调整好)视场中三部分亮度一致,如图 3-13-3(b)所示.

如图 3-13-3 中,以 OP 和 OA 分别表示起偏镜和检偏镜的偏振轴方向,OP' 表示透过石英片后偏振光的振动方

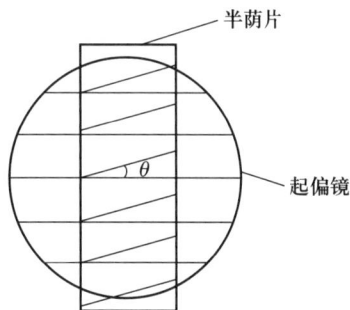

图 3-13-2   半荫片结构图

向,β、β' 分别表示 OP、OP' 与 OA 之间的夹角,A_p、A_p' 分别表示通过起偏镜和起偏镜加石英片的偏振光在检偏镜偏振轴方向上的分量. 由图 3-13-3 可知,转动检偏镜时,A_p、A_p' 的大小将发生变化,反映在目镜视场上,将出现明暗的交替变化(图 3-13-3 中下半部分),图中列出了四种显著不同的情形.

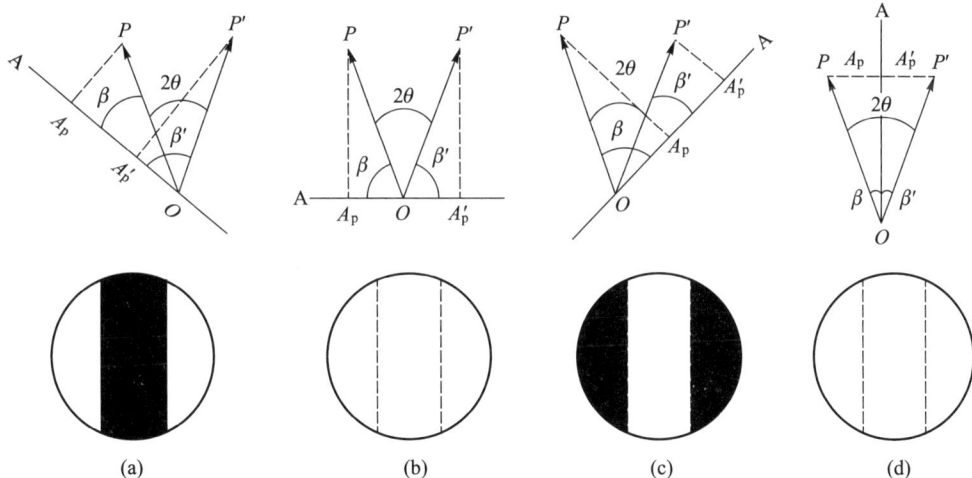

(a)   (b)   (c)   (d)

图 3-13-3   转动检偏镜时目镜中视场的亮暗变化图

(a) $\beta' > \beta$,$A_p > A_p'$,通过检偏镜观察时,与石英片对应的部分为暗区,与起偏镜对应的部分为亮区,视场被分为清晰的三部分. 当 $\beta = \dfrac{\pi}{2}$ 时,亮暗的反差最大.

(b) $\beta' = \beta$,$A_p = A_p'$,且 A_p 和 A_p' 较小,通过检偏镜观察时,视场中三部分界线消失,亮度相等,较暗.

（c）$\beta' < \beta , A_p < A_p'$，视场又分为三部分，与石英片对应的部分为亮区，与起偏镜对应的部分为暗区，当 $\beta = \dfrac{\pi}{2}$ 时，亮暗的反差最大.

（d）$\beta' = \beta , A_p = A_p'$，且 A_p 和 A_p' 较大，通过检偏镜观察时，视场中三部分界线消失，亮度相等，较亮.

3. 旋光仪的使用

当检偏镜处于图 3-13-3（b）位置时，如果把检偏镜稍微向左或向右偏转，视场马上会出现（a）或（c）的情况，（b）情况是介于（a）和（c）的情况之间的短暂状态，所以常取图（b）所示的视场作为参考视场，即仪器的零点.

在旋光仪中放上装有旋光性溶液的测试管后，透过起偏镜和石英片的两束偏振光，通过测试管，它们的振动面转过相同的角度，并保持两振动面之间的夹角不变. 如果转动检偏镜，使视场仍旧回到图 3-13-3（b）所示的状态，则检偏镜转过的角度即被测试溶液的旋光度.

4. 旋光仪的读数

消除刻度盘偏心差：为消除刻度盘偏心差，本仪器采用双游标读数（即左右刻度盘对称读数），检偏镜某一位置的读数 $\theta = \dfrac{1}{2}$（左侧游标读数+右侧游标读数）. 如果刻度盘转到任意位置时左侧和右侧的游标读数都相同，则说明仪器没有偏心差（一般仪器出厂前均作过校正）.

刻度盘分为 360 格，每格为 1°；游标分 20 格，等于刻度盘 19 格，用游标可直接读数到 0.05°. 如图 3-13-4 所示，左游标读数为 9.30°. 刻度盘和检偏镜固为一体（刻度盘和检偏镜转动的角度一致），刻度盘转动手轮 13 能作粗、细转动. 游标窗前方装有两块 4 倍的放大镜，供读数使用.

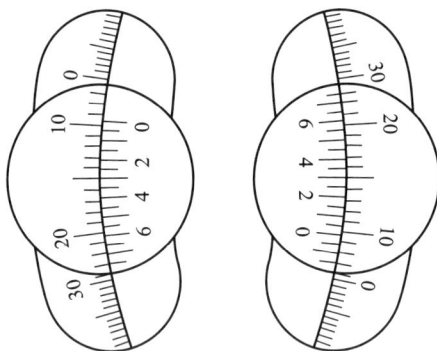

图 3-13-4　旋光仪的刻度盘示意图

[实验原理]

偏振光通过某些透明物质时，其振动面以光的传播方向为轴而旋转一定角度的现象称为旋光现象. 能使偏振光的振动面旋转一定角度的物质，称为旋光物质，许多有机化合物（如石油、葡萄糖等）都具有旋光性. 根据旋光物质使偏振光的振动面旋转方向的不同，旋光性可分为左旋和右旋. 当观察者迎着光线观察时，使振动面沿逆时针方向旋转的物质称为左旋（或负旋）物质；使振动面沿顺时针方向旋转的物质称为右旋（或正旋）物质. 实验证明，当入射光波长一定时,振动面旋转的角度(旋光度)φ 与其所通过旋光物质的厚度 L 成正比.

1. 旋光物质为固体时,旋光度 φ 为

$$\varphi = \alpha L \tag{3-13-1}$$

式中,α 是光线通过 1 mm 厚固体时振动面旋转的角度,称为该物质的旋光率.

2. 旋光物质为溶液或液体时,旋光度 φ 为

$$\varphi = \alpha \cdot C \cdot L \tag{3-13-2}$$

式中,α 在数值上等于偏振光通过单位长度(1 dm)、单位浓度(1 ml 溶液中含有 1 g 溶质)的溶液后引起振动面旋转的角度,称为该溶液的旋光率.

(1) 若已知待测旋光性溶液的浓度 C 和液体层厚度 L,测出旋光度 α 后,可由(3-13-2)式算出其旋光率 α.

(2) 在液体层厚度 L 不变时,如果依次改变浓度 C,测出相应的旋光度 φ,然后画出 φ-C 曲线(即旋光曲线),则得到一条直线,其斜率为 $\alpha \cdot L$,这样从该直线的斜率也可以算出旋光率 α.

(3) 通过测量旋光性溶液的旋光度 φ,可确定溶液中所含旋光物质的浓度 C. 通常可根据测出的旋光度从该物质的旋光曲线上查出对应的浓度.

3. 同一旋光物质对不同波长的光有不同的旋光率. 在一定的温度下,它的旋光率 α 与入射光波长 λ 的平方成反比,即 $\alpha \propto \dfrac{1}{\lambda^2}$,这种现象称为旋光色散. 考虑到这一情况,通常采用钠黄光的 D 线($\lambda = 589.3$ nm)来测定旋光率.

旋光率 α 与温度和浓度均有关. 例如,在 20 ℃ 时,对于钠黄光 D 线,蔗糖水溶液的旋光率为

$$\alpha_{20} = 66.412 + 0.012\,67C - 0.000\,376C^2 \,(\text{SI 单位})$$

其中,百分浓度:$C = 0 \sim 50\,(\text{g}/100\,\text{g 溶液})$. 当温度 t 偏离 20 ℃ 时,在 14~30 ℃ 范围内,其旋光率 α 随温度 t 变化的关系为

$$\alpha_t = \alpha_{20}\left[1 - 0.000\,37(t-20)\right]\,(\text{SI 单位})$$

大体上,在 20 ℃ 附近,温度每升高或降低 1 ℃,糖水溶液的旋光率 α 约减少或增加 0.24°. 对于要求较高的测定工作,最好能在 20 ℃ ±2 ℃ 的条件下进行.

[实验内容]

1. 调整仪器、校准仪器零点.

(1) 熟悉仪器的整体结构、光路及双游标的读法.

(2) 将仪器电源插入 220 V 交流电源,打开电源开关,约 5 min 后,钠灯发光稳定即可以开始工作.

(3) 调节旋光仪目镜的视度调节螺母,能看清视场中三部分的分界线;调节游标窗口的视度调节螺母,可看清刻度盘.

(4) 转动检偏镜,观察并熟悉视场明暗变化规律,校准仪器零点 θ_0.

转动检偏镜,使目镜视场中三部分界限消失,亮度相等,较暗,如图 3-13-3(b)的状态,即仪器零点. 读取左右刻度盘上的相应读数 θ_{L0} 和 θ_{R0},记录数据填入表 3-13-1.

2. 测量蔗糖溶液的浓度

（1）将未知浓度的糖溶液放入旋光仪的试管腔（注意：气泡应位于管端凸起部分），再一次调节检偏镜的位置，使目镜视场中出现图 3-13-3(b)的状态，读取左右刻度盘上的相应读数 θ_L 和 θ_R，记录数据填入表 3-13-1. 此时读数若是正的则为右旋物质，读数若是负的则为左旋物质.

（2）重复以上步骤，测量 5 次，记录数据填入表 3-13-1.

[实验数据记录及处理]

（1）数据记录及处理可参考表 3-13-1，也可自拟表格. 由原始实验数据分别求出 θ_0、θ 后，计算旋光度 $\varphi = \theta - \theta_0$ 及其平均值 $\bar{\varphi}$. 利用(3-13-2)式求得糖溶液浓度 C.

对于钠黄光，糖溶液在 20 ℃的旋光率为 $\alpha = 66.5°\ cm^3/(dm \cdot g)$.

（2）根据测量结果，判断被测糖溶液是左旋物质还是右旋物质.

表 3-13-1 旋光仪测蔗糖溶液浓度实验数据记录及处理表格

钠光波长 $\lambda =$ ____ nm 实验温度 $t =$ ____ ℃ 旋光物质通光长度 $L =$ ____ dm

测量次数	1	2	3	4	5
θ_{L0}					
θ_{R0}					
$\theta_0 = \frac{1}{2}(\theta_{L0} + \theta_{R0})$					
θ_L					
θ_R					
$\theta = \frac{1}{2}(\theta_L + \theta_R)$					
$\varphi = \theta - \theta_0$					
$\bar{\varphi}$					

[注意事项]

1. 不能用手摸或擦试管进出光的玻璃片，以防沾污从而影响透光性；更不能拧松试管两端的螺扣，以防糖液外溢.

2. 试管为玻璃材质，应严防落地打碎.

3. 液体应装满测试管，若有气泡，气泡应放在试管的突起处，再将试管放入旋光仪中.

4. 仪器应放在通风干燥和温度适宜的地方，以免受潮发霉.

5. 钠灯连续使用时间不宜超过 4 小时. 若使用时间较长，中间应关熄 10~15 min，待钠灯冷却后再继续使用，或用电风扇吹，减小灯管受热程度，以免亮度下降和寿命降低.

6. 试管用后要及时将溶液倒出，用蒸馏水洗涤干净，揩干收藏好. 所有镜片均不能用手直接擦拭，应用柔软绒布揩擦.

7. 仪器停用时,应用塑料套套上,装箱时,应按固定位置放入箱内并压紧.

[思考题]

1. 旋光度的大小与哪些因素有关?

2. 为什么要选择亮度相等的暗视场进行读数?

3. 你认为本实验的误差取决于哪些因素?如何减小实验误差?

虚拟仿真实验

[*] 第 5 章
创新实验

参考文献

郑重声明

高等教育出版社依法对本书享有专有出版权。任何未经许可的复制、销售行为均违反《中华人民共和国著作权法》,其行为人将承担相应的民事责任和行政责任;构成犯罪的,将被依法追究刑事责任。为了维护市场秩序,保护读者的合法权益,避免读者误用盗版书造成不良后果,我社将配合行政执法部门和司法机关对违法犯罪的单位和个人进行严厉打击。社会各界人士如发现上述侵权行为,希望及时举报,我社将奖励举报有功人员。

反盗版举报电话　(010)58581999　58582371
反盗版举报邮箱　dd@hep.com.cn
通信地址　北京市西城区德外大街4号　高等教育出版社法律事务部
邮政编码　100120

读者意见反馈

为收集对教材的意见建议,进一步完善教材编写并做好服务工作,读者可将对本教材的意见建议通过如下渠道反馈至我社。

咨询电话　400-810-0598
反馈邮箱　hepsci@pub.hep.cn
通信地址　北京市朝阳区惠新东街4号富盛大厦1座
　　　　　高等教育出版社理科事业部
邮政编码　100029

防伪查询说明

用户购书后刮开封底防伪涂层,使用手机微信等软件扫描二维码,会跳转至防伪查询网页,获得所购图书详细信息。

防伪客服电话　(010)58582300